工业控制与智能制造产教融合丛书

工业机器人虚拟仿真与离线编程（ABB）

主　编　巫　云

副主编　罗梓杰

参　编　方泽庭　黎静雯　李　强

机械工业出版社

本书以 ABB 工业机器人为对象，使用 ABB 公司的工业机器人离线编程仿真软件 RobotStudio 对工业机器人的基本操作、功能设置、在线监控与编程、方案设计和验证进行了详细介绍。具体内容包括认识及安装工业机器人仿真软件、工业机器人滑台工作站仿真、工业机器人搬运工作站仿真、输送链跟踪加工工作站仿真、工业机器人喷涂工作站仿真、工业机器人码垛工作站仿真、带数控机床（CNC）的自动化生产线仿真等。本书全面呈现了 RobotStudio 在学习应用中的强大功能与学习适用性。

本书适合各类职业院校自动化相关专业的学生及相关培训机构的培训人员使用，也适合作为从事工业机器人应用设计开发、调试与现场维护的工程师的参考用书。

图书在版编目（CIP）数据

工业机器人虚拟仿真与离线编程：ABB/巫云主编. —北京：机械工业出版社，2024.6
（工业控制与智能制造产教融合丛书）
ISBN 978-7-111-75738-2

Ⅰ．①工… Ⅱ．①巫… Ⅲ．①工业机器人 – 计算机仿真 – 虚拟现实 ②工业机器人 – 程序设计 Ⅳ．①TP242.2

中国国家版本馆 CIP 数据核字（2024）第 090297 号

机械工业出版社（北京市百万庄大街22号　邮政编码100037）
策划编辑：任　鑫　　　　　　责任编辑：任　鑫　刘星宁
责任校对：贾海霞　梁　静　　封面设计：马精明
责任印制：邸　敏
中煤（北京）印务有限公司印刷
2024年7月第1版第1次印刷
184mm×260mm · 21.75印张 · 540千字
标准书号：ISBN 978-7-111-75738-2
定价：79.00 元

电话服务　　　　　　　　　　网络服务
客服电话：010-88361066　　机 工 官 网：www.cmpbook.com
　　　　　010-88379833　　机 工 官 博：weibo.com/cmp1952
　　　　　010-68326294　　金 书 网：www.golden-book.com
封底无防伪标均为盗版　　机工教育服务网：www.cmpedu.com

随着工业自动化技术的不断发展，工业机器人在制造业中的应用越来越广泛。自第一次工业革命以来，人力劳作已经逐渐被机械所取代，而这种变革为人类社会创造出巨大的财富，极大地推动了人类社会的进步。时至今日，机电一体化、机械智能化等技术应运而生。人类充分发挥主观能动性，进一步增强对机械的利用效率，使之为我们创造更加巨大的生产力，并在一定程度上促进了社会的和谐发展。工业机器人的出现是人类在利用机械进行社会生产过程中的一个里程碑，如今工业机器人自动化生产线成套设备已成为自动化设备的主流并向着更加智能化方向发展。同时，工业机器人的虚拟调试和离线编程技术作为提高生产效率、降低成本、缩短上线时间的重要手段，推动企业和社会生产力发展，受到了广泛的关注和应用。

本书旨在通过 7 个典型项目的应用操作，对 ABB 公司的 RobotStudio 的操作、建模、Smart 组件的使用、离线编程、设计动画效果的制作、仿真工作站的构建以及验证运行操作进行了全面的讲解。

本书介绍了 ABB 工业机器人的虚拟调试与离线编程技术，内容包含虚拟仿真环境的搭建、离线编程软件的使用、虚拟调试技术的应用等方面。通过学习本书，读者能够掌握ABB 工业机器人虚拟调试与离线编程的基本原理、方法和技术，提高工业机器人的编程和调试能力，从而更好地应用工业机器人技术解决实际生产中的问题。

本书内容以实践操作过程为主线，采用以过程图的编写形式完整展现，手把手地进行教学，通俗易懂，适合作为各类职业院校及培训机构工业机器人仿真应用课程的参考书。同时，本书也适合从事工业机器人应用设计开发、调试、现场维护的专业技术人员学习和参考。

希望本书能够为读者提供一份系统的、全面的 ABB 工业机器人虚拟调试与离线编程的学习资料，帮助读者更好地理解和掌握工业机器人虚拟调试与离线编程技术，为工业自动化技术的发展贡献力量。本书由巫云任主编；罗梓杰任副主编。巫云编写第 1 章；罗梓杰编写第 2、3 章；方泽庭编写第 4、5 章；黎静雯编写第 6 章；李强编写第 7 章。

本书的编写参阅了 ABB 公司及其他相关公司的技术资料，并得到了 ABB 公司技术人员的大力支持与帮助。由于编写时间仓促，书中难免存在疏漏之处，欢迎广大读者提出宝贵的意见和建议。

本书使用到的工业机器人工作站打包文件及相关模型资料可以扫描书中二维码下载。

编　者

目 录
CONTENTS

第1章
认识及安装工业机器人仿真软件

学习目标

专业能力目标
1. 能够通过查阅相关资料了解仿真技术的发展情况。
2. 能够正确安装 RobotStudio 软件，并完成软件授权管理。
3. 能够通过软件介绍识别软件基本界面。

素养目标

1. 激发学习兴趣，树立技能报国、为社会服务的远大理想。
2. 初步养成独立、自觉的阅读学习习惯，培养耐心的工作态度。
3. 培养与他人合作、分享信息和资源、互相支持和尊重的团队合作精神。

1.1 虚拟仿真与离线编程技术的发展及相关软件

随着时代的发展，工业机器人已成为现代工业生产中不可缺少的设备。从 1959 年第一台工业机器人 Unimate 诞生，到现在国内外各种工业机器人品牌林立，短短几十年的时间里，机器人技术迅猛发展，其被应用到了各行各业，完成越来越复杂的任务。随着提升工作效率需求的进一步增长，各类虚拟仿真与离线编程技术被不断应用到实际工作中。

工业机器人常见的编程方式有在线示教编程和离线编程。初始工业机器人使用的只有在线示教编程，这种编程方式是用示教器或计算机进行现场编程，把每一个动作指令记录到工业机器人的存储器中，当配置完成后，工业机器人会完全按照记录的指令进行动作。虽然在线示教编程目前仍然是大多数机器人普遍采用的一种编程方式，但在线示教编程也存一些不足，比如，精度不高等，对于复杂工件来说，编程工作量比较大，效率偏低。为了追求高效率和高精度的编程方法，离线编程技术应运而生。同时，为了满足可视性要求，几乎所有的离线编程软件都具有虚拟仿真功能，所以，虚拟仿真与离线编程在实际应用中总是被同时提及。

早在20世纪70年代末，国外就开始了工业机器人离线编程仿真软件规划和系统的研究。常见的软件有 RobotMaster、RobotWorks、ROBCAD、DELMIA、RobotStudio、Robomove、RoboGuide 等。

相较于国外，我国在离线编程仿真软件应用方面起步较晚，但由于资金投入比较大、重视程度比较高，所以近年来发展也比较迅速。最值得一提的就是，北京华航唯实机器人科技股份有限公司推出的 RobotArt 离线编程仿真软件，这款软件是目前国内离线编程仿真软件品牌中的顶尖软件，它打破了国外软件的垄断局面。

离线编程仿真软件又分为通用型离线编程仿真软件和专用型离线编程仿真软件。下面对这两种离线编程仿真软件进行介绍。

1.1.1　通用型离线编程仿真软件

通用型离线编程仿真软件能够适用于多个品牌的工业机器人，能够实现仿真、轨迹编程、程序输出等功能，但也存在功能兼容性问题。常用的离线编程仿真软件有以下几种。

1）RobotMaster 是目前市面上常用的通用型工业机器人离线编程仿真软件，由加拿大 Jabez 公司［已被美国海宝（Hypertherm）公司收购］开发。由于其是在 Mastercam 软件上做的二次开发，具有强大的离线编程能力，同时无缝集成了工业机器人编程、仿真和代码生成器等功能，所以 RobotMaster 对于数控轨迹的生成很擅长。但其价格昂贵，企业版售价高达几十万元，且暂不支持多台工业机器人同时进行模拟仿真。

2）RobotWorks 是来自以色列的工业机器人离线编程仿真软件，是基于 SolidWorks 做的二次开发软件。它可以轻松地通过 IGES、DXF、DWG、ParaSolid、STEP、VDA、SAT 等标准接口进行数据转换；其生成轨迹多样，同时支持多种工业机器人和外部轴。但是该软件编程相对麻烦，工业机器人运动学规划策略的智能化程度较低；且目前该软件无中文版本，相关的中文学习资料也很少。

3）RobotArt 是北京华航唯实机器人科技股份有限公司研制的一款机器人离线编程仿真软件。该软件具有一站式解决方案，从轨迹规划、轨迹生成、仿真模拟到最后的后置代码仿真均能完成，使用学习相对简单，功能强大；强调服务，重视企业定制，还可针对不同行业的工艺数据提供不同的方案。同时它也是国产机器人离线编程仿真软件中的优秀产品，填补了国产机器人离线编程仿真软件的空白。该软件提供官网软件下载，并可免费试用 30 天。

4）ROBCAD 是德国西门子公司旗下的工业机器人离线编程仿真软件，该软件功能强大且系统相当庞大，其重点应用于生产线的仿真，在汽车制造领域使用率较高，是汽车企业做项目方案和项目规划的常用软件。该软件主要应用于产品生命周期中的概念设计和结构设计，支持离线点焊、多台工业机器人仿真、非工业机器人运动机构仿真等，且节拍仿真精确。但其价格在同类型软件中属于高价位，也存在离线功能相对较弱、人机界面不友好等问题。

5）DELMIA 是法国达索公司旗下的 CAM 软件，拥有 6 大模块，其中 Robotics 模块为主要应用，解决方案涵盖汽车领域的发动机、总装和白车身（Body-in-White），以及航空领域的机身装配、维修维护和一般制造业的制造工艺设计等。工业机器人模块只是它的一部分功能。

6）Robomove 来自意大利，支持市面上大多数品牌的工业机器人。其机器人加工轨迹需由外部 CAM 导入。与其他软件不同的是，Robomove 走的是私人定制路线，根据实际项目进行定制。另外，Robomove 与 RobotArt 和 RobotMaster 相比，本身不带轨迹生成能力，只支持轨迹导入功能，需要借助 CATIA 或 UG 等 CAM 软件生成轨迹，然后由 Robomove 进行仿真，因此后置代码仿真是它的亮点。

1.1.2 专用型离线编程仿真软件

专用型离线编程仿真软件是各工业机器人制造商为自有品牌工业机器人专门研发的，具有功能齐全、集成度高、专用性强等特点。这些软件一般都对用户开放底层数据接口，用户可根据自身需求开发出更多的功能。其缺点是，只支持本公司品牌的机器人，不能互相通用。

1）RobotStudio 是瑞士 ABB 公司为 ABB 工业机器人专门研发的离线编程仿真软件。它除了可以完成示教器的所有功能外，还能对工业机器人工作场景进行虚拟仿真和离线编程。同时，RobotStudio 支持中文界面，且中文学习资源丰富，界面友好，容易上手。

2）KUKA SIM PRO 是 KUKA 工业机器人的专用离线编程仿真软件，它一般配合 KUKA 的 Office Lite 软件一同使用。目前官方推荐使用的版本是 3.0 系列，该版本与之前的版本有很大变化。KUKA SIM PRO 3.0 是在芬兰 Visual Components 软件的基础上进行二次开发而来的。目前从 KUKA 官方网站可以下载试用版，试用期限为 14 天。最新版的 KUKA SIM PRO 支持中文界面，但该软件的中文学习资料相对较少。

3）RoboGuide 是 FANUC 工业机器人专用的离线编程仿真软件，它能够仿真机器人工作场景和离线编程。RoboGuide 软件无中文界面，中文学习资料较少，官方提供试用版，试用期限为 30 天。目前最新版本为 V9.0 系列。

4）MotoSimEG-VRC 是安川工业机器人专用的离线编程仿真软件，可仿真机器人工作应用场景，同时支持离线编程。

1.2 安装 ABB 工业机器人仿真软件 RobotStudio

RobotStudio 是 ABB 公司专门开发的工业机器人离线编程仿真软件。借助 RobotStudio，可在不影响生产的前提下，执行培训、编程和优化等任务，如同将真实的工业机器人搬到了计算机中。在实际生产中，其还有降低风险、投产更迅速、换线更快捷、提高生产效率等优势。

扫一扫看视频

RobotStudio 是以 ABB Virtual Controller 为基础二次开发的，与机器人在实际生产中运行的软件完全一致。因此，RobotStudio 与真实的工业机器人系统的兼容性非常高，可执行十分逼真的模拟。同时，RobotStudio 以其操作简单、界面友好和强大的功能得到广大工程师的一致好评。

RobotStudio 可直接在 ABB 官网下载，官网还提供最新版本以及 RobotWare、Power Pacs 和相关软件资料文件的下载。

将软件下载到本地计算机后，可按照以下步骤进行安装。

在安装文件夹中，选择"setup.exe"应用程序并双击→选择"中文（简体）"，然后单击"确定"按钮→单击"下一步"按钮→选择"我接受该许可证协议中的条款"，单击"下一步"按钮→选择要安装到的路径并单击"下一步"→选择"完整安装"，然后单击"下一步"按钮。最后，单击"安装"按钮，完成安装过程，如图 1-1~图 1-7 所示。

图 1-1 双击"setup.exe"

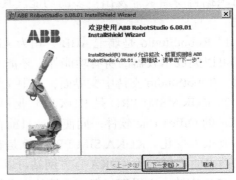

图 1-2 选择"中文（简体）"，单击"确定"按钮

图 1-3 单击"下一步"按钮

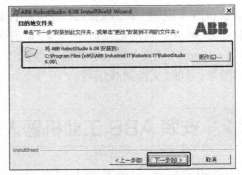

图 1-4 选择"我接受该许可证协议中的条款"，然后单击"下一步"按钮

图 1-5 更改"安装路径"或采用默认设置，然后单击"下一步"按钮

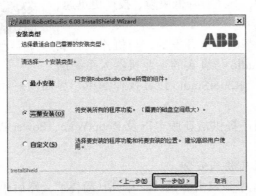

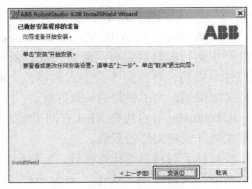

图 1-6 选择"完整安装"，然后单击"下一步"按钮

图 1-7 单击"安装"按钮，完成安装过程

1.3　RobotStudio 授权管理

在第一次正确安装 RobotStudio 以后，在功能选项卡"基本"中，可以查看软件授权的有效期，软件安装后一般提供 30 天的全功能高级版免费试用。30 天以后，如果还未进行授权操作，则只能使用基本版的功能，如图 1-8 所示。

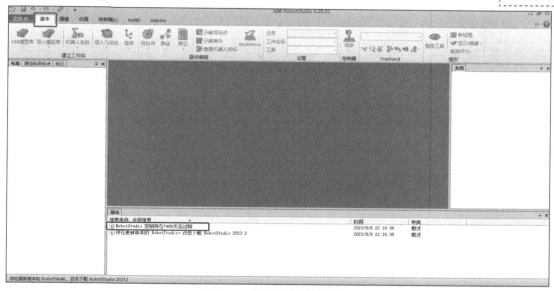

图 1-8　软件过期时间信息

如果已经从 ABB 公司获得 RobotStduio 的授权许可证，可以通过单机许可证和网络许可证两种方式进行激活。

单机许可证只能激活一台计算机的 RobotStudio。而网络许可证可在一个局域网内建立一台网络许可证服务器，给局域网内的 RobotStudio 客户端进行授权许可，客户端的数量由网络许可证所允许的数量决定。在授权许可激活后，如果计算机系统出现问题并重新安装 RobotStudio，将会造成授权许可失效。

在激活之前，应将计算机连接上互联网。因为 RobotStudio 可以通过互联网进行激活，这样操作会便捷很多。

激活 RobotStudio 的步骤如下：

1）打开 RobotStudio 后，选择"文件"功能选项卡→选择"选项"，如图 1-9 所示。

2）在"选项"弹出框中，选择"授权"→选择"激活向导"，如图 1-10 所示。

3）根据授权许可证类型，选择"单机许可证"或"网络许可证"，然后单击"下一个"按钮，按照提示即可完成激活。一般情况下，选择"单机许可证"较多，如图 1-11 所示。

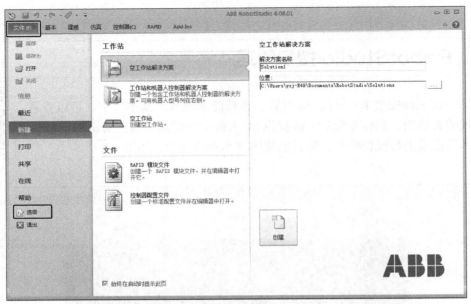

图 1-9　文件选项

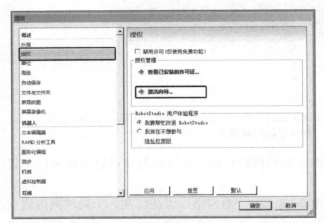

图 1-10　激活授权

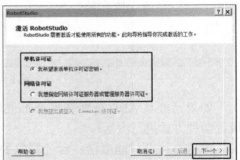

图 1-11　激活许可

1.4　RobotStudio 界面介绍

扫一扫看视频

　　RobotStudio 的软件界面共有 7 个选项卡，提供不同的功能选项，具体介绍如下：

　　1）"文件"功能选项卡，如保存、打开、新建、打印、共享、选项设置等功能选项，如图 1-12 所示。

　　2）"基本"功能选项卡，包含建立工作站、创建系统、路径编程和摆放物体所需的控件，如图 1-13 所示。

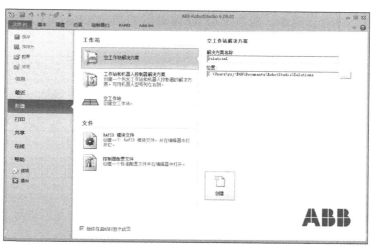

图 1-12　"文件"功能选项卡

图 1-13　"基本"功能选项卡

3）"建模"功能选项卡，包含创建和分组工作站组件、创建实体、测量以及其他 CAD 操作所需的控件，如图 1-14 所示。

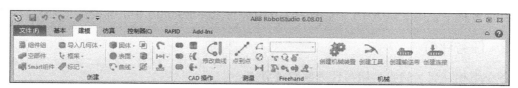

图 1-14　"建模"功能选项卡

4）"仿真"功能选项卡，包含仿真控制、监控和记录仿真所需的控件，如图 1-15 所示。

图 1-15　"仿真"功能选项卡

5）"控制器"功能选项卡，包含用于虚拟控制器的同步、配置和分配给它的任务控制措施，还包含用于管理真实控制器的控制功能，如图 1-16 所示。

图 1-16　"控制器"功能选项卡

6）"RAPID"功能选项卡，包含 RAPID 编辑器的功能、RAPID 文件的管理以及用于 RAPID 编程的其他控件，如图 1-17 所示。

图 1-17　"RAPID"功能选项卡

7）"Add-Ins"功能选项卡，包含 RobotApps 和安装文件包的相关控件，如图 1-18 所示。

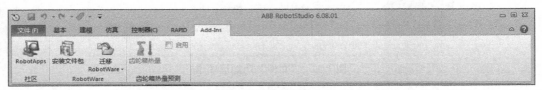

图 1-18　"Add-Ins"功能选项卡

1.5　练习任务

1.5.1　任务描述

在计算机中正确安装 ABB 工业机器人仿真软件 RobotStudio 并正确授权（见图 1-10）。

1.5.2　任务评价

各小组相互交叉验收，填写任务验收评分表。

项目名称	序号	实施任务	任务标准	合格 / 不合格	存在问题	小组评分	教师评价
职业素养	1	职业素养实施过程	1. 穿戴规范、整洁 2. 安全意识、责任意识、服从意识 3. 积极参加活动，按时完成任务 4. 团队合作、与人交流能力 5. 劳动纪律 6. 生产现场管理 5S 标准				
专业能力	2	RobotStudio 的安装	能正确安装 RobotStudio				
	3	RobotStudio 的授权许可	能完成对 RobotStudio 的授权许可操作				
	4	RobotStudio 的基本认识	能认识功能选项卡的功能				
项目实施人			小组长		教师		

第2章
工业机器人滑台工作站仿真

2.1　工业机器人滑台工作站描述

　　工业机器人滑台工作站（以下简称"滑台工作站"）是一种用于工业生产线的重要设备，这类高度自动化的工作站在高精度机床、绘图机、激光雕刻机、点胶机、喷涂机、自动化设备、军用设备等中应用广泛，主要用于支持和操作工业机器人进行各种任务。滑台工作站通常由平台、滑块、控制台组成，可以根据生产线上的不同工作任务需求进行定制，配合不同类型的工业机器人完成工作。滑台工作站通常具有灵活的布局和可调节的工作台高度，以适应不同的工作环境和操作需求。

　　滑台工作站的主要功能是为工业机器人提供一个稳定和安全的工作平台。它通常由坚固的金属材料制成，以确保足够的稳定性和承载能力。滑台工作站通常配有各种夹具和固定装置，以便工业机器人可以安全地进行各种操作和装配任务。

滑台工作站还配备了各种传感器和监控设备，用于实时监测工业机器人的运行状态和工作质量，可以帮助操作人员及时发现并解决潜在的故障和问题，确保生产线的正常运行。此外，滑台工作站还可以与其他设备和系统进行集成，以实现更高级的自动化和生产控制。

滑台工作站的优点之一是其高度灵活和可扩展的性能。它可以根据生产线的需求进行定制和调整，以适应不同的工作任务和工作流程。此外，滑台工作站还可以根据需要，添加和升级各种功能和设备，以满足不断变化的生产需求。

本项目中要求利用 RobotStudio 建立工业机器人滑台工作站，使用工业机器人将物料块搬运至滑台上，然后物料块在滑台上做自由往返运动，直至物料块到达起始点后，按下停止按钮，由工业机器人将物料块搬离滑台。

下面将使用 RobotStudio 建立工业机器人滑台工作站仿真，通过虚拟工作站的创建、常用测量工具的使用、机械装置的创建和建模功能的使用、Smart 组件的创建、机器人与 Smart 组件通信等任务，学习工业机器人滑台工作站仿真操作，如图 2-1 所示。

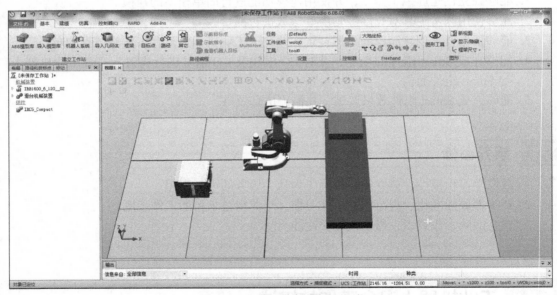

图 2-1　工业机器人滑台工作站

2.2　创建虚拟工作站

扫一扫看视频

工业机器人离线编程软件 RobotStudio 拥有预定义的模型库，其中包含工业机器人本体、变位机、导轨、IRC5 控制柜、弧焊设备、输送链，以及其他一些常用的工具设备模型。通过 RobotStudio 自带的模型库，可以快速创建一个简易虚拟工作站。本节将学习如何加载模型库中的模型。

2.2.1　导入工业机器人

创建虚拟工作站的第一步，首先要在编程软件中导入工业机器人，其具体操作步骤如下：

1）双击 RobotStudio，在"文件"功能选项卡中，依次选择"新建"→"空工作站"→单击"创建"，如图 2-2 所示。

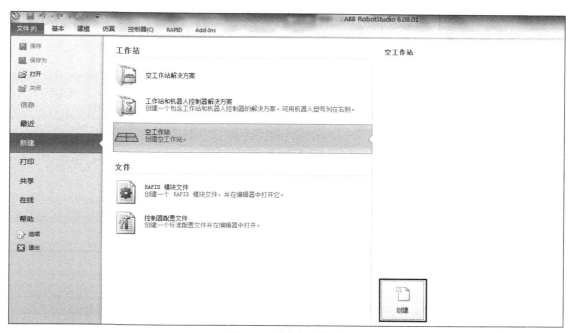

图 2-2　创建空工作站

2）单击"保存工作站"→在文件名处，输入"创建虚拟工作站"，然后单击"保存"按钮，如图 2-3 所示。

图 2-3　保存工作站

3）在"基本"功能选项卡中，依次选择"ABB模型库"→"IRB 1600"→在设置窗口中，设置好"容量"和"到达"，然后单击"确定"按钮，如图2-4和图2-5所示。

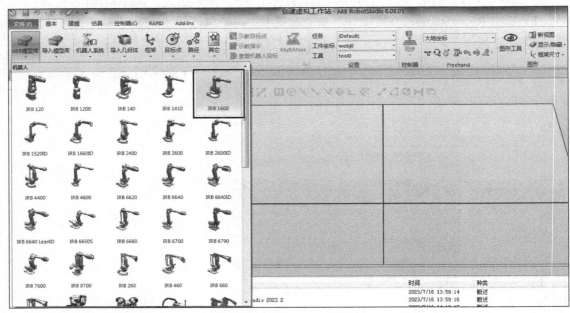

图2-4 导入工业机器人模型

注意：在实际生产中，要根据企业的工作标准和工作规范要求，选定具体的工业机器人型号、承重能力及到达距离。在本项目中，导入的机器人模型为"IRB 1600"、容量设置为"6kg"、到达距离设置为"1.2m"。

4）在成功导入工业机器人后，可使用键盘与鼠标的组合，调整工作站视图，以方便后续操作。集中调整方式如下：

① 平移调整：按住键盘上的"Ctrl"键＋鼠标左键。

图2-5 选择工业机器人参数

② 视角调整：同时按住键盘上的"Ctrl"和"Shift"键＋鼠标左键。

③ 缩放调整：滚动鼠标中间的滚轮。

2.2.2 加载工业机器人的工具

为工业机器人加载一个可执行工具，具体操作步骤如下：

1）在"基本"功能选项卡中，依次选择"导入模型库"→"设备"→"myTool"，如图2-6所示。

2）在"布局"窗口，选中"MyTool"，后单击鼠标右键→选择"安装到"→选择"IRB1600_6_120__02（）"→在"更新位置"弹出框中，单击"是"按钮后，即可看到工具已安装到工业机器人末端的法兰盘上，如图 2-7 和图 2-8 所示。

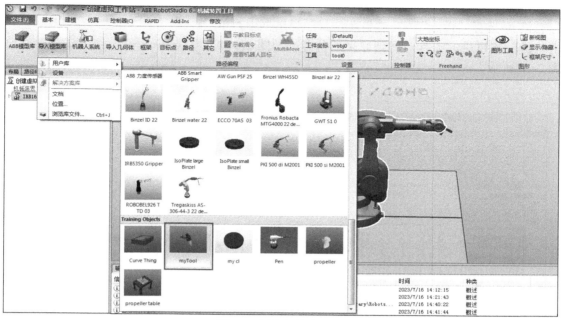

图 2-6　导入机器人工具

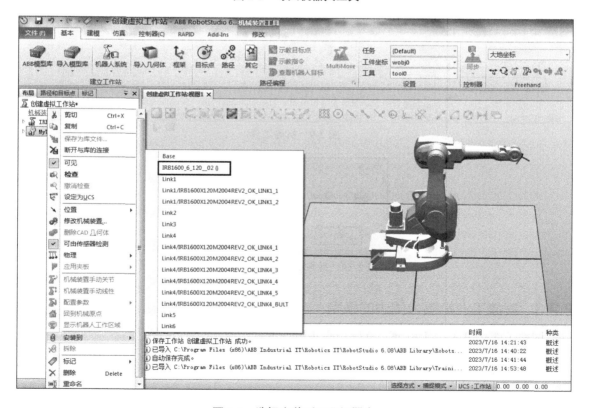

图 2-7　选择安装到工业机器人

3）如果想将工具从工业机器人末端的法兰盘上拆下，可以在"布局"窗口→选中"MyTool"，后单击鼠标右键→选择"拆除"→在"更新位置"弹出框中，单击"是"按钮后，工具即回到原来的位置，如图2-9和图2-10所示。

图2-8　是否更新工具位置

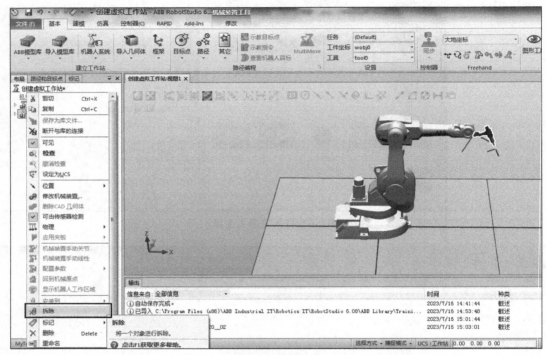

图2-9　拆除工具

图2-10　是否更新工具位置选择

2.2.3　摆放工业机器人周边的模型

摆放工业机器人周边模型，具体操作步骤如下：

1）在"基本"功能选项卡中，依次选择"导入模型库"→"设备"→"propeller table"（即"小桌子"），如图2-11所示。

2）在"布局"窗口，选中"IRB1600_6_120__02"，单击鼠标右键→选择"显示机器人工作区域"，如图2-12所示。

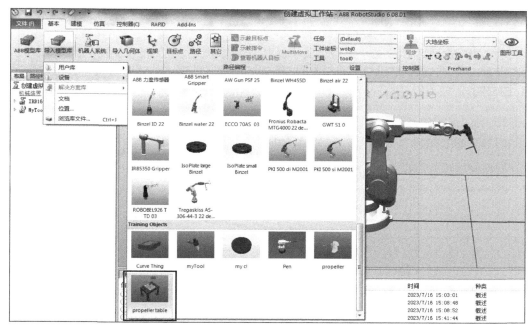

图 2-11　导入工业机器人周边的模型

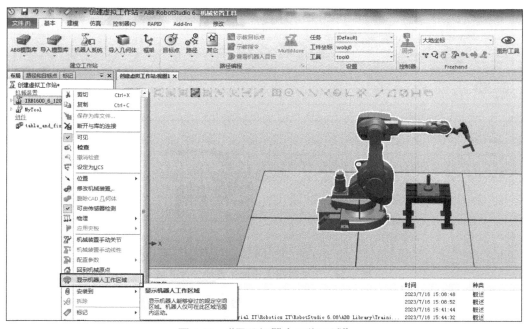

图 2-12　"显示机器人工作区域"

当显示工业机器人的腕节工作区域时，白色划线区域为工业机器人可到达的范围。对于工作对象来说，应该把可到达的范围调整到工业机器人的最佳工作范围之内，才能提高节拍，并方便轨迹规划，所以必须将"小桌子"移到工业机器人的工作区域内，如图 2-13 所示。

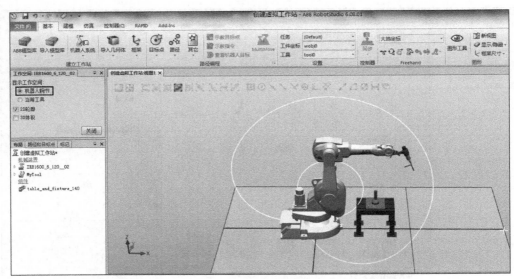

图 2-13　工业机器人腕节工作区域

当显示工业机器人当前工具的工作区域（白色划线区域，与图 2-13 的范围大小有区别）时，如图 2-14 所示。

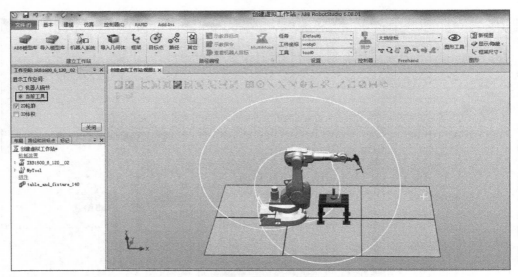

图 2-14　工业机器人当前工具的工作区域

注意：当显示工作空间时，选择"机器人腕节"或选择"当前工具"这两种情况，工业机器人可到达的范围是不一样的。

要移动对象，则要用到工具栏中的"Freehand"功能，图标 表示移动，图标 表示旋转，图标 表示拖拽，图标 表示手动关节，如图 2-15 所示。

图 2-15　工具栏中的 Freehand 功能

3）在"Freehand"工具栏中，选择"大地坐标"→选择"移动"按钮→单击"小桌子"→单击鼠标左键，点住箭头，拖动"小桌子"移动到工业机器人能够到达的合适位置，如图 2-16 所示。

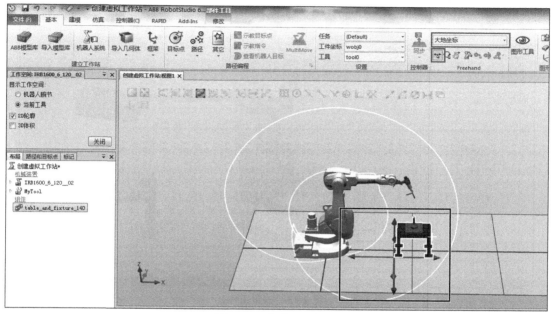

图 2-16　移动工具使用

4）在"基本"功能选项卡中，依次选择"导入模型库"→"设备"→"Curve Thing"模型后，导入工件，如图 2-17 所示。

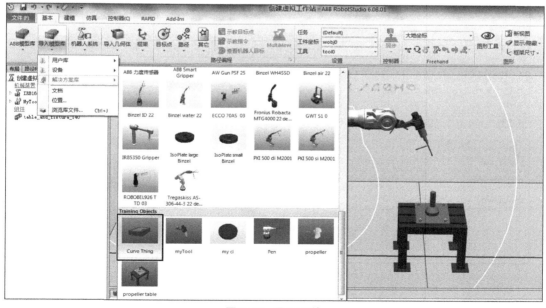

图 2-17　导入工件

5）在"布局"窗口，选中"Curve_thing"，单击鼠标右键→依次选择"位置"→"放置"→"两点"后，放置工件，如图 2-18 所示。

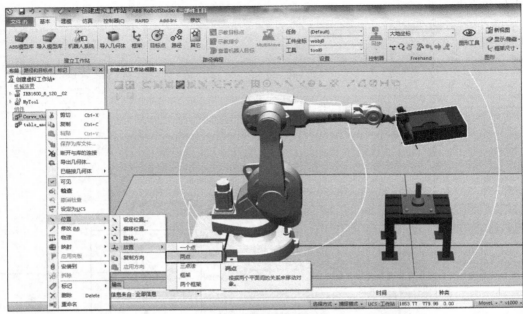

图 2-18　放置工件

为了能够准确捕捉对象特征，需要正确地选择捕捉工具。将鼠标移动到对应的捕捉工具上，则会显示详细的说明，如图 2-19 所示。

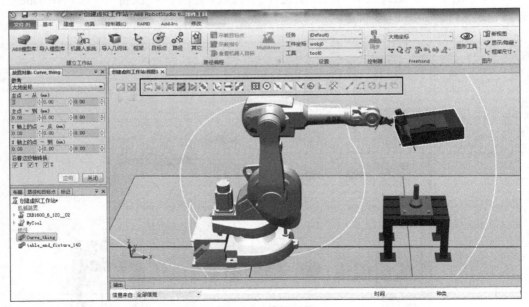

图 2-19　捕捉工具

6）选中捕捉工具的"选择部件 ▨"和"捕捉末端 ▨"→单击"主点 – 从（mm）"

的第一个坐标框→按照下面的顺序，依次捕捉"Curve_thing"（工件）和"table_and_fixture_140"（"小桌子"）的其中一个角→单击对象，则其点位的坐标值已自动显示在框中，然后，先单击"应用"按钮，再单击"关闭"按钮，如图 2-20 和图 2-21 所示。

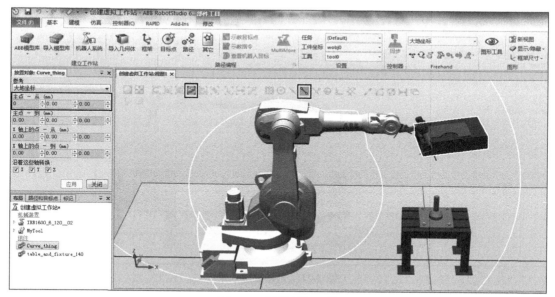

图 2-20　选择捕捉工具

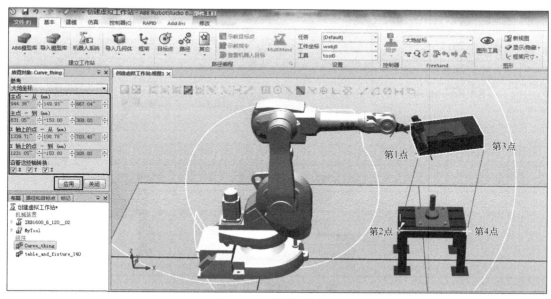

图 2-21　捕捉放置坐标

此时，对象已准确对齐放置到"小桌子"上，如图 2-22 所示。

2.2.4　创建工业机器人系统

创建工业机器人系统，具体操作步骤如下：

1）在"基本"功能选项卡中，依次选择"机器人系统"→"从布局..."，如图 2-23 所示。

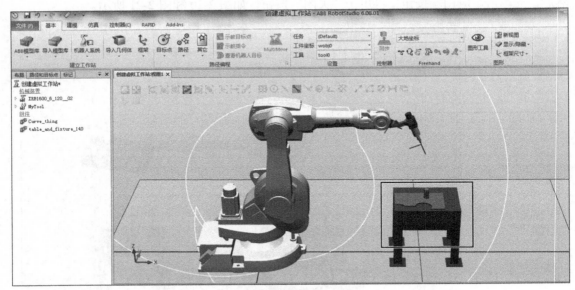

图 2-22　完成放置效果

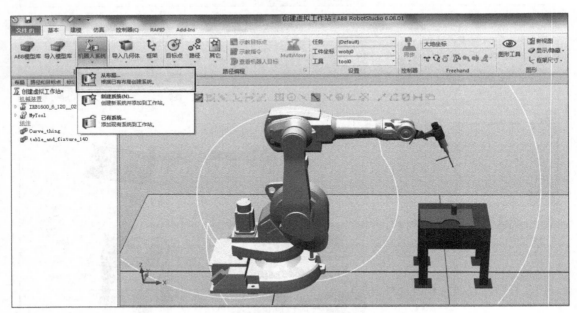

图 2-23　机器人从布局

2）在"从布局创建系统"弹出框中，设置好系统名称和保存的位置，然后单击"下一个"→在"机械装置"中"IRB1600_6_120_02"前面打勾"√"，然后单击"下一个"按钮，再单击"完成"按钮。系统建立完成后，设计界面的右下角"控制器状态"变为绿色，如图 2-24~ 图 2-27 所示。

注意：系统名字和保存位置的名字，都只能使用英文字符。

图 2-24　修改系统名称和位置

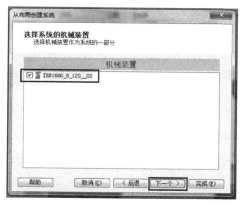

图 2-25　选择系统的机械装置

图 2-26　系统选项完成

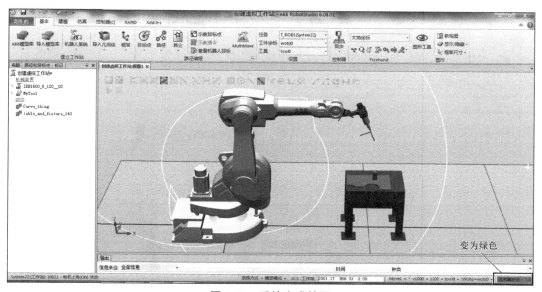

图 2-27　系统完成效果

2.2.5 创建工业机器人运动轨迹程序

与真实的工业机器人一样，在 RobotStudio 中，工业机器人运动轨迹也是通过 RAPID 程序指令进行控制的。下面就如何在 RobotStudio 中进行轨迹的仿真进行讲解，生成的轨迹可以下载到真实的工业机器人中运行。在本项目中的具体要求为让安装在法兰盘上的工具"MyTool"在工件坐标"wobj0"中沿着对象的边缘行走一圈，如图 2-28 所示。具体操作步骤如下：

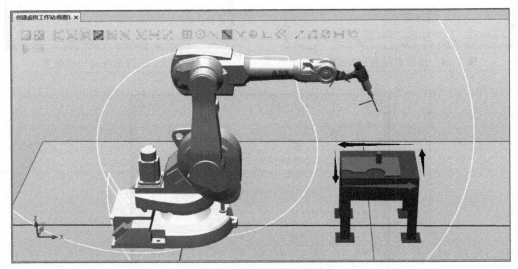

图 2-28 机器人运动轨迹

1）在"基本"功能选项卡中，依次选择"路径"→"空路径"，创建空路径，如图 2-29 所示。

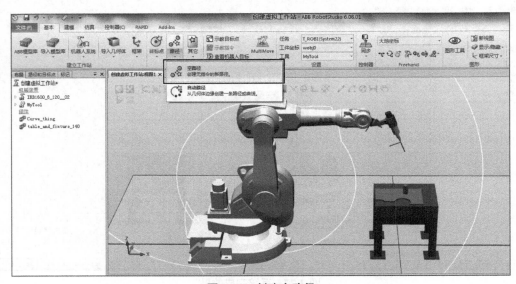

图 2-29 创建空路径

2）在"路径和目标点"窗口下，可以看到生成的空路径"Path_10"，设置工件坐标为"wobj0"→设置工具为"MyTool"→设定右下栏指令模板为"MoveJ*V500 fine MyTool\WObj：=wobj0"，如图 2-30 所示。

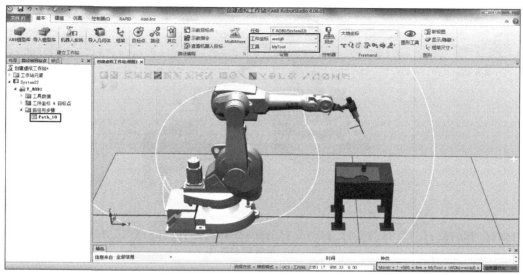

图 2-30　选择工件和工具坐标系

3）选中"Freehand"功能区中的"手动关节"图标→将工业机器人拖到合适的位置，作为轨迹的开始点→单击"示教指令"→在"路径和目标点"窗口的"Path_10"路径下，可以看到新创建的运动指令"MoveJ Target_10"，如图 2-31 所示。

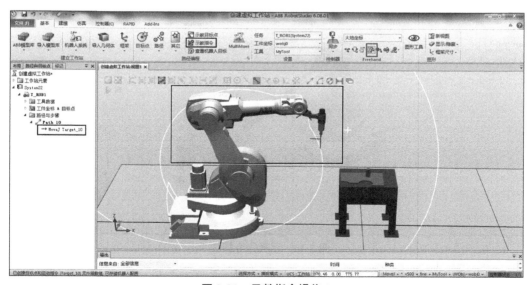

图 2-31　示教指令操作 1

4）选中"Freehand"功能区中的"手动线性"图标→单击鼠标左键，拖动工业机器人，使工具对准第一个角点→单击"示教指令"，如图 2-32 所示。

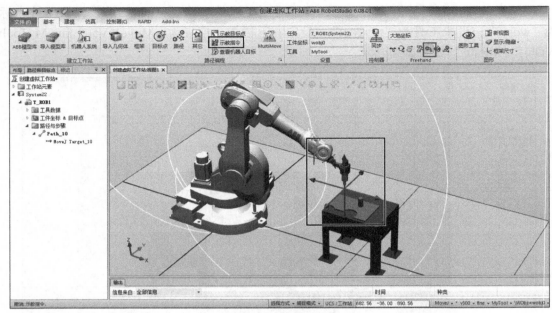

图 2-32　示教指令操作 2

5）设定指令模板 "MoveL*V300 fine MyTool\WObj：=wobj0"→单击鼠标左键，拖动工业机器人，使工具对准第二个角点→单击 "示教指令"，如图 2-33 所示。

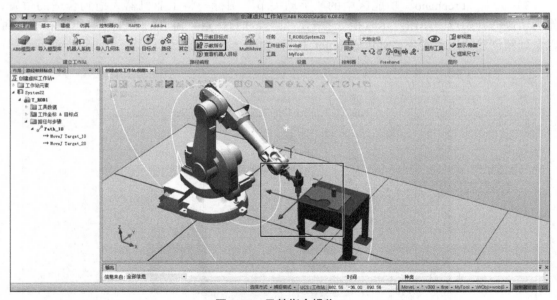

图 2-33　示教指令操作 3

6）单击鼠标左键，拖动工业机器人，使工具对准第三个角点→单击 "示教指令"，如图 2-34 所示。

7）单击鼠标左键，拖动工业机器人，使工具对准第四个角点→单击 "示教指令"，如图 2-35 所示。

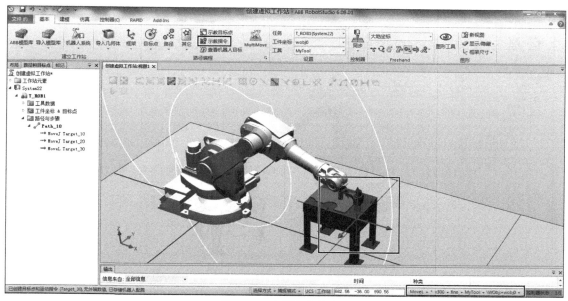

图 2-34　示教指令操作 4

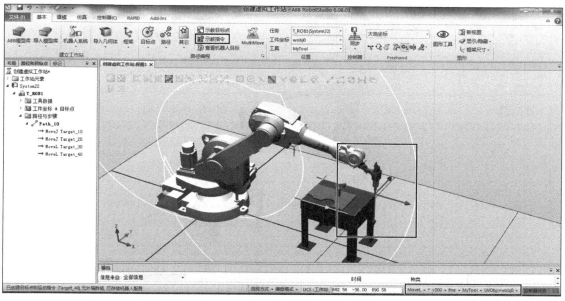

图 2-35　示教指令操作 5

8）单击鼠标左键，拖动工业机器人，使工具对准第一个角点→单击"示教指令"，如图 2-36 所示。

9）单击鼠标左键，拖动工业机器人，离开"小桌子"到其上方一个合适的位置→单击"示教指令"，如图 2-37 所示。

10）在"基本"功能选项卡中，单击"路径和目标点"窗口→选中"Path_10"，单击鼠标右键→选择"自动配置"→选择"所有移动指令"，进行关节自动配置，如图 2-38 所示。

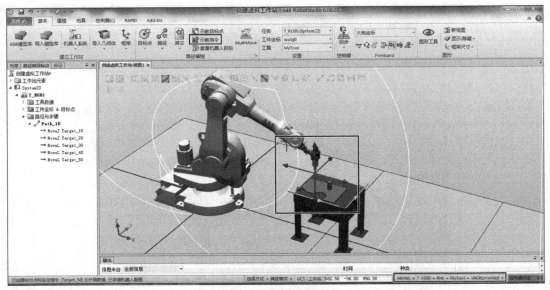

图 2-36　示教指令操作 6

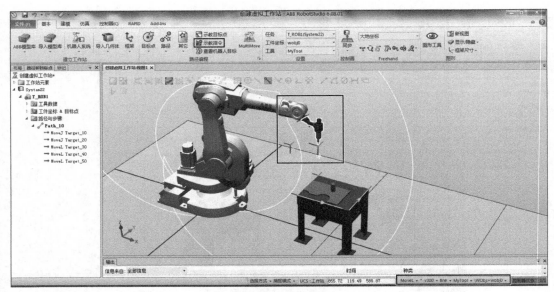

图 2-37　示教指令操作 7

11）在"基本"功能选项卡中，单击"路径和目标点"窗口→选中"Path_10"，单击鼠标右键→选择"沿着路径运动"，检查是否能正常运行，如图 2-39 所示。

至此，完成了所要求的工业机器人轨迹程序的创建。

注意： 在创建工业机器人轨迹程序时，要注意以下事项：

① 用示教器手动调节工业机器人进行线性运动时，要注意观察各关节轴是否会接近极限而无法拖动，这时，要通过手动关节适当调整工业机器人姿态。

② 在示教的过程中，要适当调整视角，这样可以更好地观察每个点的位置。

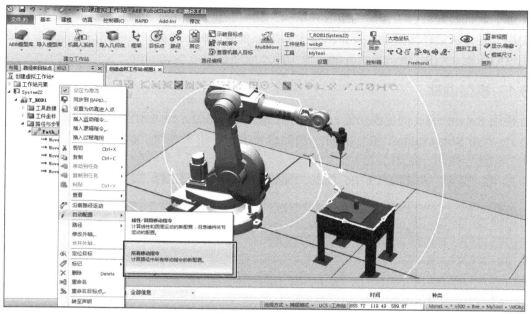

图 2-38　自动配置

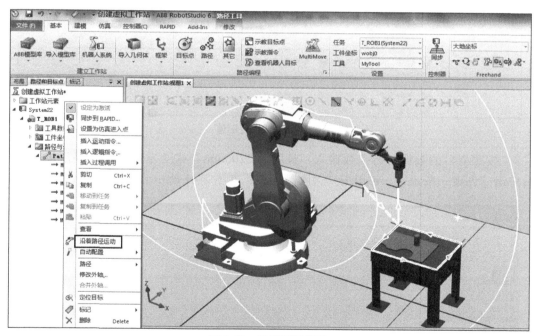

图 2-39　沿着路径运动

2.3　建模功能的使用

在进行模型创建之前，首先，要查找、收集工业机器人滑台工作站的相关信息资料，清楚了解工业机器人滑台工作站的组成和结构；其次，要充分了解工业机器人滑台工作站的具体应用，并分析它作为自动化设备给整个系统带来的作用；最后，应根据分析结果，列选需要实现的功能，利用 RobotStudio 的建模功能完成创建。

2.3.1　模型创建

使用 RobotStudio 的建模功能，创建一个滑台 3D 模型，模型创建的具体操作步骤如下：

1）双击 RobotStudio，在"文件"功能选项卡中，依次选择"新建"→"空工作站"后，单击"创建"按钮，见图 2-2。

2）在"建模"功能选项卡中，单击"固体"的下拉菜单→选择"矩形体"，如图 2-40 所示。

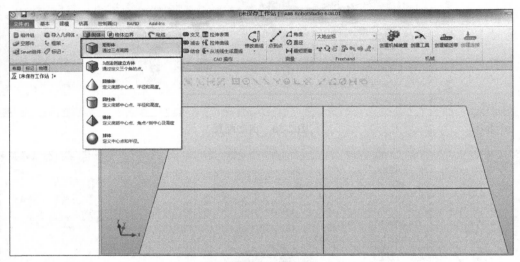

图 2-40　创建矩形体

3）按照滑台的数据进行参数输入，长度为 2200mm、宽度为 600mm、高度为 120mm，然后单击"创建"按钮后，再单击"关闭"按钮，如图 2-41 所示。

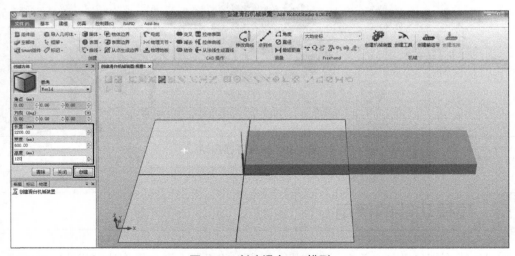

图 2-41　创建滑台 3D 模型

2.3.2　模型布局

使用 RobotStudio 的建模功能，创建一个滑台 3D 模型，模型布局的具体操作步骤如下：

1）在"布局"窗口，选中"部件 _1"，单击鼠标右键→选择"重命名"→在弹出框中，输入"滑台"→单击键盘上的"Enter"键，如图 2-42 所示。

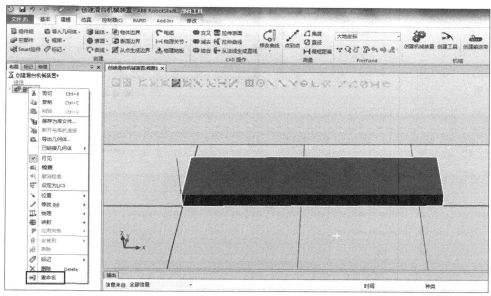

图 2-42　重命名

2）在"布局"窗口，选中"滑台"，单击鼠标右键→选择"修改"→选择"设定颜色..."→选择"红色"，然后单击"确定"按钮，如图 2-43 和图 2-44 所示。

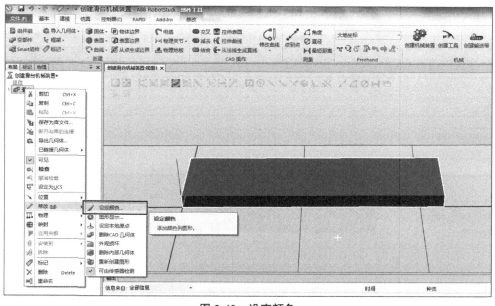

图 2-43　设定颜色

3）在"建模"功能选项卡中，单击"固体"的下拉菜单→选择"矩形体"，如图 2-45 所示。然后按照滑块的数据进行参数输入：长度为 500mm、宽度为 500mm、高度为 120mm；角点坐标值为 X0mm、Y50mm、Z120mm。然后单击"创建"按钮，再单击"关闭"按钮，如图 2-46 所示。

注意：设置角点坐标的目的是调整滑块的位置。

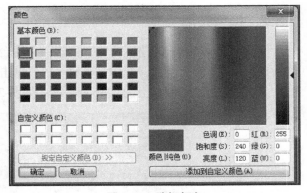

图 2-44　选择颜色

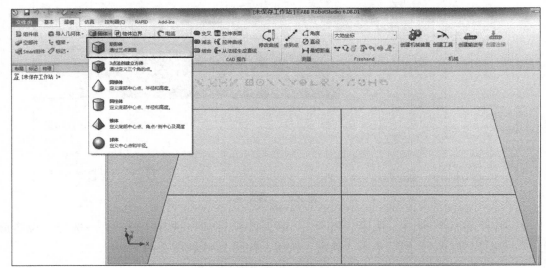

图 2-45　创建矩形体

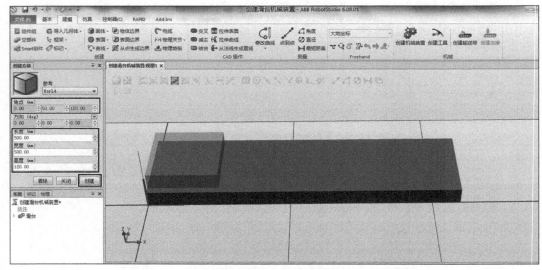

图 2-46　创建滑块 3D 模型

4）在"布局"窗口，选中"部件_2"，单击鼠标右键→选择"重命名"→输入"滑块"→按下键盘上的"Enter"键，如图 2-47 所示。

5）在"布局"窗口，选中"滑块"，单击鼠标右键→选择"修改"→选择"设定颜色..."→选择"绿色"，然后单击"确定"按钮，如图 2-47 所示。

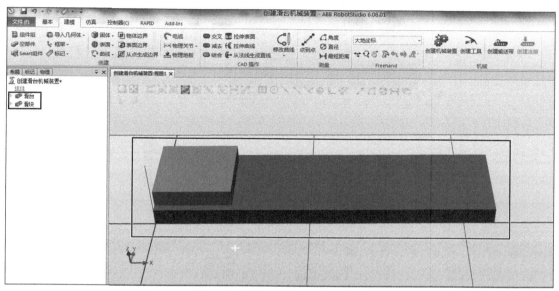

图 2-47 滑块重命名和设定颜色

至此，滑台的模型布局基本完成。

2.4 常用测量工具的使用

常用的测量工具包含测量矩形体的长度、测量锥体的顶角角度、测量圆柱体的直径、测量两个物体间的最短距离等，如图 2-48 所示。

2.4.1 测量矩形体的长度

测量矩形体的长度，具体操作步骤如下：

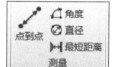

图 2-48 测量工具

打开完成的滑台模型，在"建模"功能选项卡中，选择"点到点"→选择"选择部件"→选择"捕捉末端"→单击"第一个点"→单击"第二个点"，完成后将在输出栏显示测量结果，如图 2-49 所示。

2.4.2 测量锥体的顶角角度

测量锥体的顶角角度，具体操作步骤如下：

打开一个已经建模完成的锥体模型，在"建模"功能选项卡中，选择"角度"→选择"选择部件"→选择"捕捉末端"→单击"A 角点"→单击"B 角点"→单击"C 角点"，完成后将在输出栏显示测量结果，如图 2-50 所示。

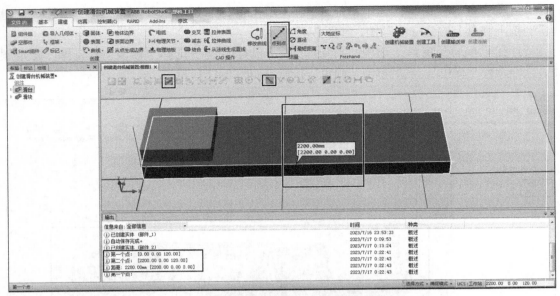

图 2-49 测量矩形体的长度工具使用

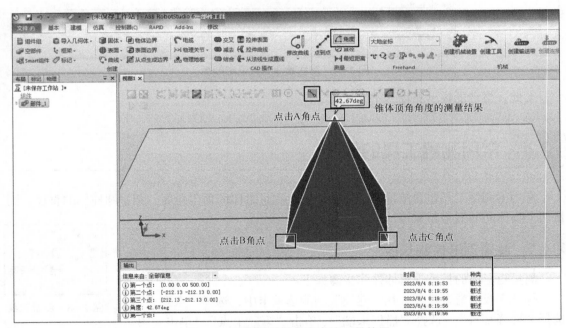

图 2-50 测量锥体的顶角角度工具使用

2.4.3 测量圆柱体的直径

测量圆柱体的直径，具体操作步骤如下：

打开已经建模完成的圆柱体模型，在"建模"功能选项卡中，选择"直径"→选择"选择部件"→选择"捕捉边缘"→单击"A 边缘点"→单击"B 边缘点"→单击"C 边缘点"，完成后将在输出栏显示测量结果，如图 2-51 所示。

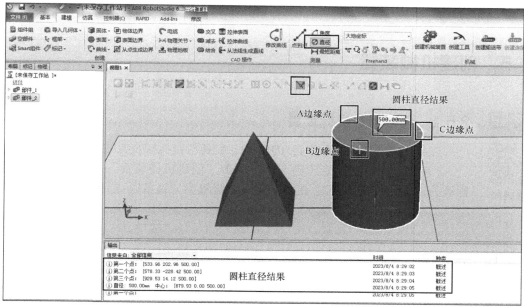

图 2-51　测量圆柱体的直径工具使用

2.4.4　测量两个物体间的最短距离

测量两个物体间的最短距离，操作步骤如下：

打开已经建模完成的模型，在"建模"功能选项卡中，选择"最短距离"→选择"选择部件"→单击"任意点击锥体"→单击"任意点击圆柱体"，完成将在输出栏显示测量结果，如图 2-52 所示。

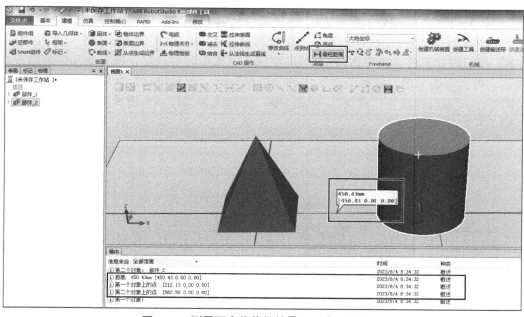

图 2-52　测量两个物体间的最短距离工具使用

2.5 创建机械装置

2.5.1 创建滑台机械装置

先导入刚刚创建好的滑台 3D 模型，创建滑台机械装置的具体操作步骤如下：

1）在"建模"功能选项卡中，单击"创建机械装置"，将机械装置模型名称改为"滑台机械装置"、机械装置类型设置为"设备"，如图 2-53 所示。

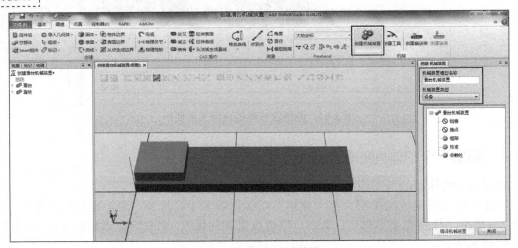

图 2-53　创建机械装置

2）双击"滑台机械装置"中的"链接"，将"创建链接"弹出框中的链接名称改为"ST1"，所选组件选为"滑台"，勾选"设置为 Base Link"前面的选择框中"√"，然后单击"▶"按钮添加部件，再单击"应用"，至此，完成滑台的设置，依据此步骤继续设置滑台参数。再次双击"滑台机械装置"中的"链接"；将"创建链接"弹出框中的链接名称改为"ST2"、所选组件选为"滑块"。单击"▶"按钮添加部件，最后单击"确定"按钮，如图 2-54~图 2-57 所示。

图 2-54　设置滑台数据

图 2-55　滑台设置完成

图 2-56　设置滑块数据

图 2-57　滑块设置完成

2.5.2　建立滑台机械装置的机械运动特性

建立滑台机械装置的机械运动特性，具体操作步骤如下：

1）在创建机械装置的界面中，双击"滑台机械装置"窗口中的"接点"→将"创建接点"弹出框中的关节名称改为"ST1"→关节类型选中"往复的"→第一个位置参数输入"0，0，120"，第二个位置参数输入"2200，0，120"；最小限值参数输入"0"，最大限值参数输入"1600"。然后单击"确定"按钮，如图 2-58 所示。

2）单击创建机械装置中的"编译机械装置"→双击"创建机械装置"窗口，拉大窗口→单击"添加"→将"创建姿态"弹出框中的姿态名称改为"姿态 1"，关节值参数输入"0.00"→单击"确定"按钮→再次单击"添加"→将"创建姿态"弹出框中的姿态名称改为"姿态 2"，关节值参数输入"1600"。然后，再单击"确定"按钮，如图 2-59和图 2-60 所示。

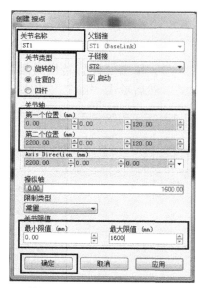

图 2-58　设置机械运动特性

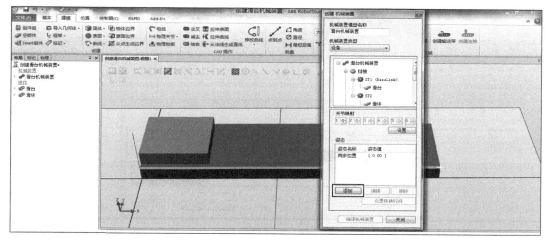

图 2-59　编译机械装置

35

图 2-60　设置姿态 1 和姿态 2

3）单击"设置转换时间"→将姿态 1 同步位置设置为"5"，将姿态 2 同步位置设置为"5"。然后单击"确定"按钮，再单击"关闭"按钮，如图 2-61 所示。

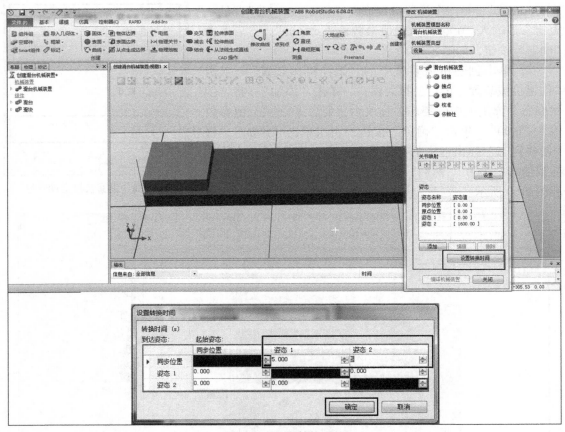

图 2-61　设置转换时间

4）在"建模"功能选项卡中的"Freehand"功能区，选中"手动关节"→单击鼠标左键，点住滑块后拖动，就可以在滑台上进行运动，如图2-62所示。

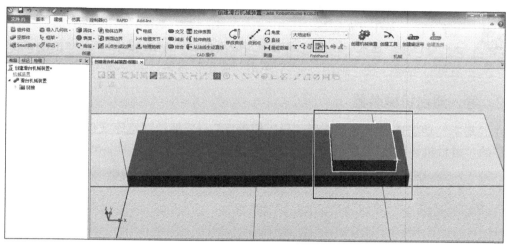

图2-62　手动滑动滑块操作

5）在"布局"窗口→选中"滑台机械装置"，单击鼠标右键→选择"保存为库文件"即可完成文件保存，如图2-63所示。

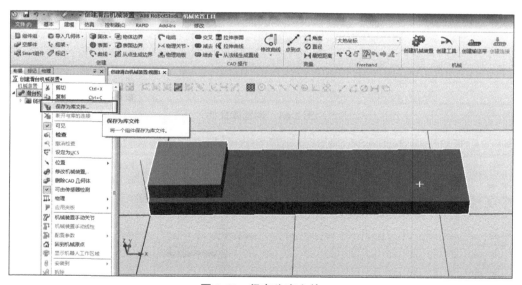

图2-63　保存为库文件

2.6　滑台工作站仿真布局

滑台工作站全部创建完成后，需要进行整体的仿真验证工作。在进行仿真时，需要将前面做好的滑台装置全部导入，此外，还需要导入一台工业机器人、一个控制柜，具体操作步骤如下：

扫一扫看视频

2.6.1　导入工业机器人模型

1）双击 RobotStudio，在"文件"功能选项卡中，依次选择"新建"→"空工作站"→单击"创建"。

2）在"基本"功能选项卡中，依次选择"ABB 模型库"→"IRB1600"→设置好"容量"及"到达"。然后单击"确定"按钮。

2.6.2　导入滑台机械装置

在"基本"功能选项卡中，选择"导入模型库"→选择"浏览库文件..."→选择之前已经保存的"滑台机械装置"。然后单击"打开"按钮，如图 2-64 和图 2-65 所示。

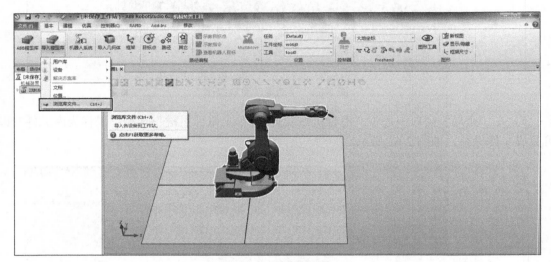

图 2-64　浏览库文件

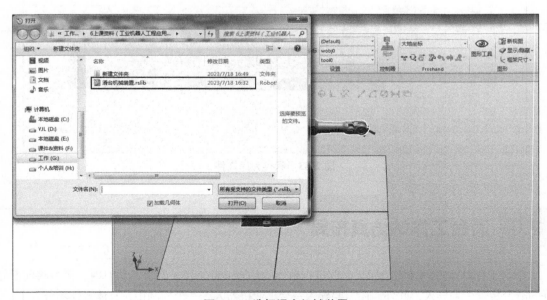

图 2-65　选择滑台机械装置

2.6.3　调整滑台机械装置位置

在"布局"窗口→选中"滑台机械装置",单击鼠标右键→依次选择"位置"→"设定位置"→在大地坐标中,位置 X、Y、Z(mm)输入"800,800,0",方向(deg)输入"0,0,-90"。然后单击"应用"按钮,即可完成设置,再单击"关闭"按钮,如图 2-66 和图 2-67 所示。

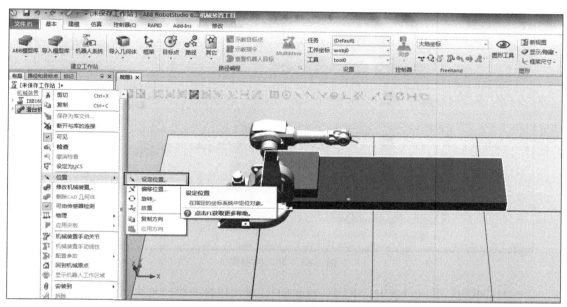

图 2-66　设定位置

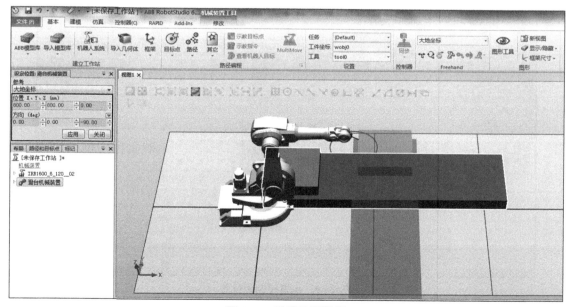

图 2-67　设置位置数据

2.6.4 导入 IRC5 Compact 控制器及位置调整

导入 IRC5 Compact 控制器，为了跟真实的工作站设备一致而进入导入操作。

1）在"基本"功能选项卡中，选择"导入模型库"→选择"设备"→选择"IRC5 Compact"模型，如图 2-68 所示。

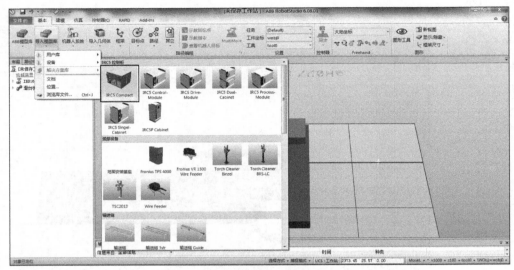

图 2-68 导入控制柜

2）在"布局"窗口→选中"IRC5_Compact"，单击鼠标右键→依次选择"位置"→"设定位置"→在大地坐标中，位置 X、Y、Z（mm）输入"-800，-800，0"，方向（deg）输入"0，0，90"。然后单击"应用"按钮，完成设置，再单击"关闭"按钮，如图 2-69 所示。

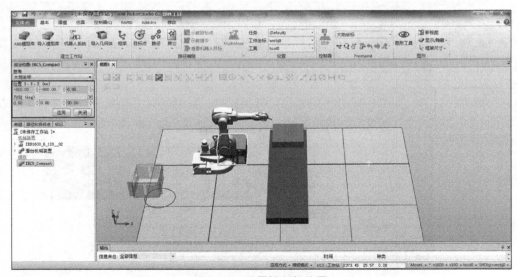

图 2-69 设置控制柜位置

滑台工作站完成后的效果，如图 2-70 所示。

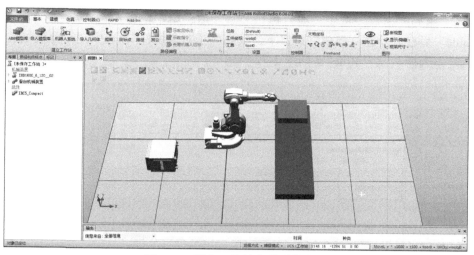

图 2-70　滑台工作站完成后的效果

2.7　Smart 组件的创建与信号连接

　　Smart 组件是给几何体赋予仿真的效果，比如，可通过 I/O 模块控制喷枪喷雾开关变化的效果、工业机器人周边设备动作等。前面学习了怎么样创建一个滑台机械装置，本节将为滑台机械装置的动作加上 I/O 模块控制，这就是一个 Smart 组件。

2.7.1　创建 Smart 组件

　　滑台工作站仿真完成布局后，接下来创建 Smart 组件，具体操作步骤如下：

　　1）在"建模"功能选项卡中，选择"Smart 组件"→在"布局"窗口选中"SmartComponent_1"，单击鼠标右键→选择"重命名"→输入"SC_Sliding table"，如图 2-71 所示。

图 2-71　创建 Smart 组件

2）在"布局"窗口→选中"滑台机械装置"后，单击鼠标左键，点住并拖动到"SC_Sliding table"后松开→在"组成"窗口下，找到"子对象组件"，选中"滑台机械装置"，单击鼠标右键→选择"设为 Role"，如图 2-72 所示。

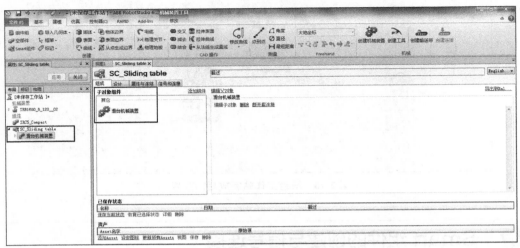

图 2-72　放置滑台机械装置

2.7.2　添加子组件

添加完成 Smart 组件后，接下来添加子组件，用来控制滑台机械装置的两种不同姿态的动作，具体操作步骤如下：

1）单击"添加组件"→选择"本体"→选择"PoseMover"→属性 Mechanism 选择"滑台机械装置"，"Pose"选择"姿态 1"，"Duration"输入"5"s。然后单击"应用"按钮，完成添加子组件，再单击"关闭"按钮，如图 2-73～图 2-75 所示。

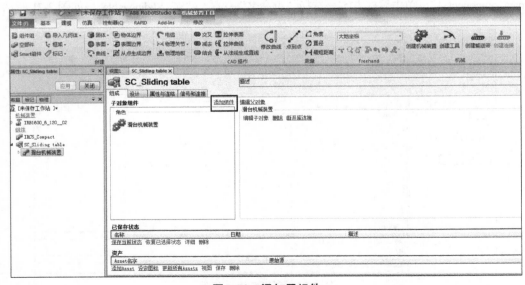

图 2-73　添加子组件

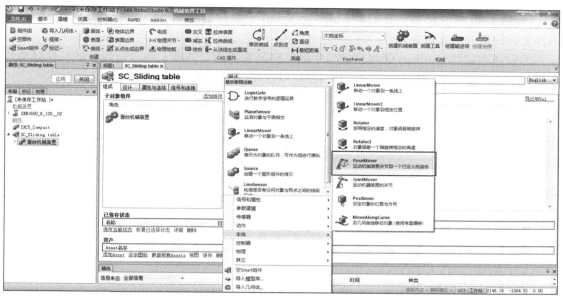

图 2-74　添加"PoseMover"

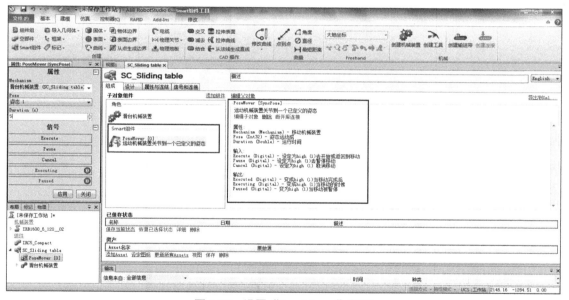

图 2-75　设置"PoseMover"数据

2）重复上一步骤的操作，只是 Pose 选择"姿态 2"，单击"添加组件"→选择"本体"→选择"PoseMover"→属性 Mechanism 选择"滑台机械装置"，Pose 选择"姿态 2"，Duration 输入"5"s。然后单击"应用"按钮，再单击"关闭"按钮，完成添加子组件。

2.7.3　创建信号和连接

I/O 信号指的是，在本工作站中自行创建的数字信号，用于与各个 Smart 子组件进行信号交互。

43

I/O 连接指的是设定创建的 I/O 信号与 Smart 子组件信号的连接关系，以及各 Smart 子组件之间的信号连接关系。

信号和连接是在 Smart 子组件窗口中的"信号和连接"选项卡中进行设置的，具体操作步骤如下：

1）选择"设计"窗口→单击"输入"→信号类型选择"Digital Input"，信号名称输入"di1"。然后单击"确定"按钮，如图 2-76 和图 2-77 所示。

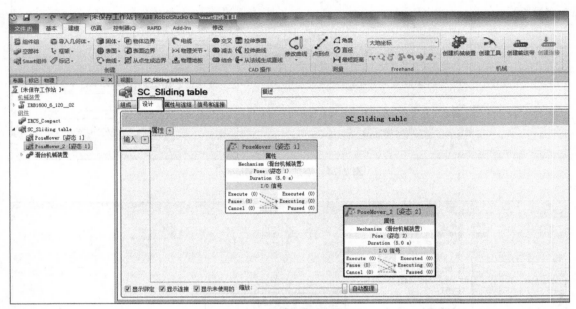

图 2-76　添加数字输入信号

图 2-77　设置数字输入信号 di1

2）重复上一步骤的操作，信号名称输入为"di2"，选择"设计"窗口→单击"输入"→信号类型选择"Digital Input"，信号名称输入"di2"。然后单击"确定"按钮，如图 2-78 所示。

3）选择"设计"窗口→单击鼠标左键，点住"di1"，连接到"PoseMover［姿态 1］"的"Execute"端再松开，再单击鼠标左键，点住"di2"，连接到"PoseMover_2［姿态 2］"

的"Execute"端再松开，如图 2-79 所示。

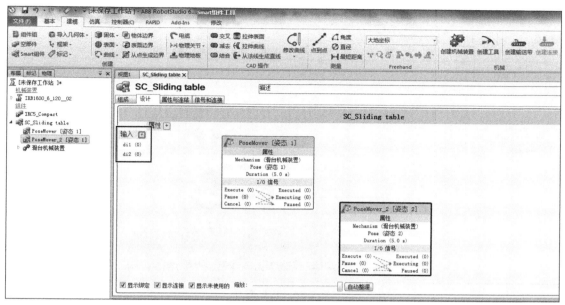

图 2-78　设置数字输入信号 di2

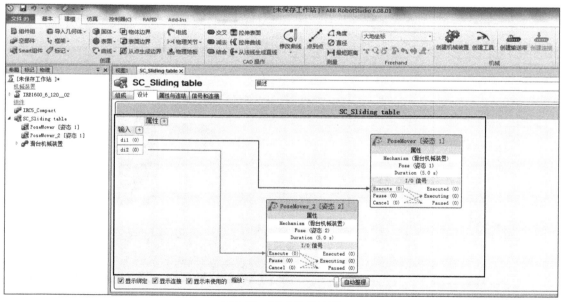

图 2-79　完成信号连接

2.7.4　仿真调试

在完成组件设置和信号设置之后，即可进行仿真调试，具体步骤如下。

1）在"仿真"功能选项卡，单击回到"视图 1"→单击"播放"按钮→在"布局"窗口，选中"SC_Sliding table"，单击鼠标右键→选择"属性"→分别控制（单击并拖拽）"di1"或"di2"，就可以看到滑块在滑台上面左右移动，如图 2-80~ 图 2-82 所示。

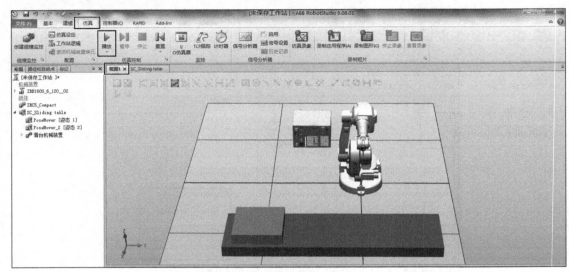

图 2-80　仿真调试

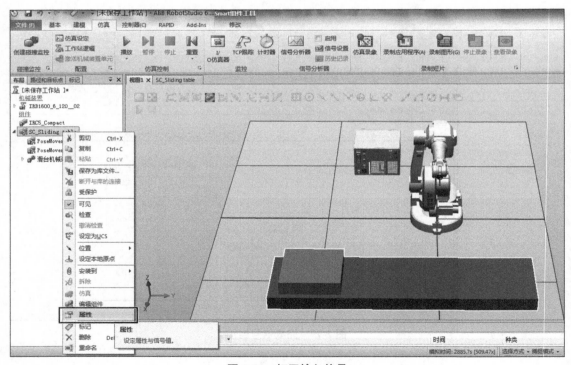

图 2-81　打开输入信号

2）在"布局"窗口，选中"SC_Sliding table"，单击鼠标右键→选择"保存为库文件"完成保存，如图 2-83 所示。

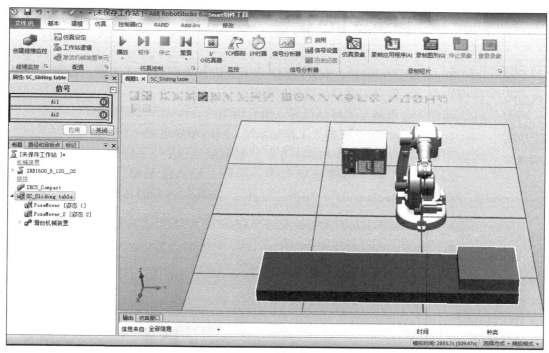

图 2-82　输入信号

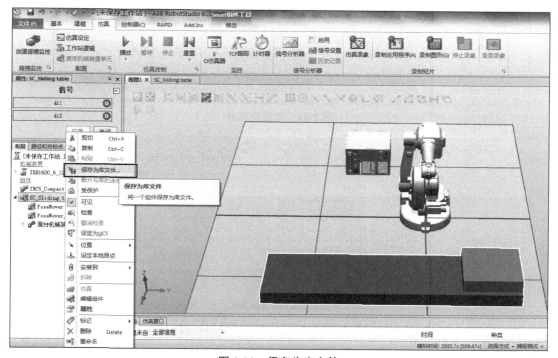

图 2-83　保存为库文件

2.8 创建 I/O 模块及 I/O 信号

Smart 组件完成后，Smart 组件与工业机器人配合起来动作，还需要通过 I/O 模块通信才能完成虚拟仿真的控制效果。

新建工业机器人工作站及导入滑台模型的具体操作步骤如下：

1）新建一个工业机器人工作站系统。可以布局建立一个新的工作站系统（也可以用系统内自带的工作站解决方案）。建议新建一个空工作站，再配置系统。

2）在"基本"功能选项卡中，选择"导入模型库"→选择"浏览库文件..."→选择"SC_Sliding table.rslib"→单击"打开"，如图 2-84 和图 2-85 所示。

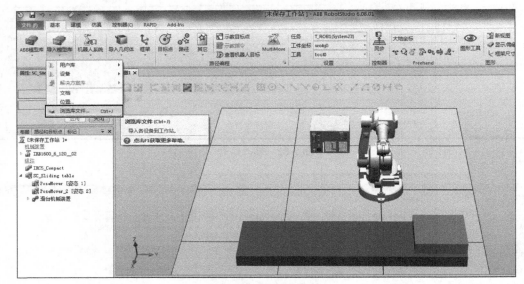

图 2-84 浏览库文件

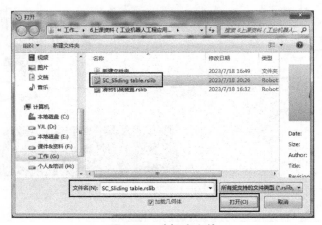

图 2-85 选择库文件

如果还没有滑台 Smart 组件，可以通过上面两步的步骤添加进来，再进行本节创建 I/O 模块及 I/O 信号的步骤。

2.8.1　创建 I/O 模块

在导入之前创建的滑台 Smart 组件后，要进行 I/O 通信，需要先创建 I/O 模块，具体步骤如下：在"控制器"功能选项卡中，选择"配置"→选择"I/O System"→选中"DeviceNet Device"，单击鼠标右键→选择"新建 DeviceNet Device..."→使用来自模板的值，选择"DSQC 651 Combi I/O Device"→ Address 参数输入，把 63 改成 10，然后单击"确定"按钮，在弹出框中再次单击"确定"按钮，如图 2-86~ 图 2-89 所示。

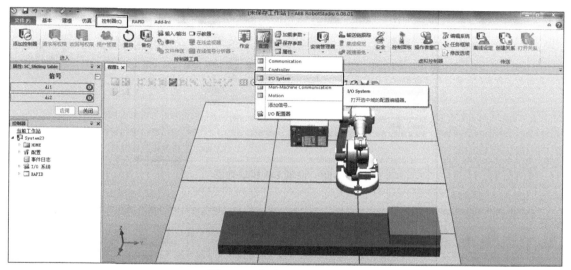

图 2-86　创建 I/O 模块操作 1

图 2-87　创建 I/O 模块操作 2

图 2-88　设置 I/O 模块数据

图 2-89　完成后的 I/O 模块

2.8.2　创建 I/O 信号

在导入之前创建的滑台 Smart 组件及创建 I/O 模块后，要进行 I/O 通信，需要先创建 I/O 信号，具体步骤如下：

1）在"控制器"功能选项卡中，选择"配置"→选择"I/O System"→选中"Signal"，单击鼠标右键→选择"新建 Signal..."→ Name 输入"do1"→ Type of Signal 选择"Digital Output"→ Assigned to Device 选择"d651"→在"Device Mapping"栏中输入"32"。然后单击"确定"按钮，如图 2-90~ 图 2-92 所示。

图 2-90 创建 I/O 信号

图 2-91 设置输出信号数据

2）重复上一步骤的操作，再创建一个输出信号"do2"。

在"控制器"功能选项卡中，选择"配置"→选择"I/O System"→选中"Signal"，单击鼠标右键→选择"新建 Signal..."→ Name 输入"do2"→ Type of Signal 选择"Digital Output"→ Assigned to Device 选择"d651"→ 在"Device Mapping"栏中输入"33"→单击"确定"。

3）信号设置好后，需要重启控制器之后才能生

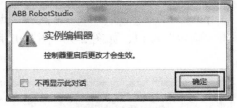

图 2-92　控制器重启提示

效，在"控制器"功能选项卡中，选择"重启"→选择"重启动（热启动）（R）"。然后单击"确定"按钮即可，如图 2-93 和图 2-94 所示。

图 2-93　I/O 信号完成后的效果

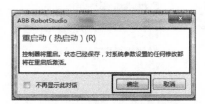

图 2-94　重启动（热启动）控制器

2.9　工业机器人与 Smart 组件通信

2.9.1　工作站逻辑设置

在"仿真"功能选项卡中，选择"工作站逻辑"→选择"设计"窗口→单击"System23"

旁边的下拉倒三角形"▼"→选择"do1"和"do2"即可完成输入信号的加入，如图 2-95 和图 2-96 所示。

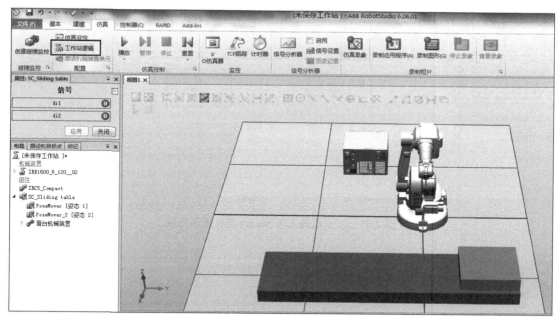

图 2-95　工作站逻辑设置

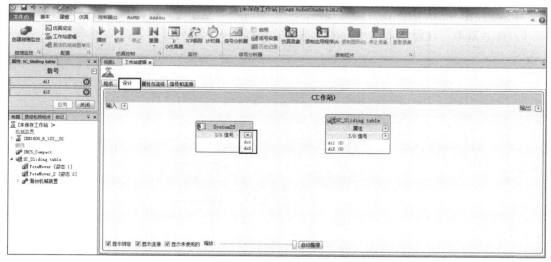

图 2-96　加入输出信号

2.9.2　完成工业机器人与 Smart 组件通信

单击鼠标左键，点住"System23"的"do1"信号，连接到 SC_Sliding table 的"di1"信号后松开→再单击鼠标左键，点住"System23"的"do2"信号，连接到 SC_Sliding table 的"di2"信号后松开，即建立了工业机器人与 Smart 组件的通信连接，如图 2-97 所示。

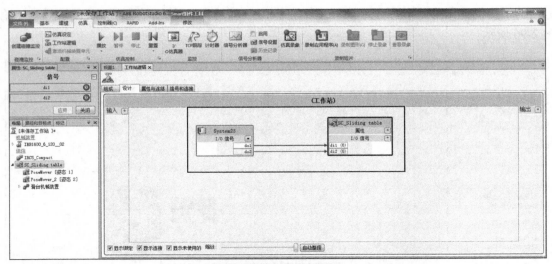

图 2-97　工业机器人与 Smart 组件通信连接

2.10　Smart 组件效果调试

2.10.1　离线编程

为了能控制 Smart 组件观看调试效果，需要编写一个程序进行控制。具体操作步骤如下：

1）在"基本"功能选项卡中，依次选择"路径"→"空路径"，如图 2-98 所示。

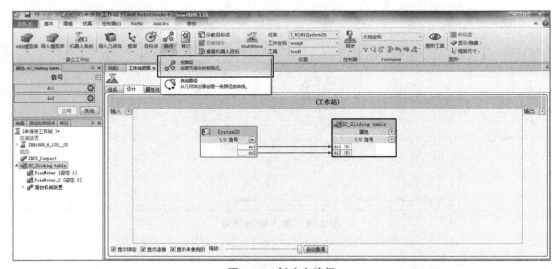

图 2-98　创建空路径

2）在"路径和目标点"窗口下，可以看到生成的空路径"Path_10"，选中"Path_10"，单击鼠标右键→选择"插入逻辑指令"→在指令模板中选择"Set"→"杂项"中的"Signal"选择"do1"→单击"创建"，如图 2-99 和图 2-100 所示。

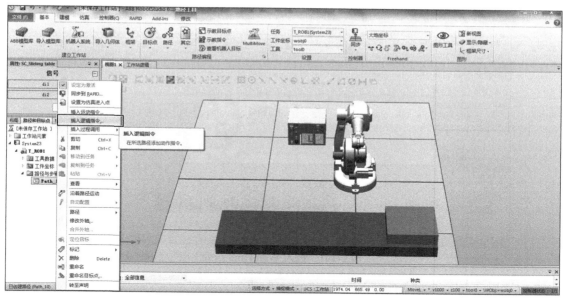

图 2-99　插入逻辑指令

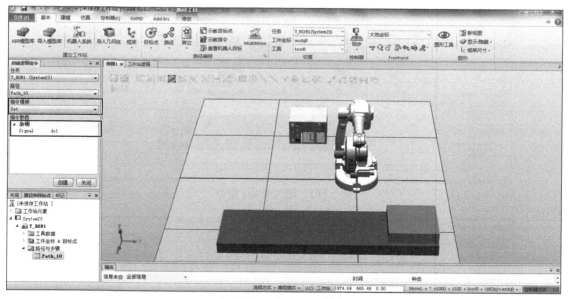

图 2-100　插入 Set 指令

3）重复上面两步的操作步骤，在指令模板中选择"WaitTime"→杂项 Time 输入"3"→单击"创建"，如图 2-101 所示。

4）重复上一步的操作步骤，在指令模板中选择"Reset"→"杂项"中的"Signal"选择"do1"→单击"创建"，如图 2-102 所示。

5）选择已经完成的三个程序指令，单击右键→选择"复制"→再选择最后一个程序指令，单击鼠标右键→选择"粘贴"→把"Set do1"改为"Set do2"→"Reset do1"改为"Reset do2"，如图 2-103 和图 2-104 所示。

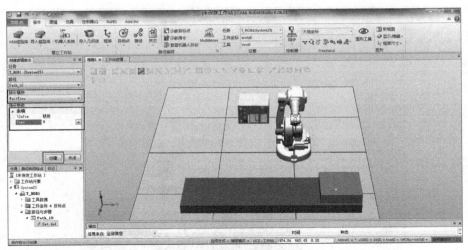

图 2-101　插入 WaitTime 指令

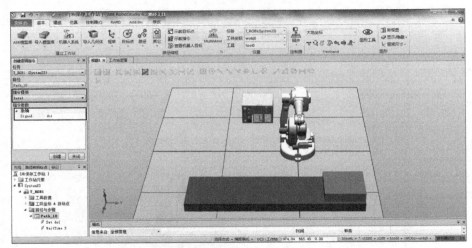

图 2-102　插入 Reset 指令

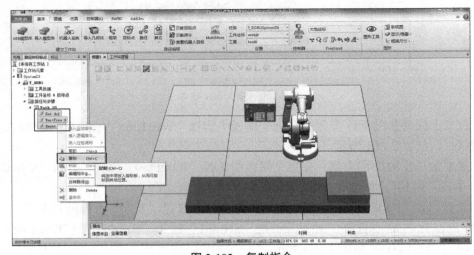

图 2-103　复制指令

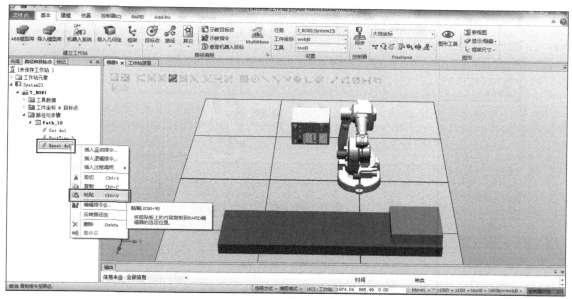

图 2-104　粘贴指令

6）选择第二个"Set do1"，单击鼠标右键→选择"编辑指令（I）..."→把"do1"改为"do2"，然后单击"应用"按钮，再单击"关闭"按钮，如图 2-105 和图 2-106 所示。

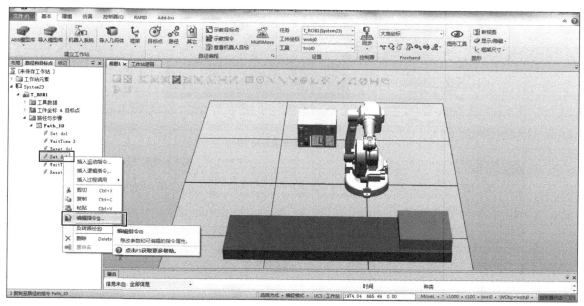

图 2-105　编辑 Set 指令

7）选择第二个"Reset do1"，单击鼠标右键→选择"编辑指令（I）..."→把"do1"改为"do2"，然后单击"应用"按钮，再单击"关闭"按钮，如图 2-107 和图 2-108所示。

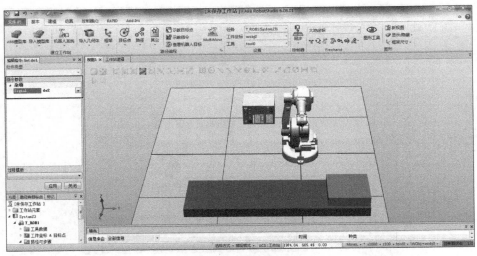

图 2-106　更改 do2

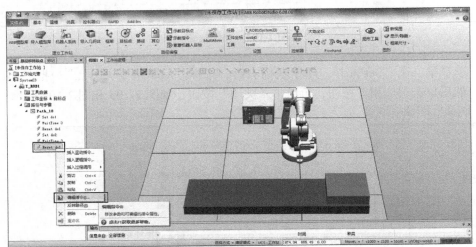

图 2-107　编辑 Reset 指令

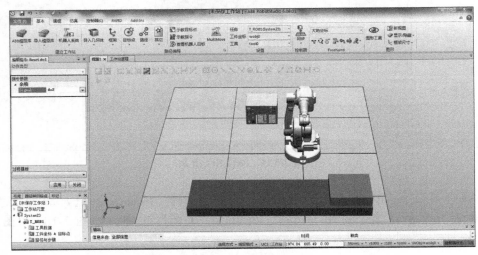

图 2-108　再次更改 do2

2.10.2　同步到 RAPID

为了能控制 Smart 组件观看调试效果，还要将编写好的程序同步到 RAPID。具体操作步骤如下：在"基本"功能选项卡中，单击"同步"→选择"同步到 RAPID..."→"同步"栏需要全部勾选，然后单击"确定"按钮，如图 2-109 和图 2-110 所示。

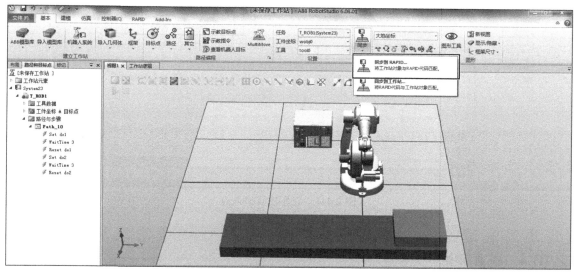

图 2-109　同步到 RAPID

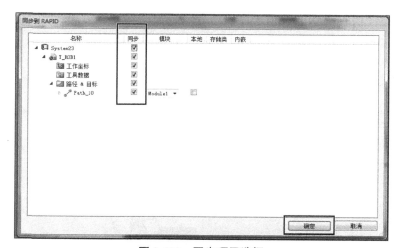

图 2-110　同步项目选择

2.10.3　仿真设定

为了能控制 Smart 组件观看调试效果，将编写好的程序同步到 RAPID 后，需要对仿真参数进行设定。具体操作步骤如下：在"仿真"功能选项卡中，选择"仿真设定"→单击"T_ROB1"→在"T_ROB1"的设置中，将"进入点"选择为"Path_10"即可，如图 2-111 所示。

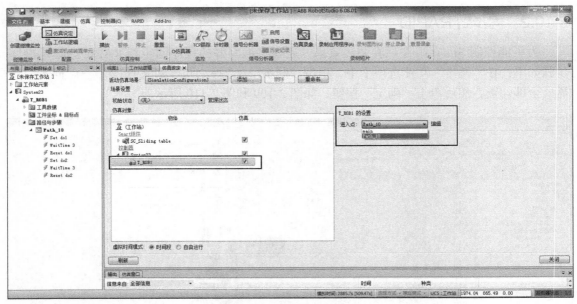

图 2-111　设置仿真进入点

2.10.4　仿真调试

为了能控制 Smart 组件观看调试效果，还需要进行相应的调试，具体操作步骤如下：回到"视图 1"，在"仿真"功能选项卡中，单击"播放"按钮，就可以观看效果了。如果想连续工作，就返回到"仿真设定"，运行模式选中为"连续"即可，如图 2-112 和图 2-113所示。

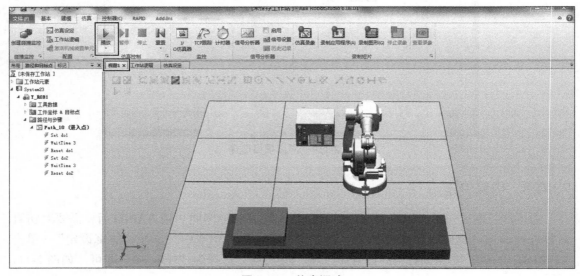

图 2-112　仿真调试

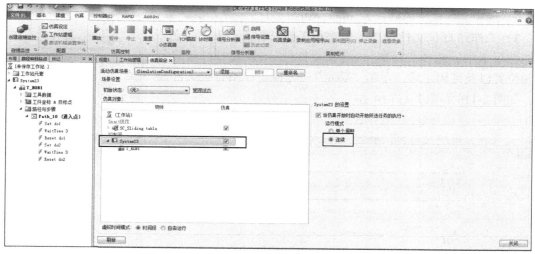

图 2-113　连续工作设置

2.11　仿真效果输出

仿真完成后，为了更好地进行项目展示和汇报，可以将仿真过程进行视频输出、归档，具体操作方法如下：

1）视频文件形式输出。在"仿真"功能选项卡中，单击"播放"（开始仿真）→单击"仿真录像"（开始记录仿真动画）→待仿真结束后，单击"停止录像"（可以停止录制）→单击"查看录像"（可以打开所录制的视频文件），如图 2-114 所示。

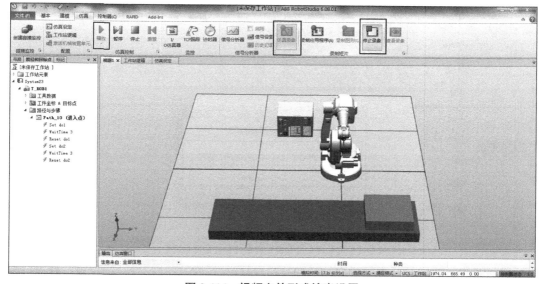

图 2-114　视频文件形式输出设置

2）视频文件输出的格式为 .mp4，如图 2-115 所示。

3）工作站打包文件输出。先进行工作站保存→在"文件"功能选项卡中，选择"共享"→选择"打包"→设置好打包的名字和位置以及密码之后，单击"确定"→完成工作站打包文件输出，如图 2-116 和图 2-117 所示。

图 2-115　视频文件输出效果

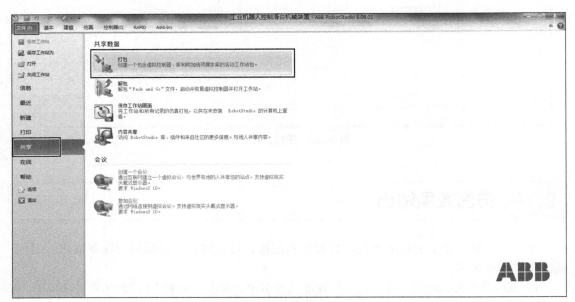

图 2-116　工作站打包文件输出设置

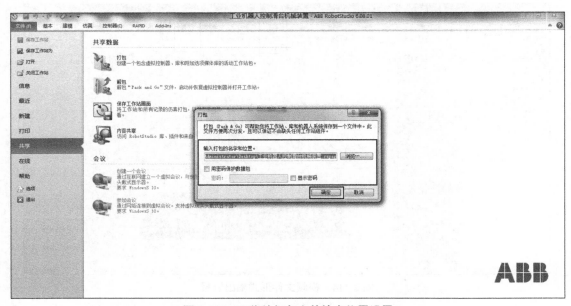

图 2-117　工作站打包文件输出位置设置

打包后的文件输出和保存后的文件输出，即文件输出后的效果，如图 2-118 所示。

2.12 练习任务

图 2-118 文件输出后的效果

2.12.1 任务描述

某工厂为了配合生产需要，需要生产一批无人机，该无人机的金属零件需要通过激光焊接进行加工，为达到加工精度，无人机的金属零件通过磁性吸盘装夹在滑台上，激光焊接机固定安装在工业机器人上进行自动焊接。为满足生产需要，工厂技术部门根据加工要求设计了一个滑台，实现了 ±2μm 的工业机器人激光焊接精度要求，日加工零件 120 个；并根据加工要求，加班加点，在 3 天内完成安装调试任务；并通过了试生产验证，达到了设计要求。

练习任务：运用所学知识，完成上述滑台的设计，体验工业产品的高强度工作过程。任务具体要求如下。

创建一个模型，半径为 50mm、高度为 500mm 的 A 圆柱；半径为 100mm、高度为 50mm 的 B 圆柱；工业机器人型号为 IRB 120。并将模型创建成为一个机械装置，完成一个 Smart 组件与工业机器人通信控制的工作站。要求在 1h 时间内完成，整体效果如图 2-119 所示。

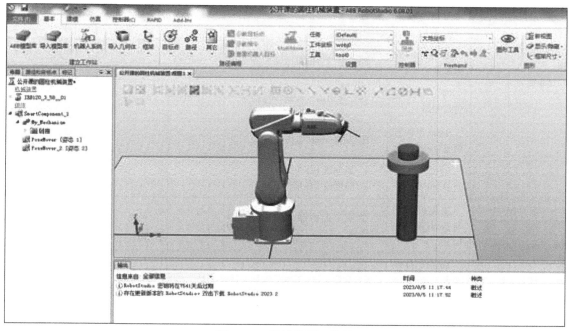

图 2-119 机械装置工作站

2.12.2　任务评价

各小组相互交叉验收，填写任务验收评分表。

项目名称	序号	实施任务	任务标准	合格 / 不合格	存在问题	小组 评分	教师 评价
职业素养	1	职业素养实施过程	1. 穿戴规范、整洁 2. 安全意识、责任意识、服从意识 3. 积极参加活动，按时完成任务 4. 团队合作、与人交流能力 5. 劳动纪律 6. 生产现场管理 5S 标准				
专业能力	2	创建虚拟工作站	1. 能导入工业机器人 2. 能加载工业机器人的工具 3. 能摆放工业机器人周边的模型 4. 能建立一个工业机器人系统 5. 能创建工业机器人运动轨迹程序				
	3	建模功能的使用	能正确使用建模功能				
	4	常用测量工具的使用	能正确使用常用的测量工具				
	5	创建滑台机械装置	能建立滑台的机械运动特性				
	6	滑台工作站仿真布局	能完成滑台工作站仿真布局				
	7	Smart 组件的创建与信号连接	能创建 Smart 组件				
	8	创建 I/O 模块及 I/O 信号	1. 能创建 I/O 模块 2. 能创建 I/O 信号				
	9	工业机器人与 Smart 组件通信	能使工业机器人与 Smart 组件通信				
	10	Smart 组件效果调试	能完成 Smart 组件效果调试				
	11	仿真效果输出	能输出仿真效果				
项目实施人			小组长			教师	

第 3 章
工业机器人搬运工作站仿真

专业能力目标

1. 能够独立布局工业机器人搬运工作站仿真，并创建吸盘工具。
2. 能够设置信号和连接，完成 Smart 组件的创建。
3. 能够根据要求创建 I/O 模块，并完成 I/O 信号设置。
4. 能够完成工作站逻辑的设置，并实现机器人与 Smart 组件通信。
5. 能够完成 Smart 组件效果调试，实现碰撞监控，并输出仿真效果。

1. 激发学习兴趣，在完成有趣的和具有挑战性的学习任务的同时，感受到学习的重要性和价值。
2. 养成社会责任感和创新精神，培养关心社会发展、积极参与社会实践的意识和能力。
3. 培养组织领导力，激励和激发他人的潜力、制定明确的目标和计划、有效地管理时间和资源。

3.1 工业机器人搬运工作站仿真描述

　　工业机器人搬运工作站是一种自动化系统设备，用于处理和搬运重物或大物件。它通常由一个或多个机器人工作臂组成，配备有各类传感器和夹具，以便完成各种搬运任务。

　　工业机器人搬运工作站的主要功能是将物料从一个位置移动到另一个位置，例如，将物料从生产线上的一个工作站移动到另一个工作站，或从货架上取出物料并放置到指定位置。它可以根据预先编程的路径和动作来执行任务，也可以通过与其他设备或系统的集成来实现自动化操作。

这种工作站通常具有高度灵活性和精确性，可以根据需要进行灵活定制和配置。它可以处理各种类型和不同尺寸的物料，包括重型物料、小件物料和易碎物料。它还可以根据需要进行多个任务之间的相互切换，从而提高生产效率和效益。

工业机器人搬运工作站通常配备了先进的传感器系统，以便能够识别和检测物料的位置、形状和重量。这些传感器可以帮助机器人准确地抓取和放置物料，从而确保安全和可靠的操作。

本章将使用 RobotStudio 建立工业机器人搬运工作站仿真，通过工业机器人系统工作站的创建、Smart 组件的创建、I/O 模块及 I/O 信号的创建、工业机器人与 Smart 组件通信、搬运工作站仿真程序的创建等任务的学习，掌握工业机器人搬运工作站仿真操作。

3.2　工业机器人搬运工作站仿真布局

通过 RobotStudio 软件自带的模型库，可以快速创建一个简易虚拟搬运工作站，从而实现把物料从 A 点搬运至 B 点后，按照指定的方向、位置摆放。

3.2.1　创建工业机器人系统工作站

扫一扫看视频

1）导入工业机器人。导入工业机器人的操作步骤如下：

① 双击 RobotStudio 软件，在"文件"功能选项卡中，依次选择"新建"→"空工作站"→单击"创建"按钮。

② 单击 📷 保存工作站图标→在"另存为"弹出框中，输入文件名"工业机器人搬运仿真工作站"→单击"保存"按钮。

③ 在"基本"功能选项卡中，依次选择"ABB 模型库"→"IRB120"→在弹出框中，版本选择"IRB120"→单击"确定"按钮。

2）创建机器人系统。创建工业机器人系统的具体操作步骤如下。

① 在"基本"功能选项卡中，依次选择"机器人系统"→"从布局..."。

② 在"从布局创建系统"弹出框中，设置好系统名字和保存位置（自定义）后→单击"下一个"按钮→选择好机械装置，勾选"IRB120_3_58_01"→单击"下一个"按钮→在编辑项中单击"选项"→单击类别中"Default Language"→勾选"Chinese"→单击类别中"Industrial Networks"→勾选"709-1 DeviceNet Master/Slave"→单击类别中"Anybus Adapters"→勾选"840-2 PROFIBUS Anybus Device"→单击"确定"按钮，然后单击"完成"按钮→系统建立完成后，右下角"控制器状态"应为绿色。

3.2.2　创建搬运工作站模型

扫一扫看视频

与前面的滑台工作站直接从模型库中导入不同，本节我们需要自己建立模型块并进行相应的应用。

1）创建取料台。创建取料台的具体操作步骤如下：

① 在"建模"功能选项卡中，单击"固体"的下拉菜单→选择"矩形体"，如图 3-1 所示。

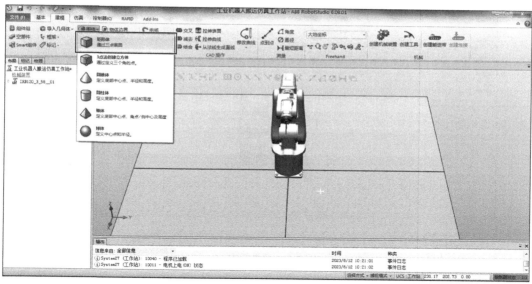

图 3-1 创建方体

② 按照取料台的数据进行参数输入→角点（mm）参数输入 –70、–400、0 →方向（deg）参数输入 0、0、0 →长度（mm）参数输入 360 →宽度（mm）参数输入 60 →高度（mm）参数输入 20 →单击"创建"按钮，最后单击"关闭"按钮，如图 3-2 所示。

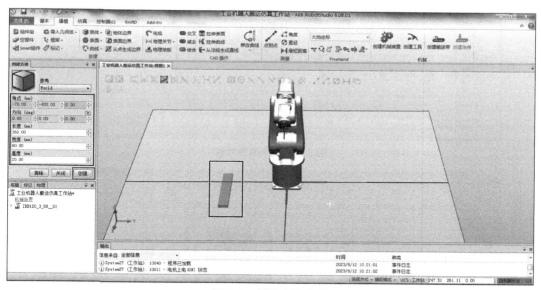

图 3-2 创建方体完成

③ 在"布局"窗口，选中"部件 _1"，单击鼠标右键→选择"重命名"→在重命名弹出框中，输入"取料台"→按下键盘的"Enter"键，如图 3-3 所示。

④ 在"布局"窗口，选中"取料台"，单击鼠标右键→选择"修改"→选择"设定颜色…"→在"颜色"弹出框中，选择"粉色"（第二行的最后一项），最后单击"确定"按钮，如图 3-4 和图 3-5 所示。

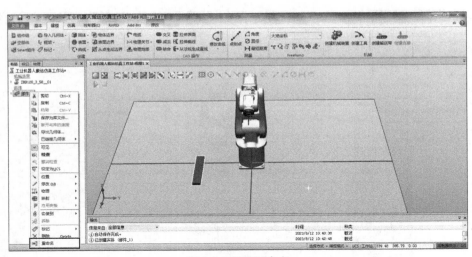

图 3-3　部件重命名

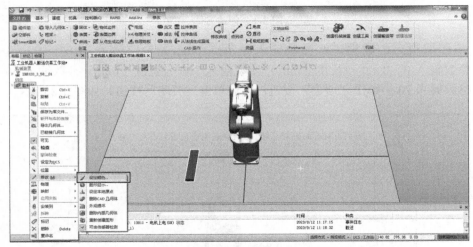

图 3-4　部件颜色修改

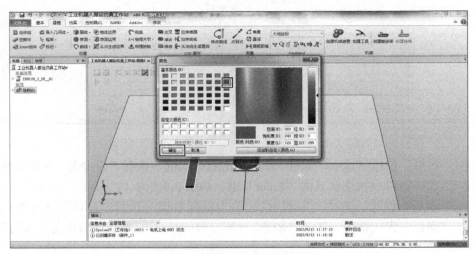

图 3-5　部件颜色修改完成

2）创建放料台。创建放料台的具体操作步骤如下：

① 在"建模"功能选项卡中，单击"固体"的下拉菜单→选择"矩形体"，如图3-6所示。

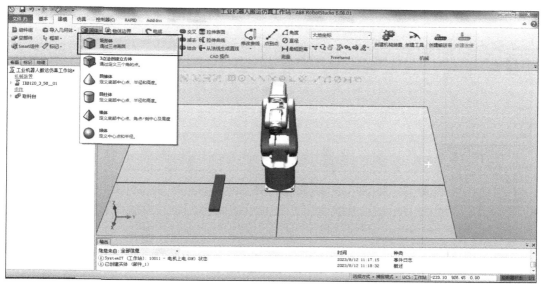

图3-6　创建放料台

② 按照放料台的数据进行参数输入，第1个放料台尺寸参数→角点（mm）参数输入350、-75、0→方向（deg）参数输入0、0、0→长度（mm）参数输入120→宽度（mm）参数输入60→高度（mm）参数输入20→单击"创建"按钮，如图3-7所示。

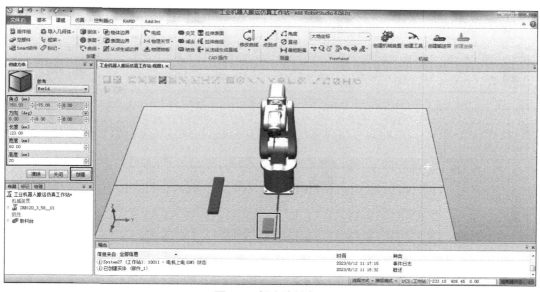

图3-7　创建放料台1

③ 按照放料台的步骤进行参数输入，第2个放料台尺寸参数→角点（mm）参数输入

350、–15、0→方向（deg）参数输入 0、0、0→长度（mm）参数输入 60→宽度（mm）
参数输入 120→高度（mm）参数输入 20→单击"创建"按钮，如图 3-8 所示。

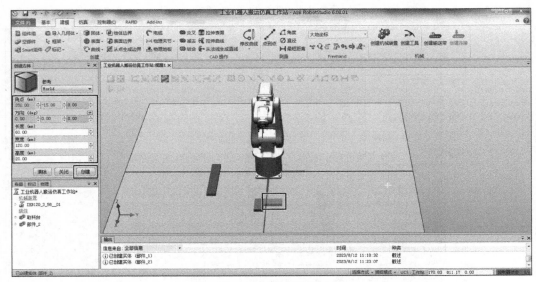

图 3-8　创建放料台 2

④ 按照放料台的步骤进行参数输入，第 3 个放料台尺寸参数→角点（mm）参数输入
410、–15、0→方向（deg）参数输入 0、0、0→长度（mm）参数输入 60→宽度（mm）
参数输入 120→高度（mm）参数输入 20→单击"创建"按钮，最后单击"关闭"按钮，
如图 3-9 所示。

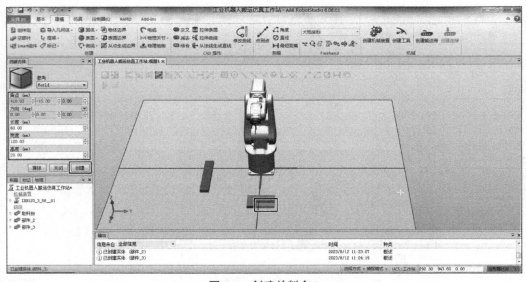

图 3-9　创建放料台 3

⑤ 在"布局"窗口，选中"部件 _2"，单击鼠标右键→选择"重命名"→在"重命名"
弹出框中，输入"放料台 1"→按下键盘的"Enter"键，如图 3-10 所示。

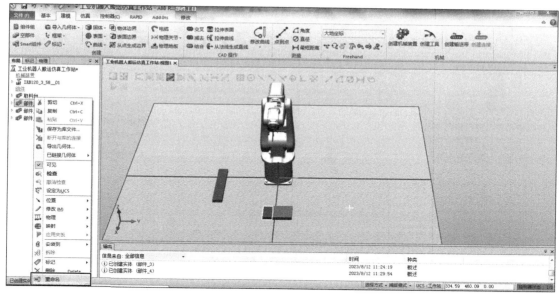

图 3-10　放料台 1 命名

⑥ 重复上一步的步骤，完成"部件 _3"和"部件 _4"的重命名操作，分别命名为"放料台 2"和"放料台 3"，如图 3-11 所示。

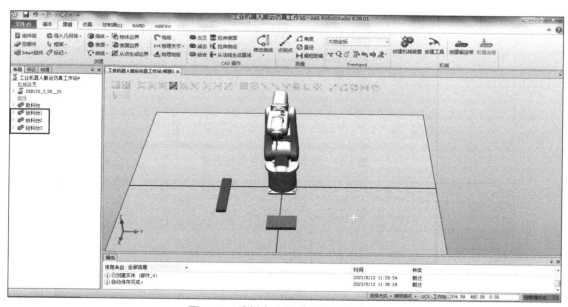

图 3-11　放料台 2 和放料台 3 重命名

⑦ 在"布局"窗口，选中"放料台 1"，单击鼠标右键→选择"修改"→选择"设定颜色 ..."→选择"红色"（第二行的第一项），最后单击"确定"按钮，如图 3-12 和图 3-13 所示。

⑧ 重复上一步的步骤，完成"放料台 2"和"放料台 3"的颜色设定操作，分别设置为"黄色"和"绿色"，如图 3-14 所示。

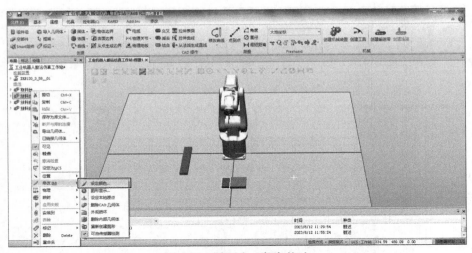

图 3-12　放料台 1 颜色修改

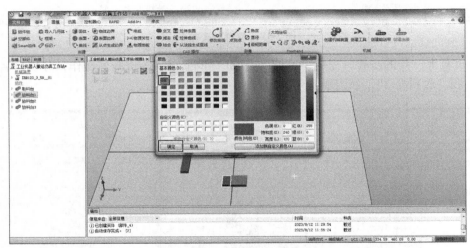

图 3-13　放料台 1 颜色修改完成

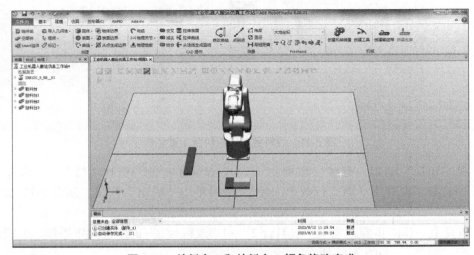

图 3-14　放料台 2 和放料台 3 颜色修改完成

3）创建物料。创建物料的具体操作步骤如下：

① 在"建模"功能选项卡中，单击"固体"的下拉菜单→选择"矩形体"，如图 3-15 所示。

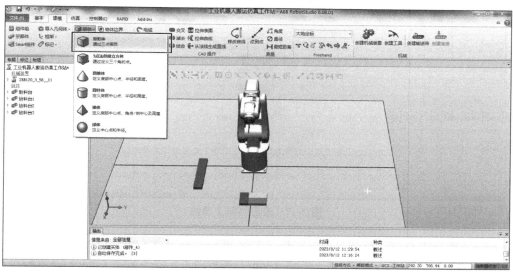

图 3-15 创建物料

② 按照物料的数据，进行第 1 个物料尺寸参数输入→角点（mm）参数输入 –70、–400、20 →方向（deg）参数输入 0、0、0 →长度（mm）参数输入 120 →宽度（mm）参数输入 60 →高度（mm）参数输入 50 →单击"创建"按钮，如图 3-16 所示。

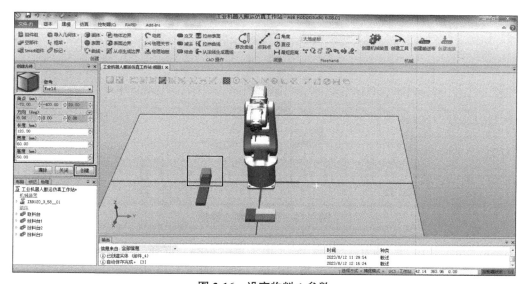

图 3-16 设定物料 1 参数

③ 按照物料的数据，进行第 2 个物料尺寸参数输入→角点（mm）参数输入 50、–400、20 →方向（deg）参数输入 0、0、0 →长度（mm）参数输入 120 →宽度（mm）参数输入 60 →高度（mm）参数输入 50 →单击"创建"按钮，如图 3-17 所示。

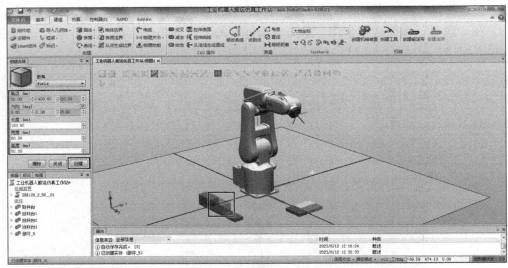

图 3-17　设定物料 2 参数

④ 按照物料的数据，进行第 3 个物料尺寸参数输入→角点（mm）参数输入 170、–400、20→方向（deg）参数输入 0、0、0→长度（mm）参数输入 120→宽度（mm）参数输入 60→高度（mm）参数输入 50→单击"创建"按钮，最后单击"关闭"按钮，如图 3-18 所示。

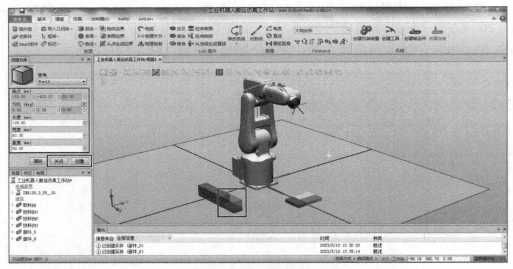

图 3-18　设定物料 3 参数

⑤ 在"布局"窗口，选中"部件_5"，单击鼠标右键→选择"重命名"→在"重命名"弹出框中，输入"物料 1"→按下键盘的"Enter"键，如图 3-19 所示。

⑥ 重复上一步的步骤，完成"部件_6"和"部件_7"的重命名，分别命名为"物料 2"和"物料 3"，如图 3-20 所示。

⑦ 在"布局"窗口，选中"物料 1"，单击鼠标右键→选择"修改"→选择"设定颜色…"→选择"红色"→单击"确定"按钮，如图 3-21 所示。

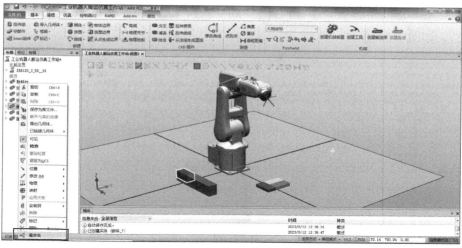

图 3-19　物料 1 重命名

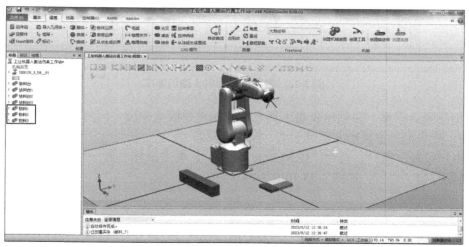

图 3-20　物料 2 和物料 3 重命名

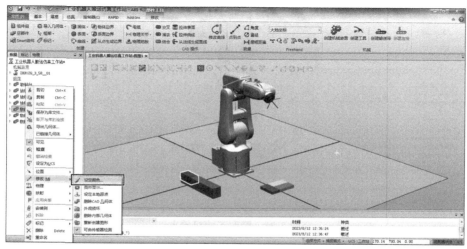

图 3-21　物料 1 颜色修改

⑧ 重复上一步的步骤，完成"物料2"和"物料3"的设定颜色，分别设置为"黄色"和"绿色"，如图3-22所示。

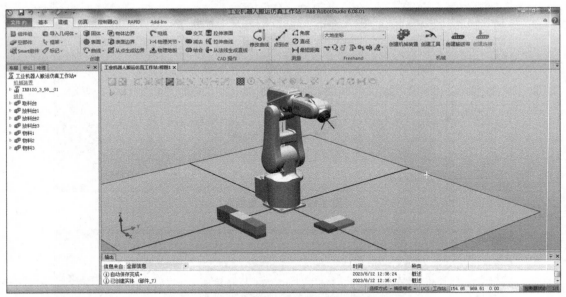

图3-22　物料2和物料3颜色修改

4）创建吸盘模型。在创建吸盘工具之前要先创建吸盘模型，同时，为了更清晰地定位吸盘模型，应先把工业机器人隐藏起来，操作步骤如下：

① 在"布局"窗口，选中"IRB120_3_58_01"，单击鼠标右键→取消"可见"（即"可见"前面不打勾"√"），如图3-23和图3-24所示。

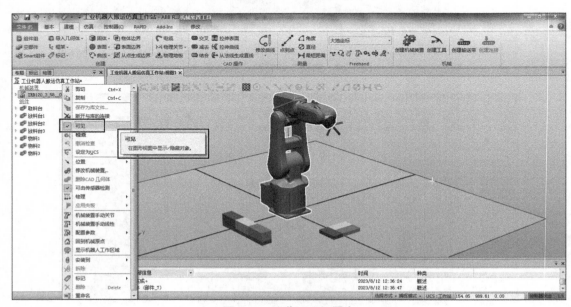

图3-23　隐藏工业机器人

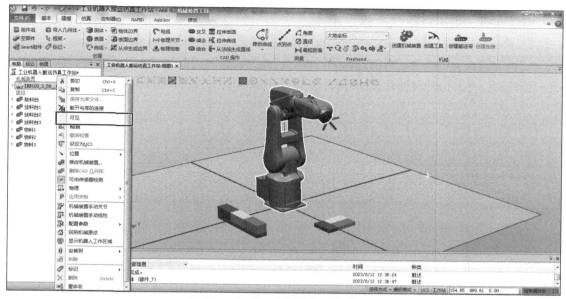

图 3-24 隐藏工业机器人，取消可见

隐藏工业机器人后，创建吸盘模型的具体操作步骤如下：

② 在"建模"功能选项卡中，单击"固体"的下拉菜单→选择"圆柱体"，如图 3-25 所示。

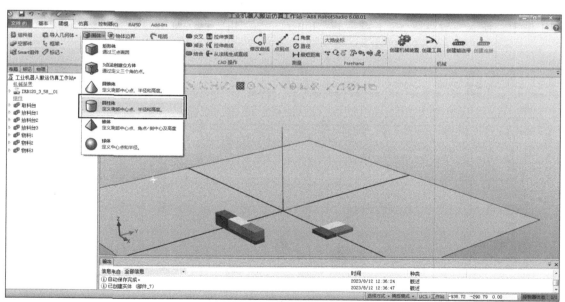

图 3-25 创建圆柱体

③ 按照吸盘模型的数据，进行参数输入→基座中心点（mm）参数输入 0、0、0→方向（deg）参数输入 0、0、0→半径（mm）参数输入 30→直径（mm）参数输入 60→高度（mm）参数输入 50→单击"创建"按钮，最

扫一扫看视频

后单击"关闭"按钮，如图 3-26 所示。

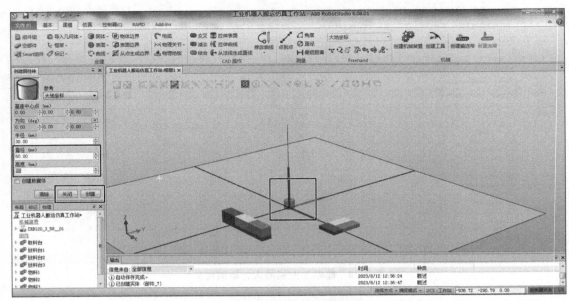

图 3-26 吸盘参数设定

注意： 半径和直径，只要输入其中一项即可，另外一项数据会自动生成。

④ 在"布局"窗口，选中"部件_8"，单击鼠标右键→选择"重命名"→在"重命名"弹出框中，输入"吸盘"→按下键盘的"Enter"键，如图 3-27 所示。

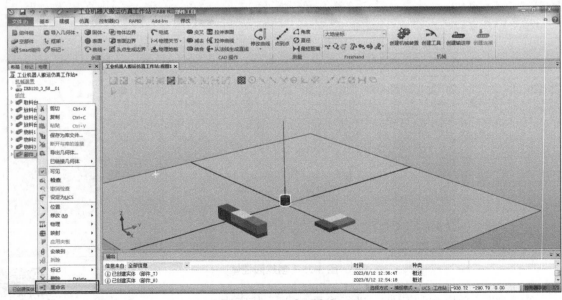

图 3-27 吸盘重命名

⑤ 在"布局"窗口，选中"吸盘"，单击鼠标右键→选择"修改"→选择"设定颜色..."→选择"蓝色"→单击"确定"按钮，如图 3-28 和图 3-29 所示。

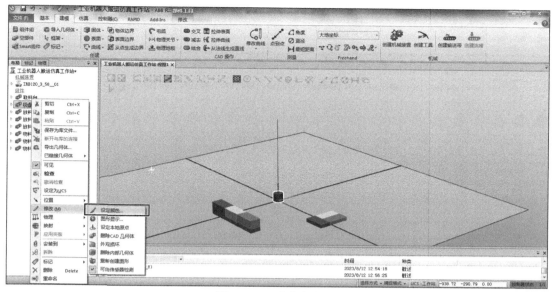

图 3-28　吸盘颜色修改

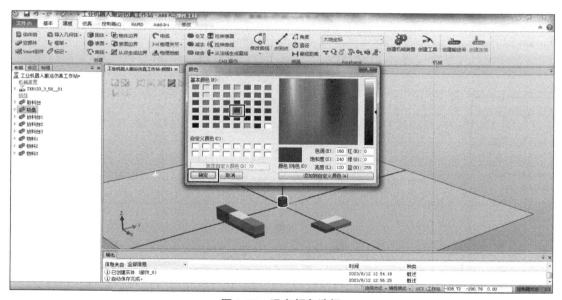

图 3-29　吸盘颜色选择

3.2.3　创建吸盘工具

为了实现吸盘工具的关联动作，需对吸盘模型参数进行设定，创建吸盘工具的具体操作步骤如下：

1）在"布局"窗口，选中"吸盘"，单击鼠标右键→依次选择"修改"→"设定本地原点"→在设置框中，参考选择"本地"→单击"关闭"按钮，如图 3-30 和图 3-31所示。

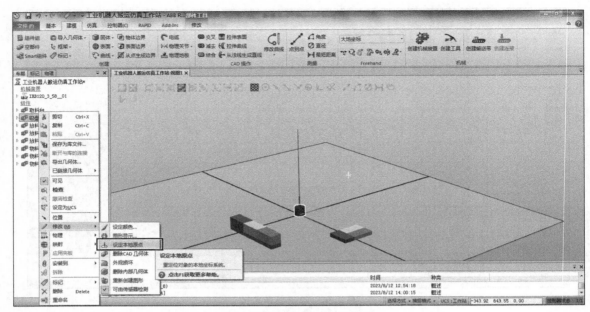

图 3-30 吸盘本地原点设定

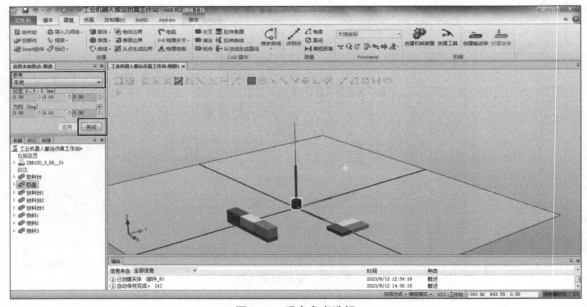

图 3-31 吸盘参考选择

2）在"建模"功能选项卡中，依次选择"框架"→"创建框架"→在设置框中，框架位置（mm）参数输入"0、0、50"→单击"创建"按钮，最后单击"关闭"按钮，如图 3-32 和图 3-33 所示。

3）在"布局"窗口，选中"框架_1"，单击鼠标右键→选择"重命名"→在"重命名"弹出框中，输入"tool1"→按下键盘的"Enter"键，如图 3-34 和图 3-35 所示。

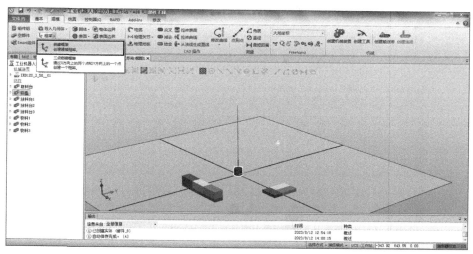

图 3-32　创建框架

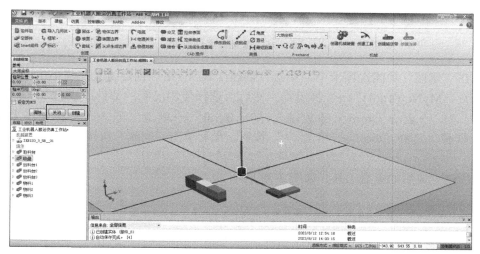

图 3-33　设定框架位置参数

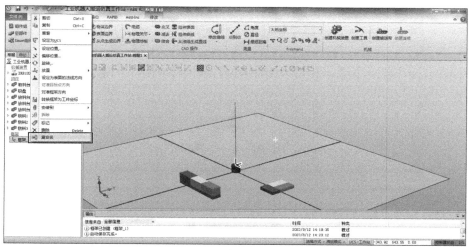

图 3-34　框架重命名

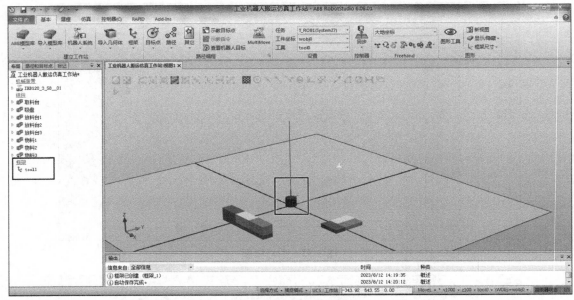

图 3-35　框架命名修改

4）在"建模"功能选项卡中，单击"创建工具"→在"创建工具"弹出框中，把 Tool 名称改为："MyNewTool1"→选择组件，然后，选择使用已有的部件"吸盘"→重量（kg）参数输入"1"→重心（mm）参数输入"0、0、0"→单击"下一个"按钮→数值来自目标点/框架，选择"tool1"→单击"＞"按钮，最后单击"完成"按钮，如图 3-36~图 3-38 所示。

5）创建完成后的吸盘工具，如图 3-39 所示。

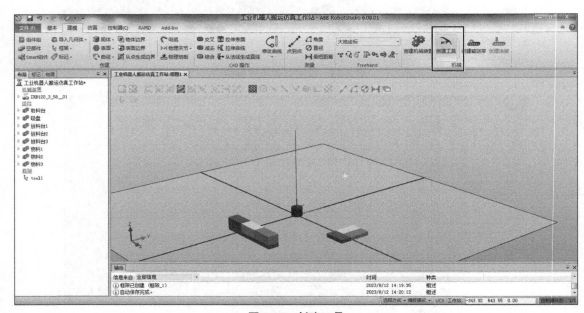

图 3-36　创建工具

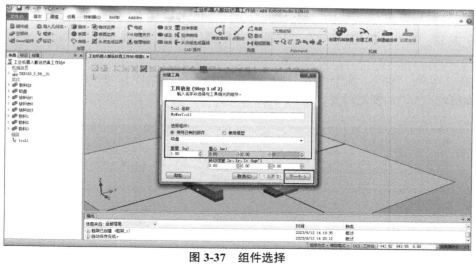

图 3-37　组件选择

图 3-38　目标点/框架选择并完成

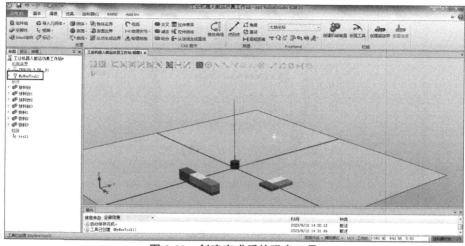

图 3-39　创建完成后的吸盘工具

6）在"布局"窗口，选中"MyNewTool1"，单击鼠标右键→选择"安装到"→选择"IRB120_3_58__01（T_ROB1）"→在"更新定位"弹出框中，单击"是"，如图3-40和图3-41所示。

7）在"布局"窗口，选中"IRB120_3_58__01"，单击鼠标右键→选择"可见"（即"可见"前面打勾"√"）恢复可见，如图3-42所示。

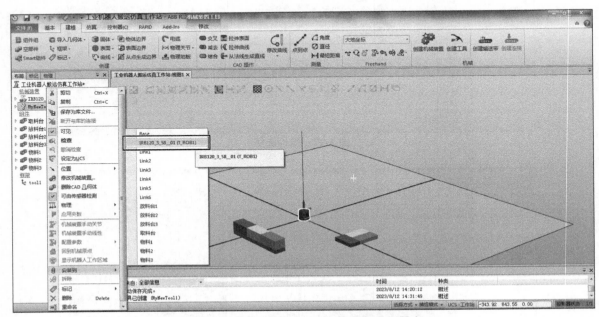

图 3-40 安装"MyNewTool1"到工业机器人

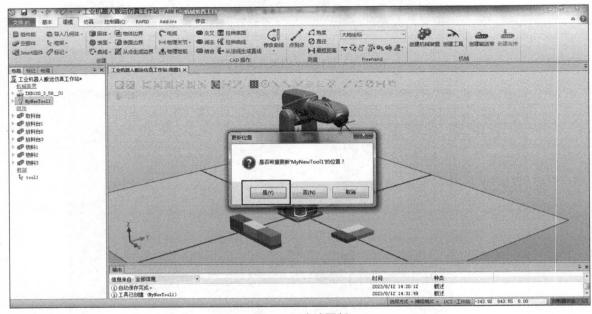

图 3-41 确认更新

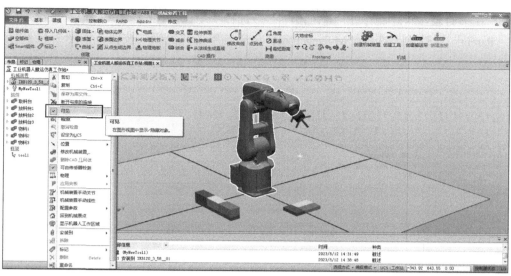

图 3-42 恢复工业机器人可见状态

3.3 创建 Smart 组件

3.3.1 创建 Smart 子组件

创建 Smart 子组件，具体操作步骤如下：

1）在"建模"功能选项卡中，选择"Smart 组件"→在"布局"窗口→选中"SmartComponent_1"，单击鼠标右键→选择"重命名"→输入"SC_Transport"，如图 3-43 所示。

扫一扫看视频

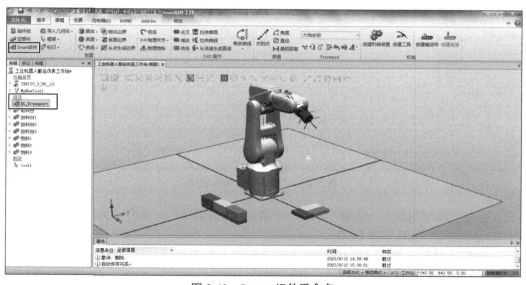

图 3-43 Smart 组件重命名

2）在子对象组件中，单击"添加组件"→选择"动作"→选择"Attacher"→在左侧属性栏的"Parent"属性中，选择"MyNewTool1"，最后单击"关闭"按钮，如图3-44和图3-45所示。

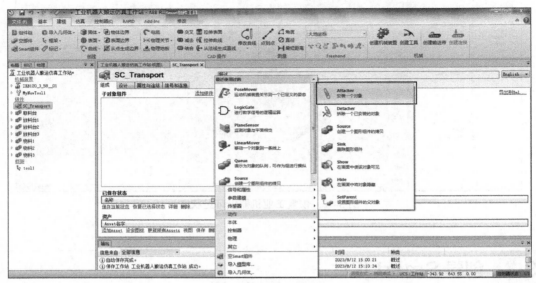

图 3-44　安装一个对象

图 3-45　"Parent"属性选择

3）单击"添加组件"→选择"动作"→选择"Detacher"→单击"关闭"按钮，拆除安装组件，如图3-46和图3-47所示。

4）单击"添加组件"→选择"信号和属性"→选择"LogicGate"→在左侧属性栏的"Operator"属性中，选择"NOT"，最后单击"关闭"按钮，如图3-48和图3-49所示。

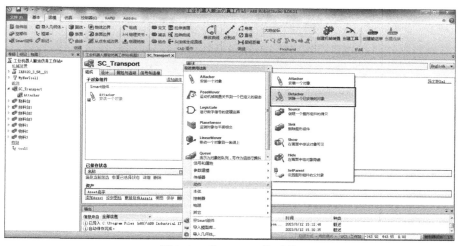

图 3-46 "Detacher" 动作

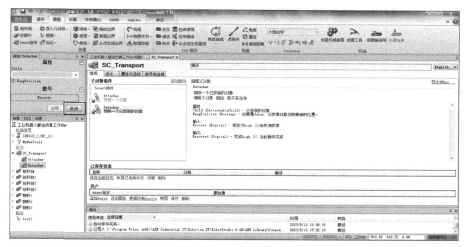

图 3-47 拆除安装组件

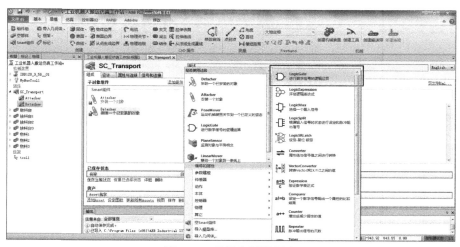

图 3-48 信号和属性设定

图 3-49　Operator 属性选择

5）单击"添加组件"→选择"信号和属性"→选择"LogicSRLatch"→单击"关闭"按钮，如图 3-50 和图 3-51 所示。

图 3-50　添加"LogicSRLatch"设定

6）单击"添加组件"→选择"传感器"→选择"LineSensor"→单击"工业机器人搬运仿真工作站：视图 1"，如图 3-52 和图 3-53 所示。

7）在"布局"窗口，选中"IRB120_3_58__01"，单击鼠标右键→选择"机械装置手动关节"→在关节运动栏第 5 轴，输入"0"，然后单击"Enter"键，最后单击"关闭"按钮，如图 3-54~ 图 3-56 所示。

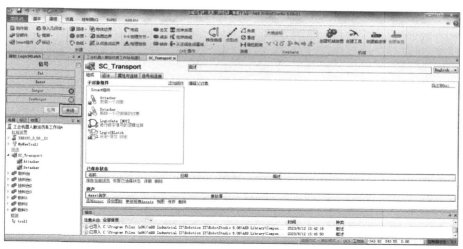

图 3-51 添加完成

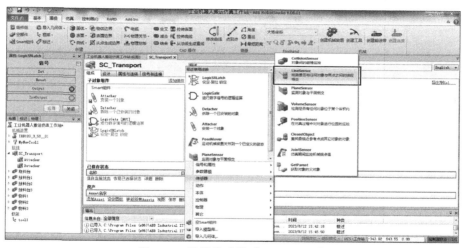

图 3-52 选择传感器 "LineSensor"

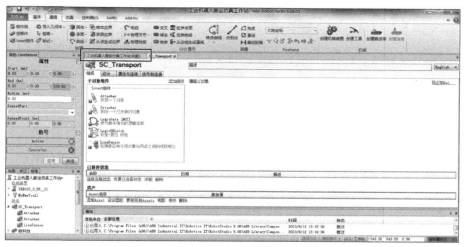

图 3-53 返回视图 1

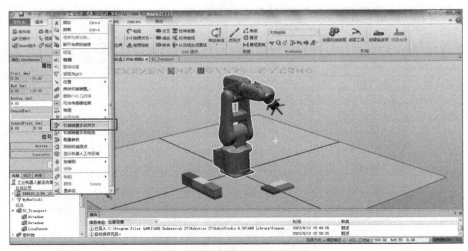

图 3-54　机械装置手动关节

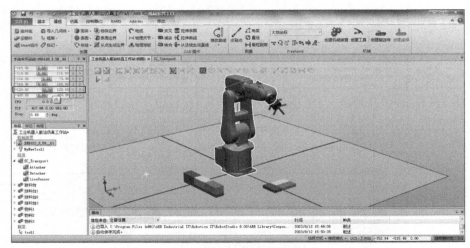

图 3-55　第 5 轴参数选择

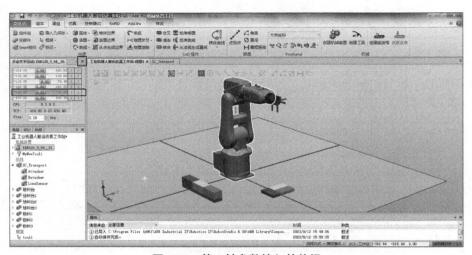

图 3-56　第 5 轴参数输入并关闭

8）在"布局"窗口，选中"LineSensor"，单击鼠标右键→选择"属性"→在属性参数栏中，Start（mm）参数输入"423、0、630"→End（mm）参数输入"427、0、630"→Radius（mm）参数输入"3"→Active 参数输入"0"→单击"应用"按钮，最后单击"关闭"按钮，如图 3-57 和图 3-58 所示。

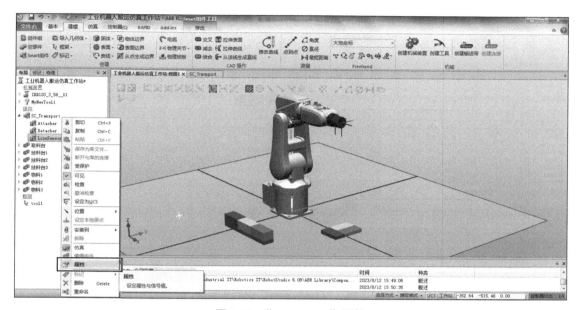

图 3-57　"LineSensor"属性

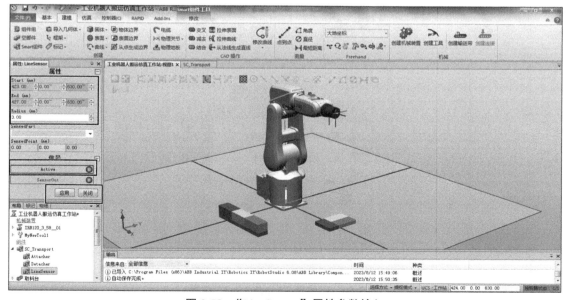

图 3-58　"LineSensor"属性参数输入

注意： 因为传感器要跟着工业机器人运动，所以传感器应该安装到工业机器人吸盘上。

接下来，我们要完成传感器的安装。

9）在"布局"窗口，选中"LineSensor"，单击鼠标右键→选择"安装到"→选择"吸盘"→单击"否（N）"按钮，如图3-59和图3-60所示。

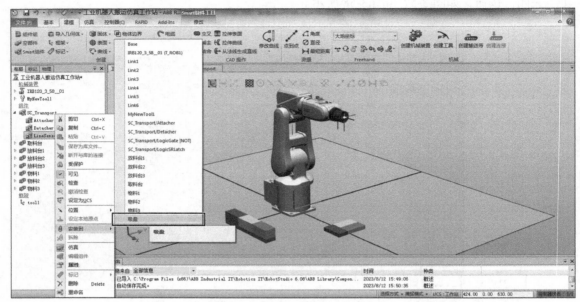

图3-59　"LineSensor"安装到吸盘

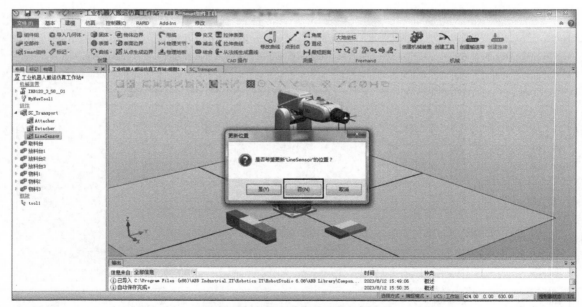

图3-60　不更新"LineSensor"位置

注意： 因为传感器的位置我们已经放置好，所以不用更新位置。

10）单击"SC_Transport"视图，返回Smart组件，如图3-61所示。

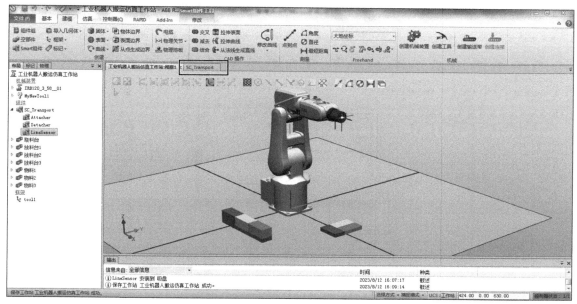

图 3-61　返回 Smart 组件

3.3.2　创建数字输入输出信号属性

在本项目中需进行 9 对关联数字输入输出信号（即 I/O 信号）的属性连接，主要根据工业机器人所完成的动作来确定。信号创建数字输入输出信号的具体操作步骤如下：

1）选择"设计"窗口→单击"输入 +"→在"添加 I/O Signals"弹出框中，信号类型选择"Digital Input"→信号名称输入"di1"→单击"确定"按钮，如图 3-62 和图 3-63 所示。

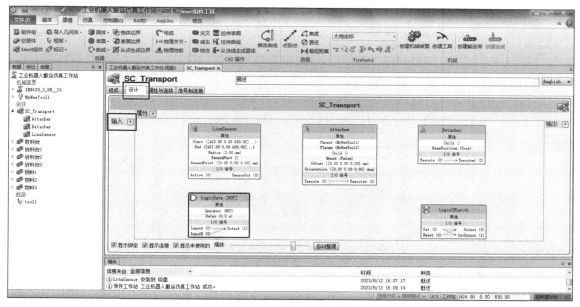

图 3-62　输入信号类型

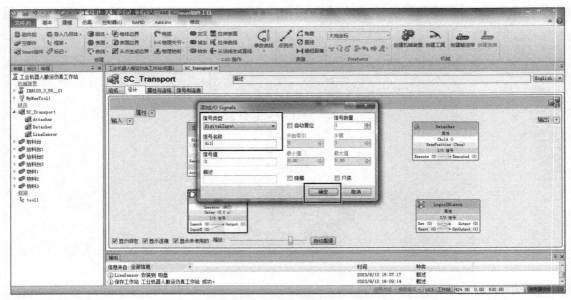

图 3-63　输入信号名称

注意： 创建一个数字输入信号，用于控制吸盘工具拾取、释放动作，置 1 为拾取，置 0 为释放。

2）选择"设计"窗口→单击"输出 +"→在"添加 I/O Signals"弹出框中，信号类型选择"Digital Output"→信号名称输入"do1"→单击"确定"按钮，如图 3-64 和图 3-65 所示。

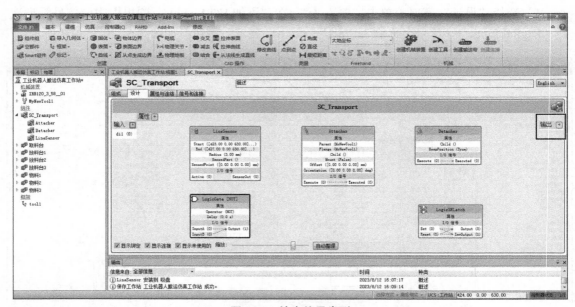

图 3-64　输出信号类型

注意： 创建一个数字输出信号，用于反馈吸盘完成拾取、释放动作的信号，置 1 为拾取完成，置 0 为释放完成。

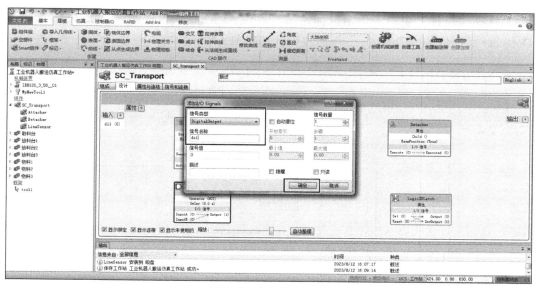

图 3-65　输出信号名称

3.3.3　创建属性连接

设置 LineSensor，创建 LineSensor 的属性 SensedPart，指的是将线传感器所检测到的与其接触的物体作为拾取对象。

当工业机器人的吸盘工具运动到产品拾取位置时，工具上面的线传感器检测到了产品 A，则产品 A 即为拾取对象，并将产品 A 作为到达位置的释放对象。

创建 LineSensor、Attacher、Detacher 属性连接的具体操作步骤如下：

1）选择"设计"窗口→单击鼠标左键，点住 LineSensor 子组件的"SensedPart（ ）"端，连接到 Attacher 子组件的"Child（ ）"端后再松开，如图 3-66 所示。

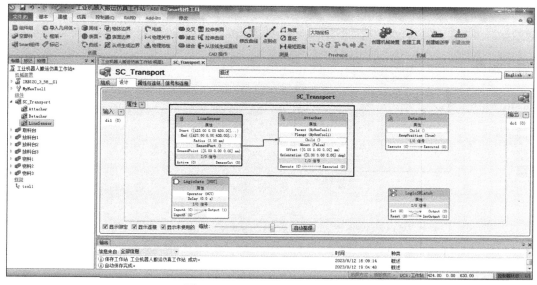

图 3-66　LineSensor 子组件连接

2）选择"设计"窗口→单击鼠标左键，点住 Attacher 子组件的"Child（）"端，连接到 Detacher 子组件的"Child（）"端后再松开，如图 3-67 所示。

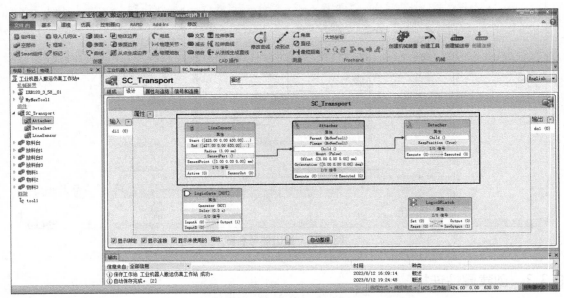

图 3-67　Attacher 子组件连接

3.3.4　创建信号和连接

创建信号和连接，具体操作步骤如下：

1）选择"设计"窗口→单击鼠标左键，点住输入信号的"di1（0）"端，连接到 LineSensor 的"Active（0）"端后再松开，如图 3-68 所示。

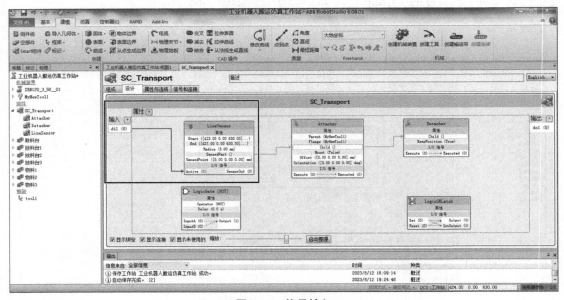

图 3-68　信号输入

解释： 当输入信号"di1"置 1 时，触发传感器开始检测。

2）选择"设计"窗口→单击鼠标左键，点住 LineSensor 的"SensorOut（0）"端，连接到 Attacher 的"Execute（0）"端后再松开，如图 3-69 所示。

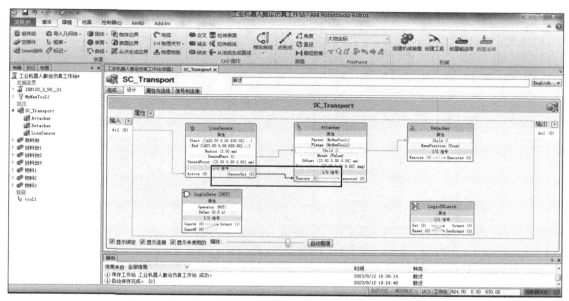

图 3-69 传感器检测信号输入

解释： 当传感器检测到物体之后触发，执行拾取动作。

3）选择"设计"窗口→单击左键，点住 Attacher 的"Executed"端，连接到 LogicSRLatch 的"Set"端再松开，如图 3-70 所示。

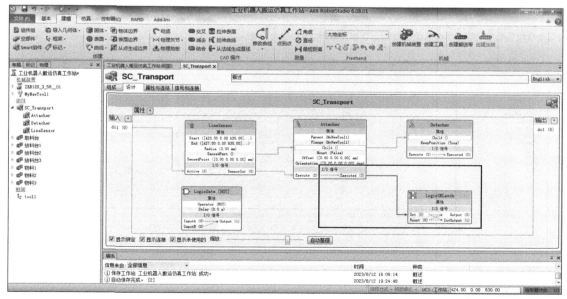

图 3-70 触发置位 / 复位组件

解释： 当拾取完成后，触发置位/复位组件，执行"置位"动作。

4）选择"设计"窗口→单击鼠标左键，点住输入信号的"di1（0）"端，连接到 LogicGate 的"InputA（0）"端后再松开，如图 3-71 所示。

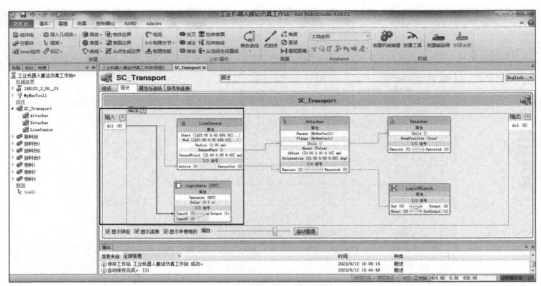

图 3-71　输入信号取反

解释： 当输入信号 di1 置 0 时，利用非门进行信号取反为 1。

5）选择"设计"窗口→单击鼠标左键，点住 LogicGate 的"Output（1）"端，连接到 Detacher 的"Execute（0）"端后再松开，如图 3-72 所示。

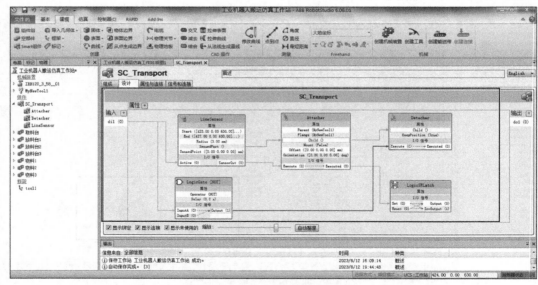

图 3-72　输出触发执行释放动作

解释： 利用非门进行信号取反为 1 逻辑操作结果输出，触发执行释放动作。

6) 选择"设计"窗口→单击鼠标左键，点住 Detacher 的"Executed（0）"端，连接到 LogicSRLatch 的"Reset（0）"端后再松开，如图 3-73 所示。

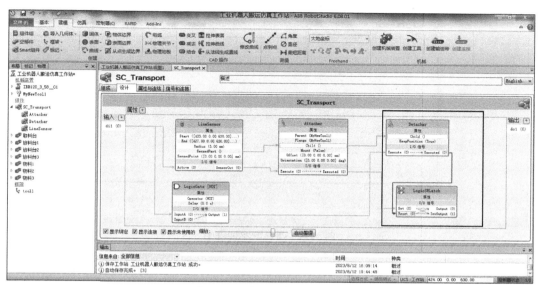

图 3-73 执行"复位"动作

解释： 释放动作完成后，触发置位 / 复位组件，执行"复位"动作。

7) 选择"设计"窗口→单击鼠标左键，点住 LogicSRLatch 的"Output（0）"端，连接到输出的"do1（0）"端后再松开，如图 3-74 所示。

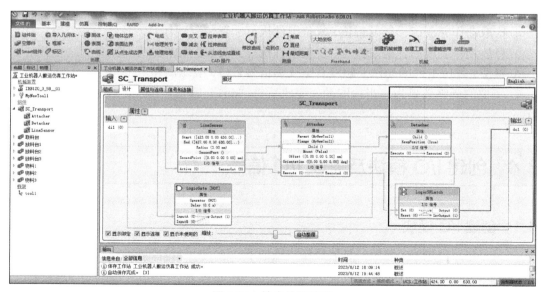

图 3-74 输出拾取信号

解释： 拾取动作完成后，将"do1"置 1，释放动作完成后，将"do1"置 0。

接下来，说明一下图 3-75 的整个控制过程。

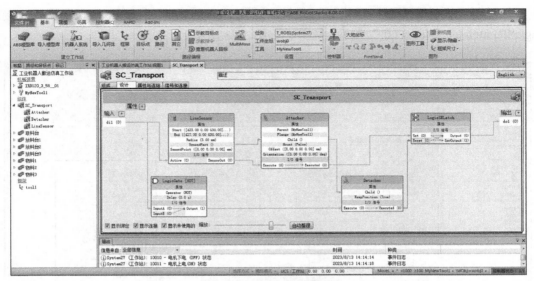

图 3-75　信号回路连接图

① 当工业机器人工具运动到产品拾取位置，工具上的线传感器 LineSensor 检测到产品 A，即产品 A 作为要拾取的对象，将产品 A 拾取之后，工业机器人工具运动到放置位置时，执行工具释放动作，则产品 A 作为释放的对象，即工具将对象放下。

② 将数字输入信号"di1"置 1，触发传感器开始执行检测，传感器检测到物体之后，触发拾取动作并执行。

③ 上述两个信号连接，利用非门的中间连接，实现的是当关闭真空后，触发释放动作执行。

④ 拾取动作完成后，触发置位 / 复位组件执行"置位"动作。

⑤ 释放动作完成后，触发置位 / 复位组件执行"复位"动作。

⑥ 置位 / 复位组件的动作，触发真空反馈信号置位 / 复位动作。

⑦ 实现的最终效果为，当拾取动作完成后将"do1"置 1，当释放动作完成后将"do1"置 0。

3.4　创建 I/O 模块及关联 I/O 信号

3.4.1　创建 I/O 模块

创建 I/O 模块，具体操作步骤如下：

在"控制器"功能选项卡中，依次选择"配置"→"I/O System"→选中"DeviceNet Device"，单击鼠标右键→选择"新建 DeviceNet Device..."→在"实例编辑器"弹出框中，使用来自模板的值，选择"DSQC 651 Combi I/O Device"→ Address 参数的值，把 63 改成 10，最后单击"确定"按钮，如图 3-76~图 3-79 所示。

扫一扫看视频

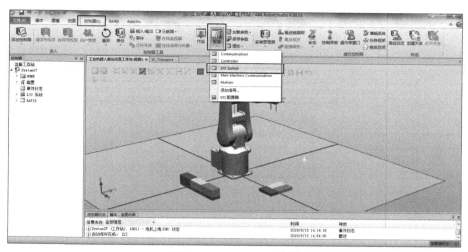

图 3-76　I/O System 选择

图 3-77　新建"DeviceNet Device"

图 3-78　"DeviceNet Device"模板参数修改

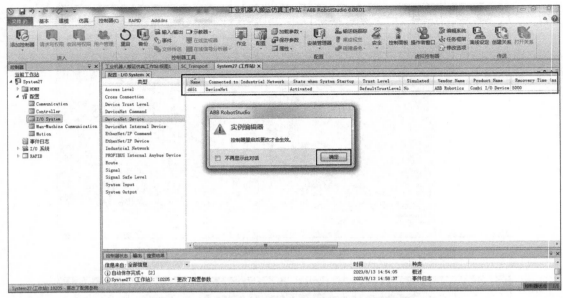

图 3-79　"DeviceNet Device"模板参数修改完成

3.4.2　创建关联 I/O 信号

创建关联 I/O 信号，具体操作步骤如下：

1）在"控制器"功能选项卡中，依次选择"配置"→"I/O System"→选中"Signal"，单击鼠标右键→选择"新建 Signal..."→在"实例编辑器"弹出框中，Name 输入"do1"→Type of Signal 选择"Digital Output"→Assigned to Device 选择"d651"→Device Mapping 输入"32"，最后单击"确定"按钮，如图 3-80~ 图 3-82 所示。

图 3-80　新建 Signal

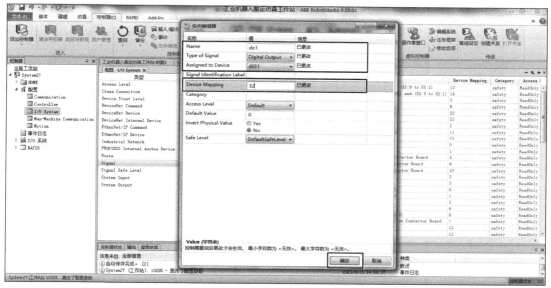

图 3-81 Signal 输出参数设定

图 3-82 Signal 输出参数设定完成

2）在"控制器"功能选项卡中，依次选择"配置"→选择"I/O System"→选中"Signal"，单击鼠标右键→选择"新建 Signal..."→在"实例编辑器"弹出框中，Name 输入"di1"→Type of Signal 选择"Digital Input"→Assigned to Device 选择"d651"→Device Mapping 输入"0"，最后单击"确定"按钮，如图 3-83～图 3-85 所示。

完成后的 I/O 信号，如图 3-86 所示。

3）信号设置好，要重启之后才能生效，在"控制器"功能选项卡中，选择"重启"→选择"重启动（热启动）（R）"→单击"确定"按钮，如图 3-87 和图 3-88 所示。

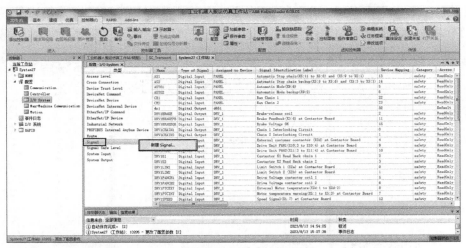

图 3-83　新建 Signal

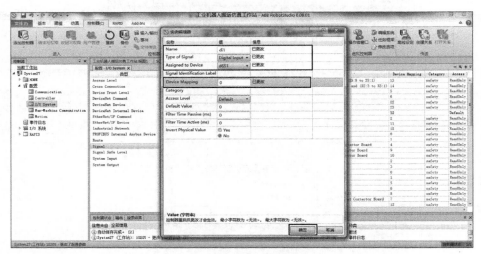

图 3-84　Signal 输入参数设定

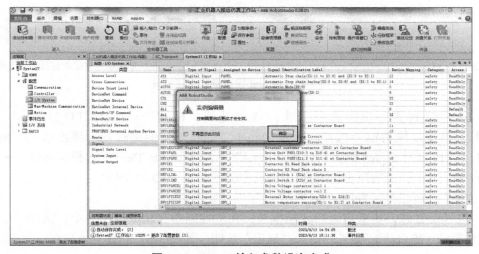

图 3-85　Signal 输入参数设定完成

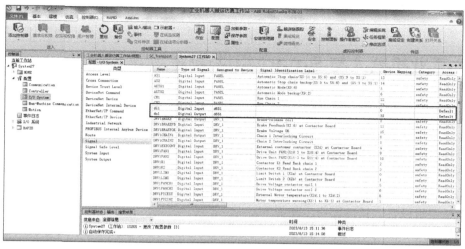

图 3-86　I/O 信号设置完成

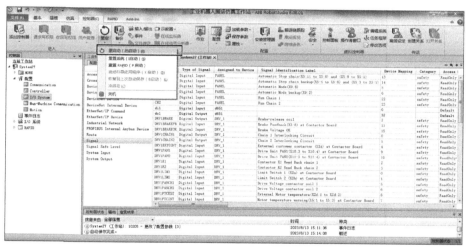

图 3-87　重启控制器

图 3-88　重启动（热启动）控制器

3.5 工业机器人与 Smart 组件通信

为了实现工业机器人与 Smart 组件之间的智能化控制、数据共享、协同工作、自适应性控制、故障诊断和预测维护等多种目的，需完成工业机器人与 Smart 组件之间的通信，从而提高生产效率、灵活性和可靠性。

3.5.1　工作站逻辑设置

工作站逻辑设置，具体操作步骤如下：

在"仿真"功能选项卡中，依次选择"工作站逻辑"→"设计"→单击 System27 旁边的下拉倒三角形"▼"→选择"di1"和"do1"，如图 3-89 和图 3-90 所示。

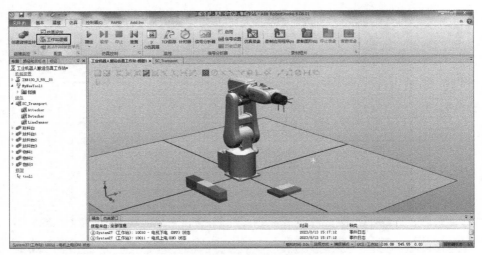

图 3-89　工作站逻辑

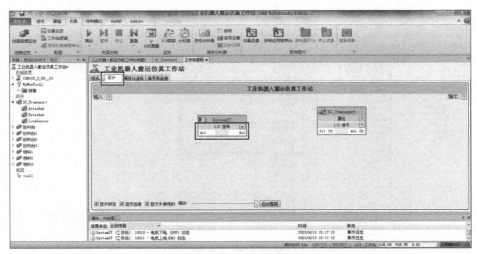

图 3-90　选择 I/O 信号

3.5.2　完成工业机器人与 Smart 组件通信

完成工业机器人与 Smart 组件通信，具体操作步骤如下：

单击鼠标左键，点住 System27 的 "do1" 信号端，连接到 SC_Transport 的 "di1" 信号端后松开→再点住 SC_Transport 的 "do1（0）" 信号端，连接到 System27 的 "di1" 信号端后松开，如图 3-91 所示。

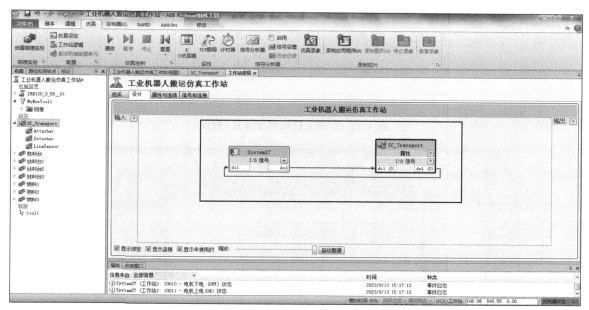

图 3-91　工业机器人与 Smart 组件通信连接

3.6　创建搬运工作站仿真程序

3.6.1　同步工具数据

扫一扫看视频

在开始编写搬运工件程序前，先把工具坐标系同步到示教器上，同步操作的具体操作步骤如下：

在 "基本" 功能选项卡中，依次选择 "同步" → "同步到 RAPID..." →在 "同步到 RAPID" 弹出框中，勾选 "工具数据" →勾选 "MyNewTool1" 工具，最后单击 "确定" 按钮，如图 3-92 和图 3-93 所示。

3.6.2　创建搬运工作站仿真程序

创建搬运工作站仿真程序，具体操作步骤如下：

1）在 "基本" 功能选项卡中，依次选择 "路径" → "空路径"，如图 3-94 所示。

工业机器人虚拟仿真与离线编程（ABB）

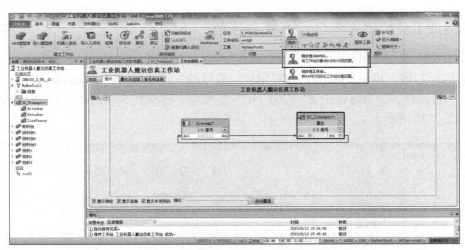

图 3-92　工具坐标系同步到 RAPID

图 3-93　工具数据选择

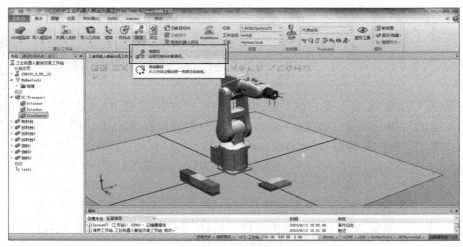

图 3-94　选择路径

2）在"路径和目标点"窗口下，可以看到生成的空路径"Path_10"→设置工件坐标为"wobj0"→设置工具为"MyNewTool1"→设定指令模板 MoveJ*V500 fine MyNewTool1\WObj: =wobj0，如图 3-95 所示。

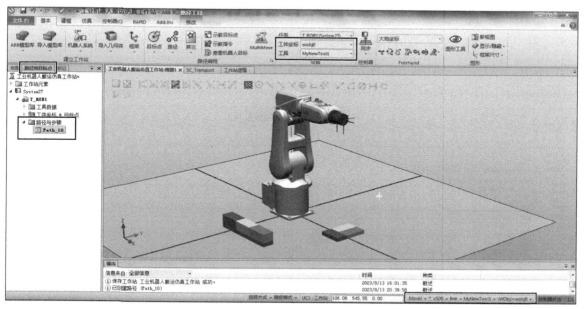

图 3-95　空路径设置

3）单击"示教指令"→在"Path_10"路径下，可以看到新创建的运动指令"MoveJ Target_10"，如图 3-96 所示。

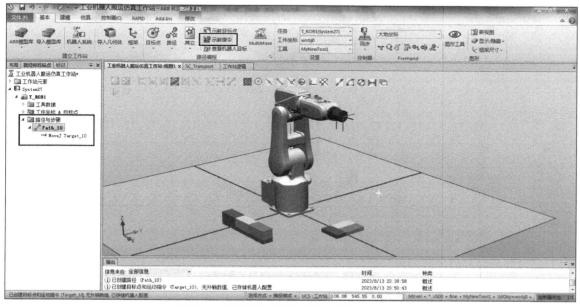

图 3-96　创建运动指令"MoveJ Target_10"

4）在"布局"窗口，选中"IRB120_3_58__01"工业机器人，单击鼠标右键→选择"机械装置手动关节"→选择手动关节运动第5轴→单击"Enter"键→参数输入"90"，然后单击"Enter"键，最后单击"示教指令"按钮，如图3-97和图3-98所示。

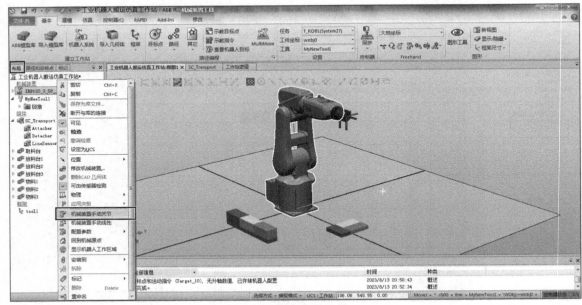

图3-97　机械装置手动关节

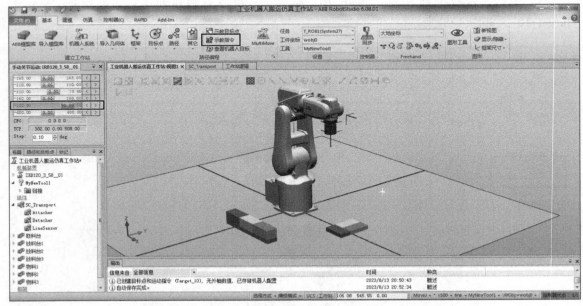

图3-98　手动关节运动第5轴输入

5）单击"路径和目标点"窗口，可以看到生成"MoveJ Target_20"指令，如图3-99所示。

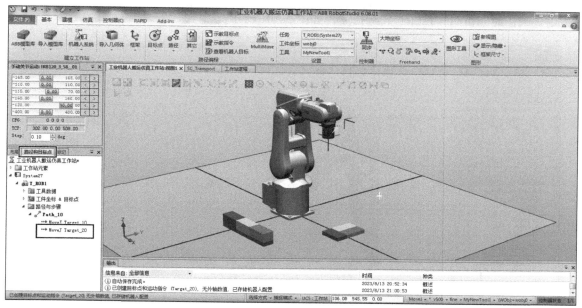

图 3-99　生成 "MoveJ Target_20" 指令

6）单击视图 1 中的工业机器人→单击 "机器人工具" 中的 "手动线性" →当出现 "十字箭头" 后→拖动工业机器人，使工具位于第 1 个物料的正上方→单击 "示教指令" →生成 "MoveJ Target_30" 指令，如图 3-100 所示。

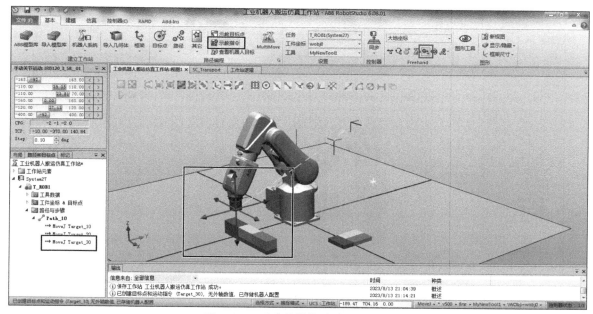

图 3-100　手动线性拖动工业机器人

7）设定指令模板 MoveL*V300 fine MyNewTool1\WObj：=wobj0 →选择 "捕捉对象" 工具→选择 "手动线性" 工具→拖动工业机器人，使工具接触第 1 个物料的中心→单击 "示教指令"→生成"MoveL Target_40"指令，如图 3-101 所示。

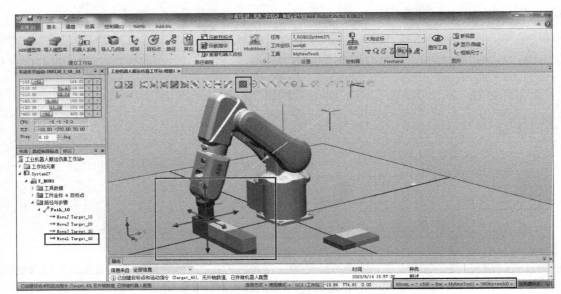

图 3-101　手动线性拖动工业机器人至物料 1 中心

8）在"路径和目标点"窗口，选中"MoveL Target_40"，单击鼠标右键→选择"插入逻辑指令 ..."→指令模板选择"WaitTime"→ Time 输入"0.5"，然后单击"创建"按钮，最后单击"关闭"按钮，如图 3-102 和图 3-103 所示。

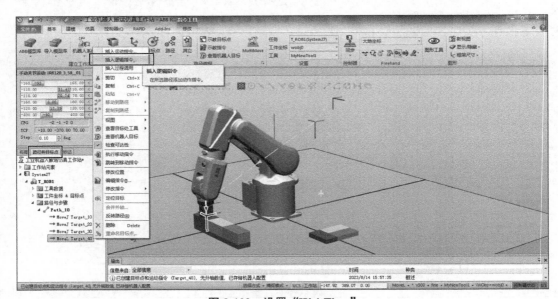

图 3-102　设置"WaitTime"

9）在"路径和目标点"窗口，选中"WaitTime 0.5"，单击鼠标右键→选择"插入逻辑指令 ..."→指令模板选择"Set"→ Signal 选择"do1"，然后单击"创建"按钮，最后单击"关闭"按钮，如图 3-104 和图 3-105 所示。

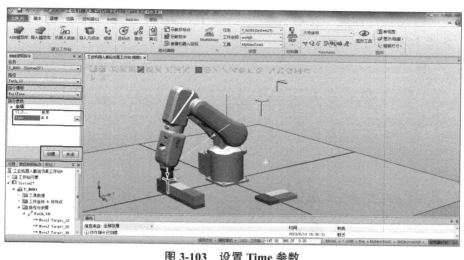

图 3-103　设置 Time 参数

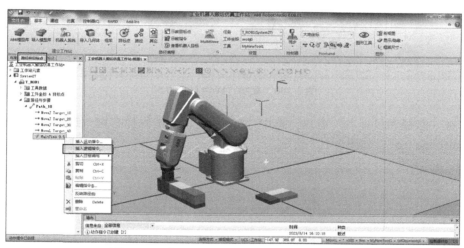

图 3-104　在"WaitTime 0.5"中插入逻辑指令

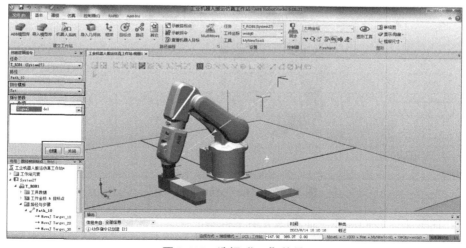

图 3-105　选择"Set"信号

10）在"路径和目标点"窗口，选中"WaitTime 0.5"，单击鼠标右键→选择"复制 Ctrl+C"，如图 3-106 所示。

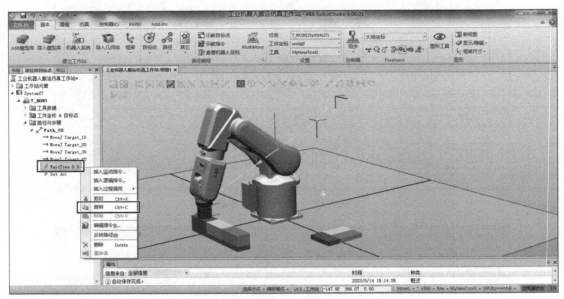

图 3-106　复制"WaitTime 0.5"

11）在"路径和目标点"窗口，选中"Set do1"，单击鼠标右键→选择"粘贴 Ctrl+V"，粘贴"WaitTime 0.5"，如图 3-107 所示。

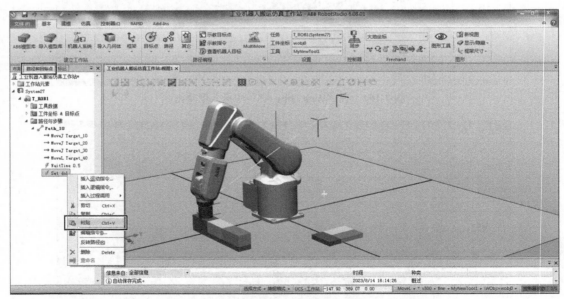

图 3-107　粘贴"WaitTime 0.5"

注意：接下来，我们需要工业机器人把工件拾取之后，才来完成下面的编程。

12）在"布局"窗口，选中"SC_Transport"，单击鼠标右键→选择"属性"→单击"di1"按钮（把"di1"信号置 1，完成工件拾取动作）按钮，如图 3-108 和图 3-109 所示。

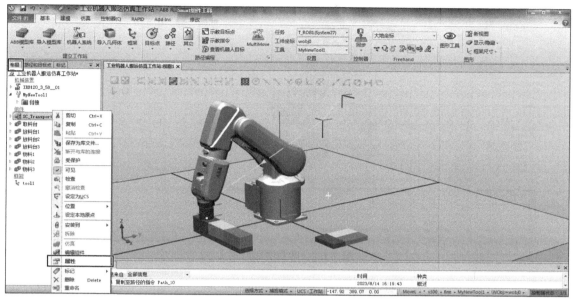

图 3-108 选择"SC_Transport"属性

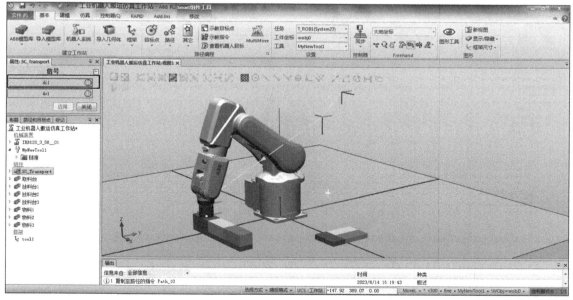

图 3-109 "di1"信号置 1

13）在"路径和目标点"窗口→设定指令模板 MoveL*V300 fine MyNewTool1\WObj: =wobj0 →选择"手动线性"工具→单击"吸盘工具"→拖动工业机器人，把第 1 个物料提起来→单击"示教指令"→生成"MoveL Target_50"指令，如图 3-110 所示。

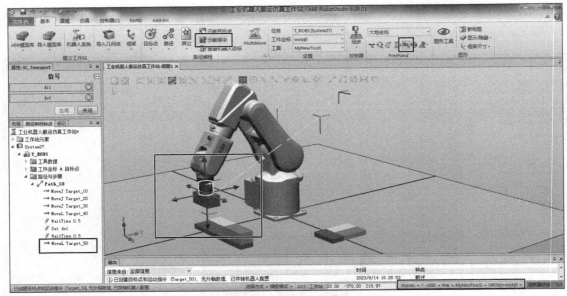

图 3-110　吸盘吸起物料 1

14）设定指令模板 MoveJ*V500 fine MyNewTool1\WObj：=wobj0 →选择"手动线性"工具→拖动工业机器人，把第 1 个物料移动到第 1 个放料盘的上方→单击"示教指令"→生成"MoveJ Target_60"指令，如图 3-111 所示。

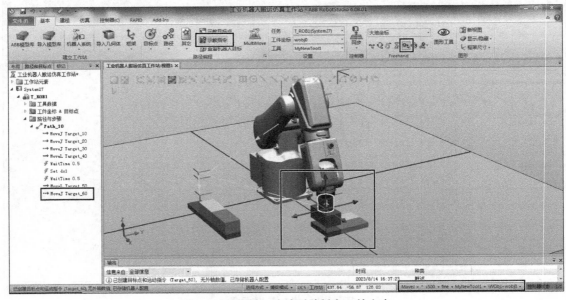

图 3-111　物料 1 移动到放料盘 1 的上方

15）设定指令模板 MoveL*V300 fine MyNewTool1\WObj：=wobj0 →选择"手动线性"工具→拖动工业机器人，把第 1 个物料移动到第 1 个放料盘的位置→单击"示教指令"→生成"MoveL Target_70"指令，如图 3-112 所示。

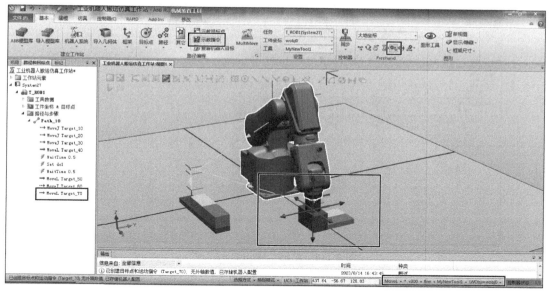

图 3-112　物料 1 放置到放料盘 1 的位置

16）在"路径和目标点"窗口，选中"WaitTime 0.5"，单击鼠标右键→选择"复制Ctrl+C"，复制"WaitTime 0.5"，如图 3-113 所示。

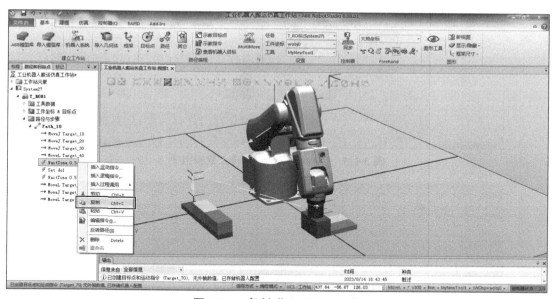

图 3-113　复制"WaitTime 0.5"

17）在"路径和目标点"窗口，选中"MoveL Target_70"，单击鼠标右键→选择"粘贴Ctrl+V"，粘贴"WaitTime 0.5"，如图 3-114 所示。

18）在"路径和目标点"窗口，选中最后一个"WaitTime 0.5"，单击鼠标右键→选择"插入逻辑指令 ..."→指令模板选择"Reset"→ Signal 选择"do1"，然后单击"创建"按钮，最后单击"关闭"按钮，如图 3-115 和图 3-116 所示。

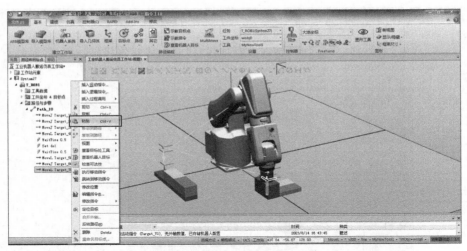

图 3-114　粘贴"WaitTime 0.5"

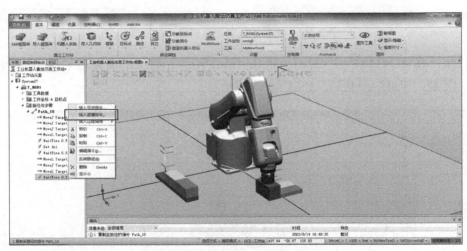

图 3-115　"WaitTime 0.5"插入逻辑指令

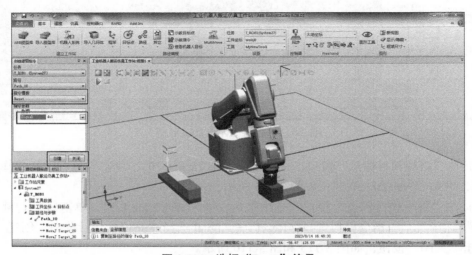

图 3-116　选择"Reset"信号

19）在"路径和目标点"窗口，选中"WaitTime 0.5"，单击鼠标右键→选择"复制Ctrl+C"，复制"WaitTime 0.5"，如图 3-117 所示。

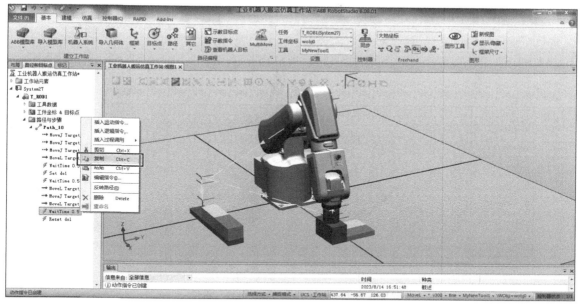

图 3-117　复制"WaitTime 0.5"

20）在"路径和目标点"窗口，选中"Reset do1"，单击鼠标右键→选择"粘贴Ctrl+V"，粘贴"WaitTime 0.5"，如图 3-118 所示。

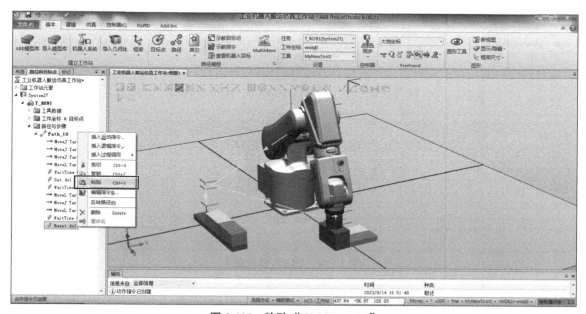

图 3-118　粘贴"WaitTime 0.5"

21）在"布局"窗口，选中"SC_Transport"，单击鼠标右键→选择"属性"→单击

"di1"按钮（把"di1"信号置 0，完成释放工件动作），如图 3-119 和图 3-120 所示。

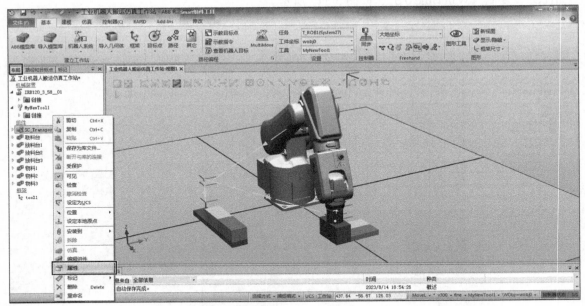

图 3-119　选择"SC_Transport"属性

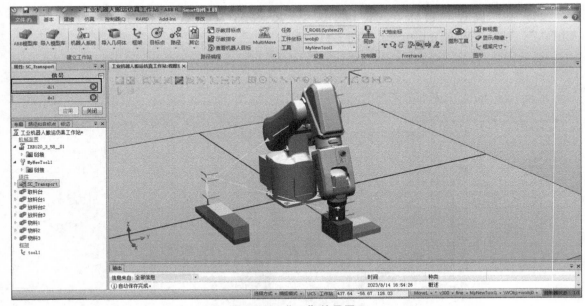

图 3-120　"di1"信号置 0

22）在"路径和目标点"窗口→设定指令模板 MoveL*V300 fine MyNewTool1\
WObj：=wobj0→选择"手动线性"工具→单击"吸盘工具"→拖动工业机器人，把工业机
器人移动至第 1 个物料的正上方→单击"示教指令"按钮，生成"MoveL Target_80"指令，
如图 3-121 所示。

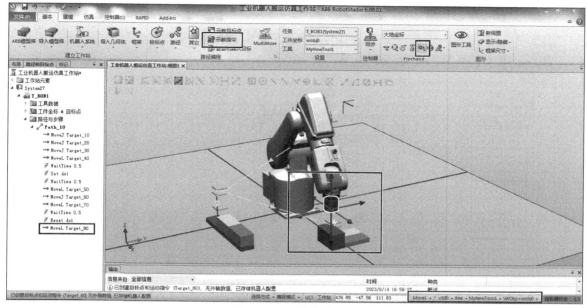

图 3-121　吸盘释放上移

第 1 个物料的搬运动作已经完成，让工业机器人回到原点。

23）在"布局"窗口，选中"IRB120_3_58__01"，单击鼠标右键→选择"回到机械原点"→设定指令模板 MoveJ*V500 fine MyNewTool1\WObj：=wobj0→单击"示教指令"按钮，生成"MoveJ Target_90"指令，如图 3-122 所示。

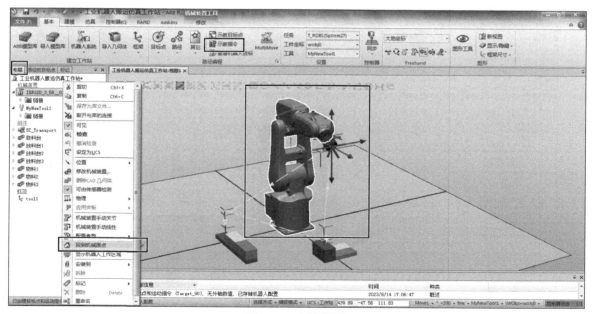

图 3-122　返回原点

第 1 个物料的拾取程序和释放程序完成，如图 3-123 所示。

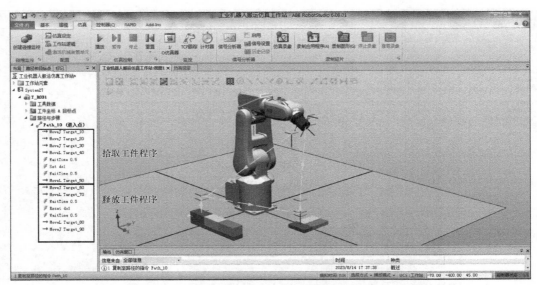

图 3-123　第 1 个物料的拾取程序和释放程序完成

第 1 个物料搬运程序完成之后，可以调试验证一下程序是否正确。在调试之前，先要把第 1 个物料放回到原位。

24）选中第 1 个物料，单击鼠标右键→依次选择"位置"→选择"放置"→选择"一个点"→选择"捕捉工具"→单击一下"主点 – 从"的坐标处（"0、0、0"）→先捕捉工件"左下角"，作为"主点 – 从"的数据→再捕捉取料台的"左上角"，作为"主点 – 到"的数据。然后单击"应用"按钮，最后单击"关闭"按钮，如图 3-124 和图 3-125 所示。

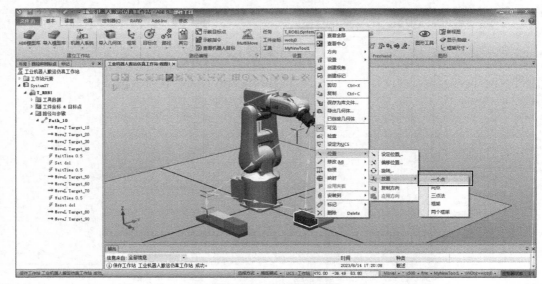

图 3-124　物料放置位置

注意：以上操作步骤 1）~23）为搬运第 1 个物料的完整过程，搬运第 2 个和第 3 个物料的步骤，可以参照上面的步骤完成。

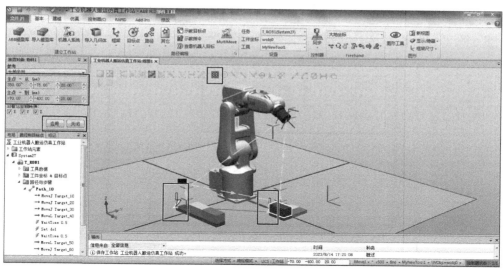

图 3-125　物料返回原位

3.7　Smart 组件效果调试

3.7.1　第 1 个物料搬运的调试仿真

调试仿真的具体操作步骤如下：

1）在"基本"功能选项卡中，单击"同步"→选择"同步到 RAPID..."→勾选"工具数据和路径 & 目标"，最后单击"确定"按钮，如图 3-126 和图 3-127 所示。

扫一扫看视频

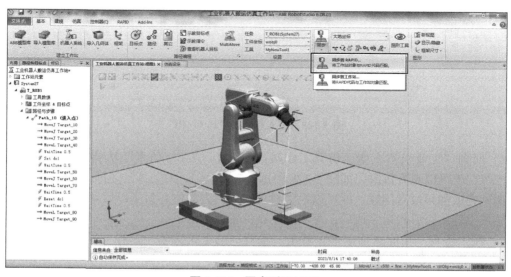

图 3-126　同步到 RAPID

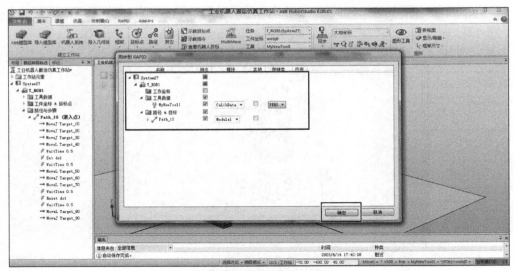

图 3-127　选择工具数据和路径

2）在"仿真"功能选项卡中，选择"仿真设定"→单击"T_ROB1"→进入点选择"Path_10（进入点）"，如图 3-128 所示。

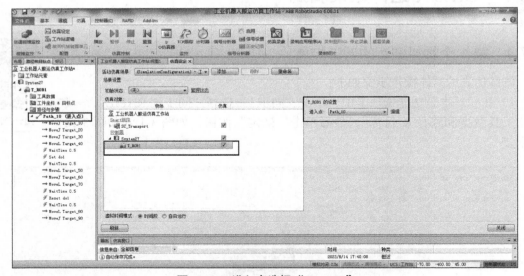

图 3-128　进入点选择"Path_10"

3）回到"工业机器人搬运仿真工作站：视图 1"→在"仿真"功能选项卡中单击"播放"按钮，就可以观看效果，如图 3-129 所示。

调试完成如果没有问题，就可以把物料再次放回去原位。为了以后调试方便，可以保存一个原点位置，以后搬运完成后，再恢复原点位置就可以了。

4）在"仿真"功能选项卡中，单击"重置"的下拉菜单→选择"保存当前状态"→在"保存当前状态"弹出框中，名称输入"原点"→勾选"工业机器人搬运仿真工作站"，最后单击"确定"按钮，如图 3-130 和图 3-131 所示。

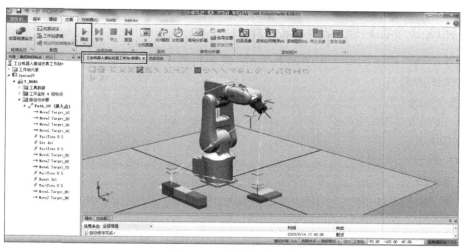

图 3-129　效果仿真调试

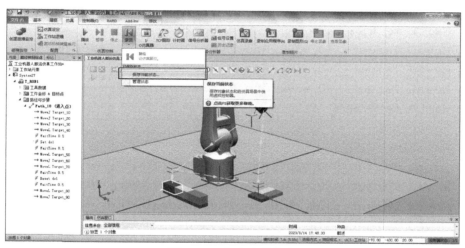

图 3-130　保存当前状态

图 3-131　保存当前状态选择

3.7.2　完成 3 个物料搬运的调试仿真

完成 3 个物料搬运的参考程序如下所示（此运行程序在完成前面搬运定位操作过程后就已经完成调试仿真）：

```
PROC main()
     Path _ 10;
  ENDPROC
PROC Path _ 10()
     MoveJ Target _ 10, v500, fine, MyNewTool1\WObj: =wobj0;
     MoveJ Target _ 20, v500, fine, MyNewTool1\WObj: =wobj0;
     MoveJ Target _ 30, v500, fine, MyNewTool1\WObj: =wobj0;
     MoveL Target _ 40, v300, fine, MyNewTool1\WObj: =wobj0;
     WaitTime 0.5;
     Set do1;
     WaitTime 0.5;
     MoveL Target _ 50, v300, fine, MyNewTool1\WObj: =wobj0;
     MoveJ Target _ 60, v500, fine, MyNewTool1\WObj: =wobj0;
     MoveL Target _ 70, v300, fine, MyNewTool1\WObj: =wobj0;
     WaitTime 0.5;
     Reset do1;
     WaitTime 0.5;
     MoveL Target _ 80, v300, fine, MyNewTool1\WObj: =wobj0;
     MoveJ Target _ 90, v500, fine, MyNewTool1\WObj: =wobj0;
     MoveJ Target _ 100, v500, fine, MyNewTool1\WObj: =wobj0;
     MoveJ Target _ 110, v500, fine, MyNewTool1\WObj: =wobj0;
     MoveL Target _ 120, v300, fine, MyNewTool1\WObj: =wobj0;
     WaitTime 0.5;
     Set do1;
     WaitTime 0.5;
     MoveL Target _ 130, v300, fine, MyNewTool1\WObj: =wobj0;
     MoveJ Target _ 140, v500, fine, MyNewTool1\WObj: =wobj0;
     MoveL Target _ 150, v300, fine, MyNewTool1\WObj: =wobj0;
     WaitTime 0.5;
     Reset do1;
     WaitTime 0.5;
     MoveJ Target _ 160, v500, fine, MyNewTool1\WObj: =wobj0;
     MoveJ Target _ 170, v500, fine, MyNewTool1\WObj: =wobj0;
     MoveJ Target _ 180, v500, fine, MyNewTool1\WObj: =wobj0;
     MoveJ Target _ 190, v500, fine, MyNewTool1\WObj: =wobj0;
     MoveL Target _ 200, v300, fine, MyNewTool1\WObj: =wobj0;
```

```
        WaitTime 0.5;
        Set do1;
        WaitTime 0.5;
        MoveL Target _ 210,v300,fine,MyNewTool1\WObj:=wobj0;
        MoveJ Target _ 220,v500,fine,MyNewTool1\WObj:=wobj0;
        MoveL Target _ 230,v300,fine,MyNewTool1\WObj:=wobj0;
        WaitTime 0.5;
        Reset do1;
        WaitTime 0.5;
        MoveL Target _ 240,v300,fine,MyNewTool1\WObj:=wobj0;
        MoveJ Target _ 250,v500,fine,MyNewTool1\WObj:=wobj0;
    ENDPROC
ENDMODULE
```

3个物料搬运前的位置，如图3-132所示；搬运后的位置如图3-133所示。

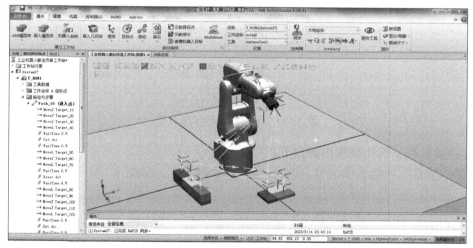

图 3-132　3 个物料搬运前的位置

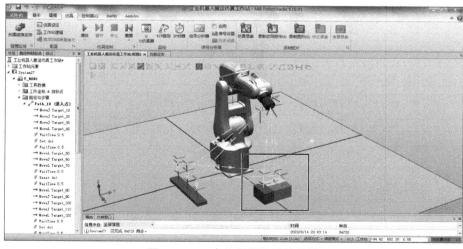

图 3-133　3 个物料搬运后的位置

3.8 创建碰撞监控

在工业机器人工作范围内，容易与工业机器人发生干涉碰撞的有物料 1、物料 2、物料 3，因此，需要创建三个碰撞监控，用于检测 3 个物料是否会与工业机器人发生碰撞。需要创建的碰撞监控，如图 3-134 所示。

图 3-134 需要创建的碰撞监控

创建碰撞监控，具体操作步骤如下：

1）在"仿真"功能选项卡中，单击"创建碰撞监控"，如图 3-135 所示。

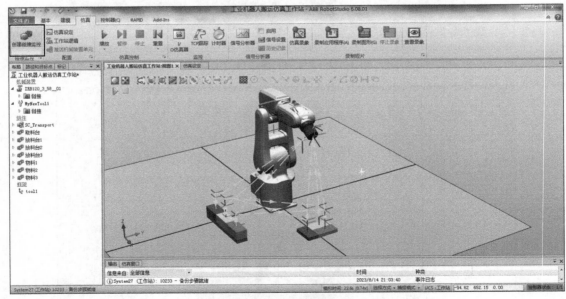

图 3-135 创建碰撞监控

2）在"布局"窗口，单击"碰撞检测设定_1"打开，可以看到 ObjectsA 和 ObjectsB →单击鼠标左键，点住布局"IRB120_3_58__01"机器人，拖到 ObjectsA 处松开→单击鼠标左键，点住"物料 1"，拖到 ObjectsB 处松开→完成物料 1 与工业机器人的碰撞检测设定，如图 3-136 和图 3-137 所示。

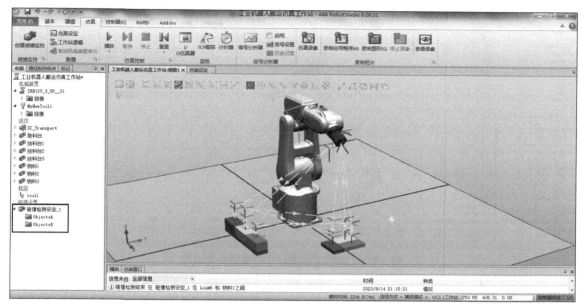

图 3-136　物料 1 碰撞检测设定

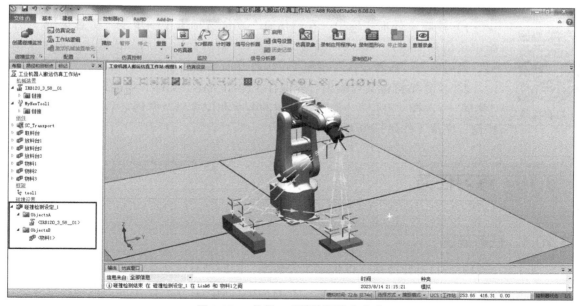

图 3-137　物料 1 碰撞检测设定完成

3）重复以上两步的步骤，完成物料 2 和物料 3 与工业机器人的碰撞检测设定，完成后如图 3-138 所示。

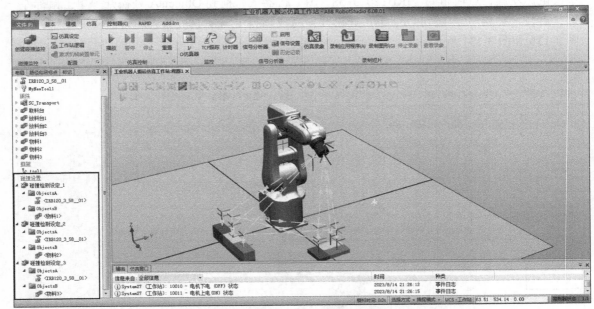

图 3-138　物料 2 和物料 3 的碰撞检测设定

3.9　仿真效果输出

扫一扫看视频

1）视频文件形式输出。在"仿真"功能选项卡中→单击"仿真录像"（开始记录仿真动画）→单击"播放"按钮（开始仿真），然后等待搬运完成 3 个物料，最后单击"查看录像"按钮（可以打开所录制的视频文件）。

2）工作站打包文件输出。先保存工作站→在"文件"功能选项卡中，选择"共享"→选择"打包"→设置好打包的名字和位置以及密码之后，单击"确定"按钮，完成工作站打包文件输出。

3.10　练习任务

3.10.1　任务描述

某工厂计划进行自动化改造，以提高生产效率，同时节省人力资源成本。在搬运岗位，设置工业机器人替代原来的人工搬运堆叠，为满足生产需要，工厂技术部门根据岗位要求，设计工业机器人搬运工作站，并于一周内完成安装调试任务；并通过了试生产验证，达到了设计要求。具体任务要求如下：

根据下列模型参数完成搬运工作站建模，吸盘：半径为 30mm、高度为 50mm 的圆柱形；三个取料台和三个放料台尺寸都是：长度为 120mm、宽度为 60mm、高度为 20mm 的矩形体；六个工件的尺寸是：长度为 120mm、宽度为 60mm、高度为 50mm 的矩形体；工业机器人型号为 IRB120。并合理完成工作站的布局，完成一个吸盘的 Smart 组件与工业机器人通信控制，并完成六个工件的搬运工作。要求在 2h 时间内完成，如图 3-139 和图 3-140 所示。

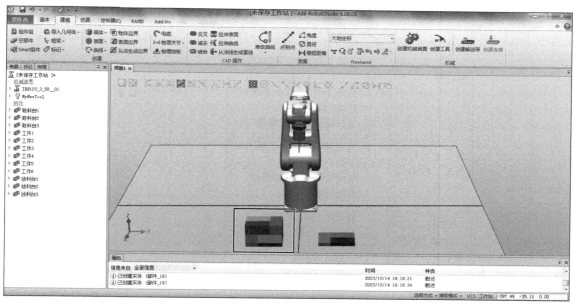

图 3-139　搬运前工件的摆放状态

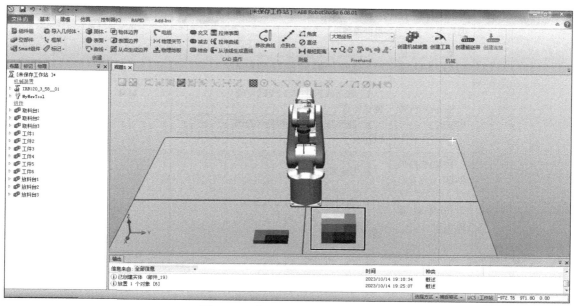

图 3-140　搬运后工件的摆放状态

3.10.2　任务评价

各小组相互交叉验收，填写任务验收评分表。

项目名称	序号	实施任务	任务标准	合格／不合格	存在问题	小组评分	教师评价
职业素养	1	职业素养实施过程	1. 穿戴规范、整洁 2. 安全意识、责任意识、服从意识 3. 积极参加活动，按时完成任务 4. 团队合作、与人交流能力 5. 劳动纪律 6. 生产现场管理 5S 标准				
专业能力	2	工业机器人搬运工作站仿真布局	1. 能创建一个工业机器人系统工作站 2. 能创建搬运工作站模型 3. 能创建吸盘工具				
	3	Smart 组件的创建	1. 能创建 Smart 子组件 2. 创建数字输入输出信号（I/O 信号） 3. 创建属性连结 4. 创建信号和连接				
	4	I/O 模块及 I/O 信号的创建	1. 能创建 I/O 模块 2. 能创建 I/O 信号				
	5	工业机器人与 Smart 组件通信建立	1. 能设置工作站逻辑 2. 能完成工业机器人与 Smart 组件通信				
	6	搬运工作站仿真程序的创建	1. 能同步工具数据 2. 能创建搬运工作站仿真程序				
	7	Smart 组件效果调试	1. 能完成第 1 个工件搬运的调试仿真 2. 能完成 6 个工件搬运的调试仿真				
	8	碰撞监控的创建	能创建碰撞监控				
	9	仿真效果输出	1. 能完成视频文件形式输出 2. 能完成工作站打包文件输出				
项目实施人			小组长		教师		

第4章

输送链跟踪加工工作站仿真

4.1 输送链跟踪加工工作站仿真描述

输送链跟踪加工工作站仿真是一种用于模拟和优化生产流程的设备。它通常由一个或多个输送链组成，配备有跟踪系统和加工设备，以更好地模拟和分析物件在生产线上的运动和加工过程。通过跟踪系统，工作站可以实时监测物件在输送链上的位置和状态，并根据预先设定的规则和参数进行控制和调整。加工设备可以在物件经过时，进行相应的加工操作，例如切割、打磨和装配等。

这种工作站通常具有高度灵活性和可调性，可以根据需要进行定制和配置。它可以模拟不同的生产场景和工艺流程，以帮助企业优化生产效率和质量。通过仿真和分析，工作站可以帮助企业识别和解决潜在的问题，减少生产中的浪费和错误。

输送链跟踪加工工作站仿真通常由以下几个主要部分组成：

1）输送链。工作站使用输送链来传输物件，通常是一个连续的链条或带状物，可以在工作站上循环运动。

2）跟踪系统。工作站配备了跟踪系统，通常使用传感器或视觉系统来实时监测物件在输送链上的位置和状态。

3）加工设备。工作站配备了加工设备，根据需要可以进行切割、打磨、装配或其他加工操作。

4）控制系统。工作站使用控制系统来控制和调整输送链、跟踪系统和加工设备的运行，以实现预定的生产流程和操作。

下面我们将使用 RobotStudio 建立输送链跟踪加工工作站仿真，通过输送链跟踪加工工作站的输送链和工业机器人系统的创建、输送链系统和工业机器人系统的通信连接、输送链跟踪加工工作站仿真程序的创建等任务的学习，掌握输送链跟踪加工工作站仿真操作。

4.2 输送链跟踪加工工作站仿真布局

通过 RobotStudio 自带的模型库，可以快速创建一个输送链跟踪加工工作站。从而实现把物件通过输送链按指定方向输送，在设定的位置通过工业机器人进行搬运加工操作。

4.2.1 创建输送链模型

扫一扫看视频

创建输送链模型的具体操作步骤如下：

1）双击启动 RobotStudio，在"文件"功能选项卡中，依次选择"新建"→"空工作站"→单击"创建"按钮。

2）在"建模"功能选项卡中，单击"固体"的下拉菜单→选择"矩形体"→按照输送链模型的尺寸进行参数输入，长度（mm）"3000"→宽度（mm）"500"→高度（mm）"50"→单击"创建"按钮，最后单击"关闭"按钮，如图 4-1 所示。

3）在"建模"功能选项卡中，单击"固体"的下拉菜单→选择"矩形体"→按照物件模型的尺寸进行参数输入，角点（mm）"0、50、50"→长度（mm）"400"→宽度（mm）"400"→高度（mm）"200"→单击"创建"按钮，最后单击"关闭"按钮，如图 4-2 所示。

4）在"布局"窗口，选中"部件_1"，单击鼠标右键→选择"重命名"→输入"输送链"→按下键盘的"Enter"键，如图 4-3 所示。

5）在"布局"窗口，选中"部件_2"，单击鼠标右键→选择"重命名"→输入"物件"→按下键盘的"Enter"键，如图 4-3 所示。

6）在"布局"窗口，选中"输送链"，单击鼠标右键→选择"修改"→选择"设定颜色..."→选择"蓝色"→单击"确定"按钮，如图 4-3 所示。

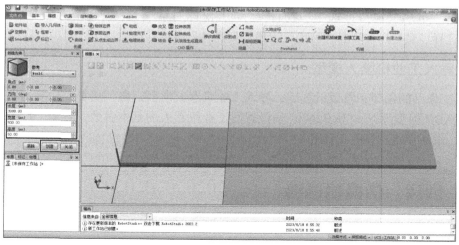

图 4-1　输送链的创建

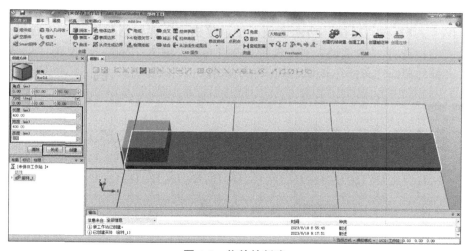

图 4-2　物件的创建

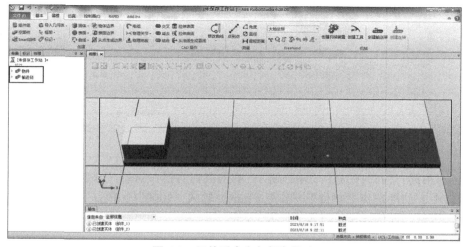

图 4-3　组件重命名与颜色修改

7）在"布局"窗口，选中"物件"，单击鼠标右键→选择"修改"→选择"设定颜色…"→选择"黄色"→单击"确定"按钮，如图 4-3 所示。

4.2.2 导入工业机器人模型

完成工作站的创建和参数设置后，导入工业机器人模型，在"基本"功能选项卡中，依次选择"ABB 模型库"→"IRB2600"→设置好工业机器人的基本参数，容量"12kg"和到达"1.65m"，最后单击"确定"按钮。

4.3 创建、仿真输送链

扫一扫看视频

4.3.1 创建输送链

创建输送链，具体操作步骤如下：

1）在"建模"功能选项卡中，单击"创建输送带"→在传送带几何结构中，选择"输送链"→传送带长度（mm）输入"2600"→单击"创建"按钮，最后单击"关闭"按钮，如图 4-4 和图 4-5 所示。

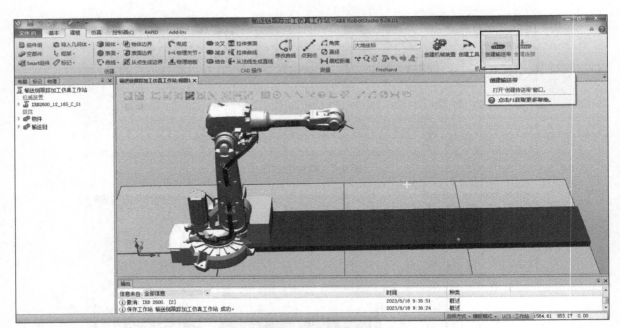

图 4-4　创建输送带

2）在"布局"窗口→选中"输送链"，单击鼠标右键→选择"添加对象"→在"传送带对象"窗口中，部件选择"物件"→节距（mm）输入"1000"→单击"创建"按钮，最后单击"关闭"按钮，如图 4-6 和图 4-7 所示。

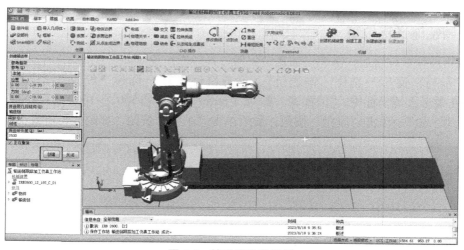

图 4-5 输送带参数设置

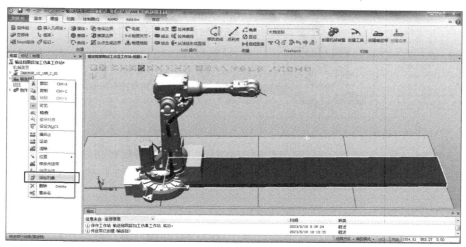

图 4-6 输送链添加对象

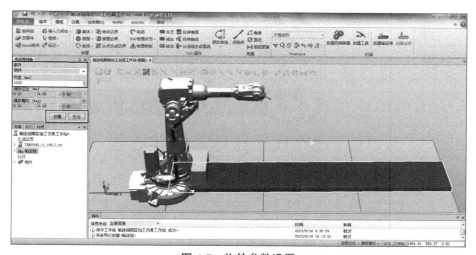

图 4-7 物件参数设置

4.3.2 调整输送链位置

完成物件参数设置后，需调整输送链位置，具体操作步骤如下：

在"布局"窗口→选中"输送链"，单击鼠标右键→选择"位置"→选择"设定位置…"→在参考大地坐标中，"位置X、Y、Z（mm）"输入"1500、–1000、0"→方向（deg）输入"0、0、90"→单击"应用"按钮，最后单击"关闭"按钮，如图4-8和图4-9所示。

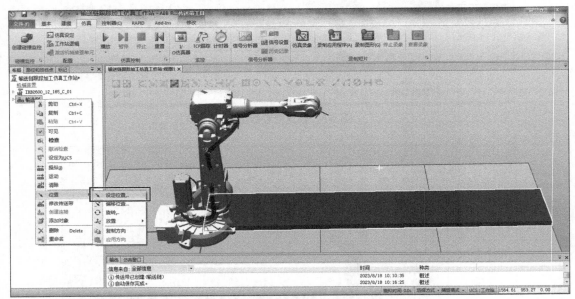

图 4-8　输送链位置

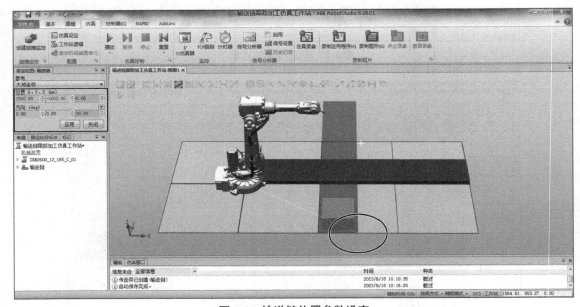

图 4-9　输送链位置参数设定

4.3.3　仿真输送链

仿真输送链运行，具体操作步骤如下：

1）在"仿真"功能选项卡中，单击"播放"按钮，可以观看完成后的动作效果，最后单击"停止"按钮，则停止运行，如图 4-10 和图 4-11 所示。

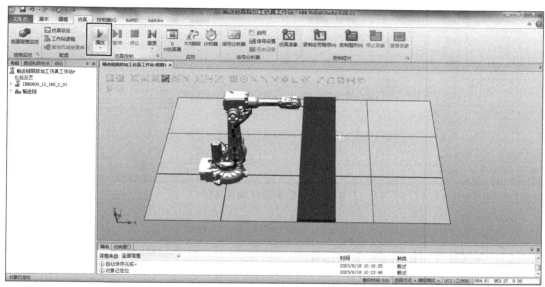

图 4-10　输送链运行播放

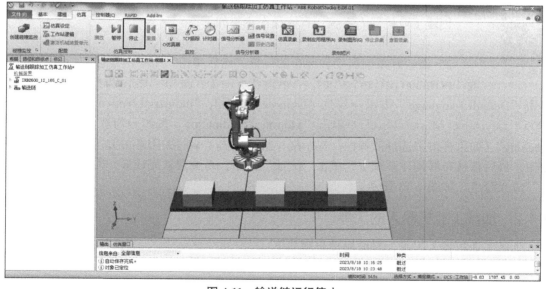

图 4-11　输送链运行停止

2）在"布局"窗口→选中"输送链"，单击鼠标右键→选择"清除"，可以清除生成的物件，如图 4-12 所示。

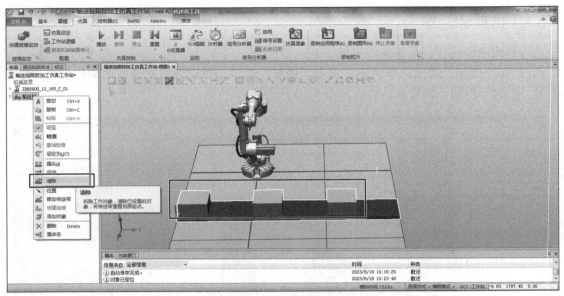

图 4-12　仿真运行物件清除

4.4 创建工业机器人系统

扫一扫看视频

4.4.1 创建工业机器人系统的步骤

创建工业机器人系统，具体操作步骤如下：

1）在"基本"功能选项卡中，依次选择"机器人系统"→"从布局 ..."。

2）设置好系统名字和保存的位置，然后单击"下一个"按钮→勾选机械装置"IRB2600_12_165_C_01"→单击"下一个"按钮，然后单击"选项"按钮→单击"Default Language"按钮→勾选"Chinese"→单击"Industrial Networks"按钮→勾选"709-1 DeviceNet Master/Slave"→单击"Motion Coordination"按钮→勾选"606-1 Conveyor Tracking"（如果弹出"选择依赖性"提示框，直接单击"×"关闭即可），然后单击"确定"按钮，最后在从布局创建系统中，单击"完成"按钮，系统建立完成后，右下角"控制器状态"应为绿色，如图 4-13 所示。

4.4.2 加载工业机器人的工具

加载工业机器人工具，具体操作步骤如下：

1）在"基本"功能选项卡中，依次选择"导入模型库"→"设备"→"AW Gun PSF 25"，如图 4-14 所示。

2）在"布局"窗口，选中"AW_Gun_PSF_25"，单击鼠标右键→选择"安装到"→选择"IRB2600_12_165_C_01（T_ROB1）"→在更新位置弹出框中，选择"是"，可以看到工具已安装到工业机器人法兰盘上，如图 4-15 所示。

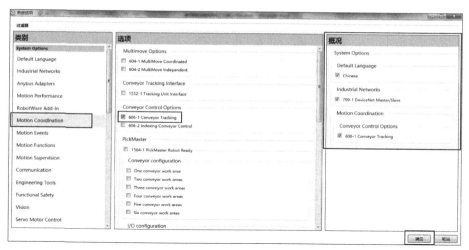

图 4-13　创建工业机器人系统

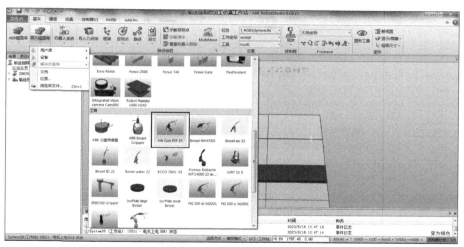

图 4-14　工业机器人工具导入

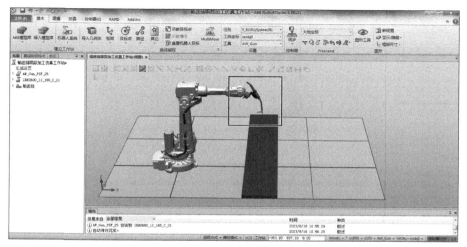

图 4-15　工业机器人工具安装

4.5 创建输送链系统和工业机器人系统通信

扫一扫看视频

将输送链系统和工业机器人系统进行关联，具体操作步骤如下：

1）在"布局"窗口，选中"输送链"，单击鼠标右键→选择"创建连接"→在"创建连接"窗口中，偏移（mm）输入"500"→连接窗口中，启动窗口宽度（mm）输入"1000"→其他参数默认→单击"创建"按钮，最后单击"关闭"按钮，如图4-16和图4-17所示。

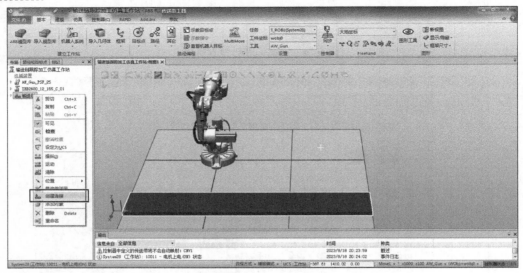

图 4-16　创建连接

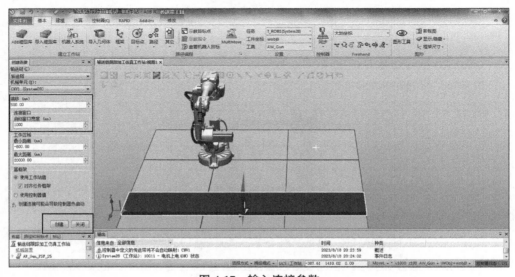

图 4-17　输入连接参数

2）在"布局"窗口，单击前面的"▶"，依次打开"输送链"→"连接"→"连接"→直至看到"wobj_cnv1"坐标系→再单击"对象源"按钮，直至看到"物件［1000.00］"，即表示完成，如图 4-18 所示。

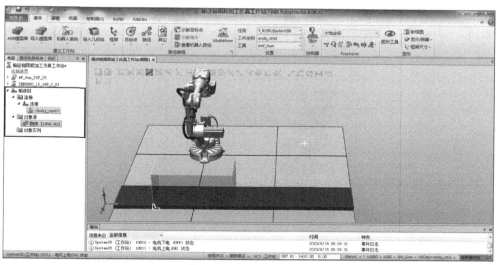

图 4-18　连接完成查看

4.6　设置输送链系统基本属性

设置输送链系统基本属性，具体操作步骤如下：

1）在"布局"窗口，选中"物件［1000.00］"，单击鼠标右键→选择"放在传送带上"，如图 4-19 所示。

扫一扫看视频

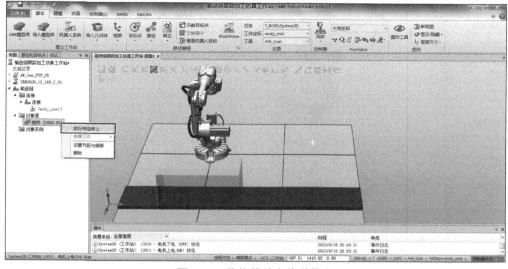

图 4-19　将物件放在传送带上

2）在"布局"窗口，选中"物件［1000.00］"，单击鼠标右键→选择"连接工件"→选择"wobj_cnv1"，如图 4-20 所示。

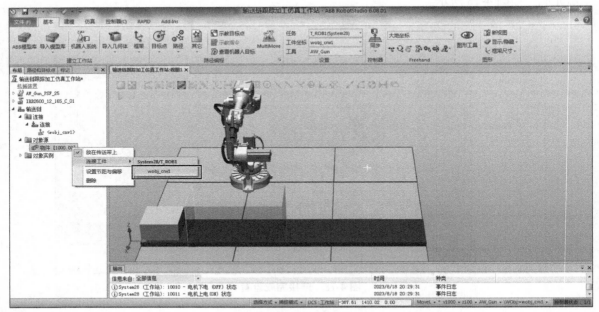

图 4-20　连接工件

3）在"布局"窗口，选中"输送链"，单击鼠标右键→选择"操纵（J）"→在"输送链手动控制"窗口中，拉动位置条，手动将物件移动至加工框内，如图 4-21 和图 4-22 所示。

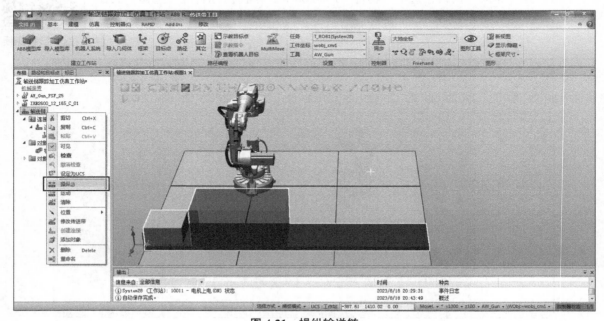

图 4-21　操纵输送链

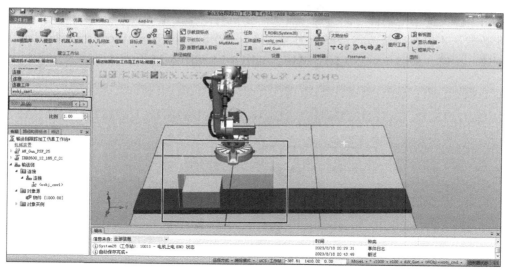

图 4-22　移动物件至加工框内

注意： 查看设置任务栏内的工件坐标系是否为 "wobj_cnv1"、工具坐标系是否为 "AW_Gun"，如果是，即表示完成，如图 4-23 所示。

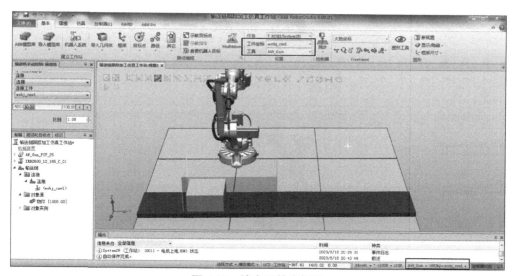

图 4-23　检查工件坐标系

4.7　创建输送链跟踪加工工作站仿真程序

4.7.1　离线编程

离线编程，具体操作步骤如下：

1）在 "基本" 功能选项卡中，单击 "路径" →选择 "自动路径" →按下键盘

扫一扫看视频

145

的"Shift"键，选中"物件"的边缘（点选需要执行动作的上表面，并分别点选四个边）→
其他参数默认不修改→修改指令模板为 MoveL*v500 fine AW_Gun\WObj：=wobj0_cnv1 →单
击"创建"按钮，最后单击"关闭"按钮，如图 4-24 和图 4-25 所示。

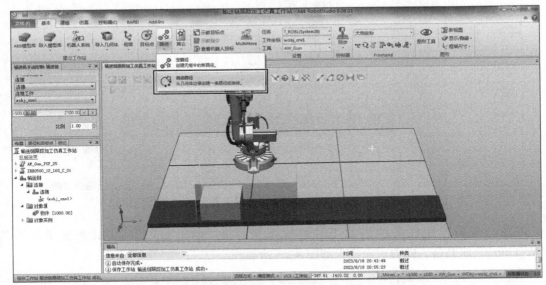

图 4-24　路径选择

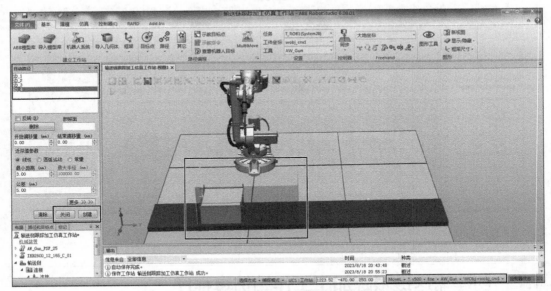

图 4-25　"物件"的边缘参数设置

在创建之前，一定要确认工件坐标系是否为"wobj_cnv1"，工具坐标系是否为"AW_Gun"。

2）在"路径和目标点"窗口，依次打开"工件坐标 & 目标点"→坐标系"wobj_
cnv1"→坐标系"wobj_cnv1_of"→可以查看到"Target_10"~"Target_50"共 5 个目标点，
即表示完成，如图 4-26 所示。

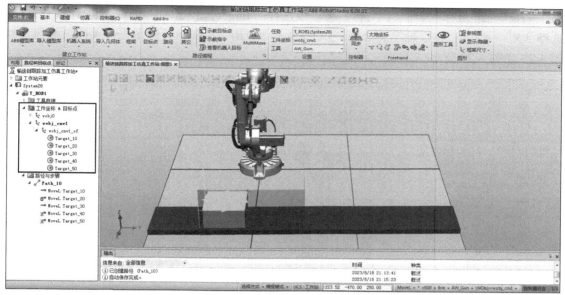

图 4-26　检查工件坐标和目标点

3）在"路径和目标点"窗口，选中"Target_10"，单击鼠标右键→选择"查看目标处工具"→选择"AW_Gun_PSF_25"，此时能观察到工具出现在相对应的坐标点处的姿态，如图 4-27 所示。

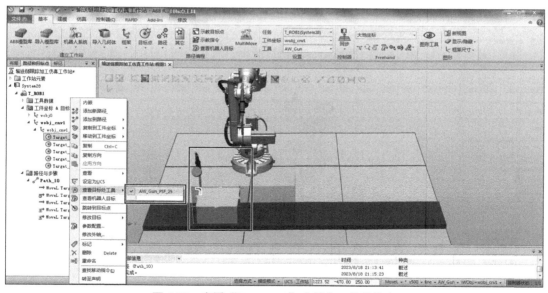

图 4-27　查看"Target_10"坐标点工具的姿态

注意： 这个时候，可以单击其他目标点，查看各目标点工具的姿态，可以看到工业机器人哪个姿态运动相对比较容易到达，则可以将其修改为目标点的最佳姿态。

4）在"路径和目标点"窗口，按下键盘的"Ctrl"键，单击鼠标左键选中目标点"Target_10"~"Target_50"后，单击鼠标右键→选择"修改目标"→选择"对准目标点方向"→在"对准目标点"窗口中，"参考"项选择"Target_40（System28/T_R0B1）"→对准轴选择"X"→勾选"锁定轴"后选择"Z"→单击"应用"按钮，最后单击"关闭"按钮，如图 4-28 和图 4-29 所示。

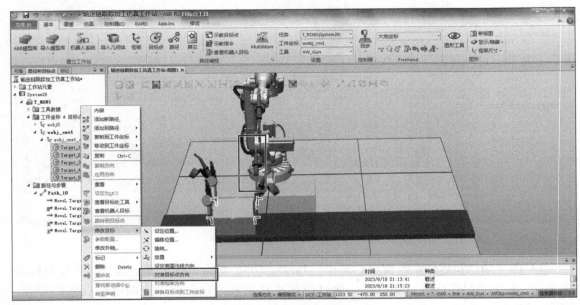

图 4-28　坐标点工具的姿态观察

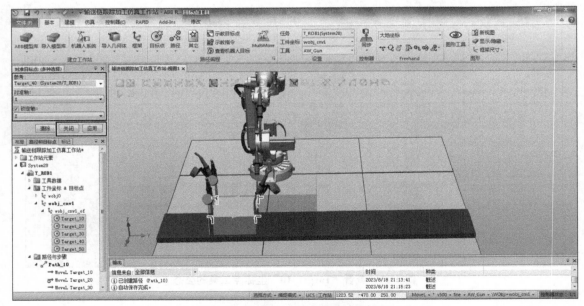

图 4-29　坐标点工具的最佳姿态选择

完成以上操作后，坐标点工具的最佳姿态选择完成，如图 4-30 所示。由于修改了目标点姿态，所以还需要自动配置一下路径。

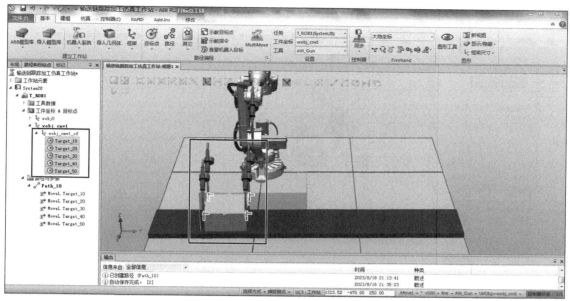

图 4-30　坐标点工具的最佳姿态选择完成

5）在"路径和目标点"窗口，选中"Path_10"，单击鼠标右键→选择"自动配置"→选择"线性/圆周移动指令"→在"选择机器人配置"弹出框中，配置参数选择"Cfg2（−1，−1，0，1）"（此项应该选择一个前面没有黄色叹号并且数组尽量接近零的，这样工业机器人比较容易完成工作），最后单击"应用"按钮，如图 4-31 和图 4-32 所示。

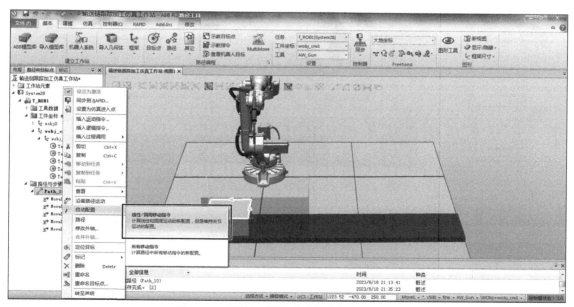

图 4-31　"线性/圆周移动指令"参数配置

当完成以上自动配置之后，程序"Path_10"下一级各动作前面的黄色叹号就会消失，如图 4-33 所示。

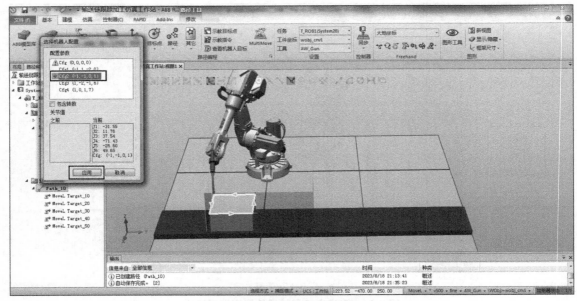

图 4-32　配置参数的选择

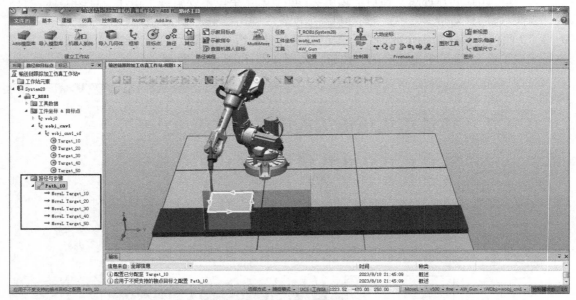

图 4-33　"Path_10"程序状态

4.7.2　创建主程序

创建主程序，具体操作步骤如下：

1）在"路径和目标点"窗口，选择"路径与步骤"，单击鼠标右键→选择"创建路径"→选中新建的"Path_20"，单击鼠标右键→选择"重命名"→输入"main"（主程序），如图 4-34~图 4-36 所示。

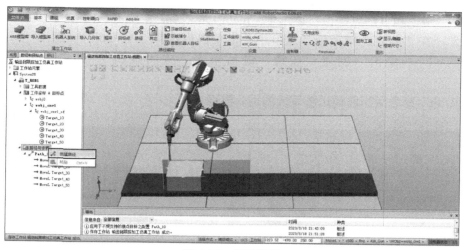

图 4-34　创建路径

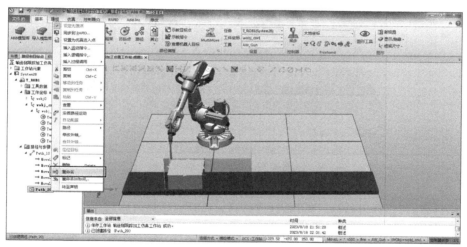

图 4-35　路径重命名

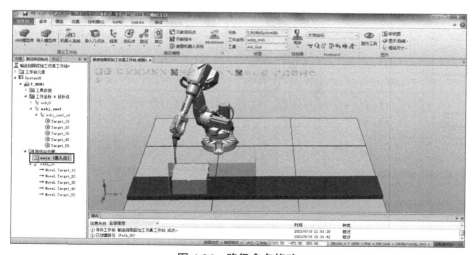

图 4-36　路径命名修改

2）在"路径和目标点"窗口，选中"main（进入点）"，单击鼠标右键→选择"插入逻辑指令 ..."→在"创建逻辑指令"窗口中，指令模板选择"ActUnit"→杂项"MechUnit"选择"CNV1"→单击"创建"按钮，最后单击"关闭按钮"，如图 4-37 和图 4-38 所示。

"ActUnit"是激活当前输送链系统的指令模板。

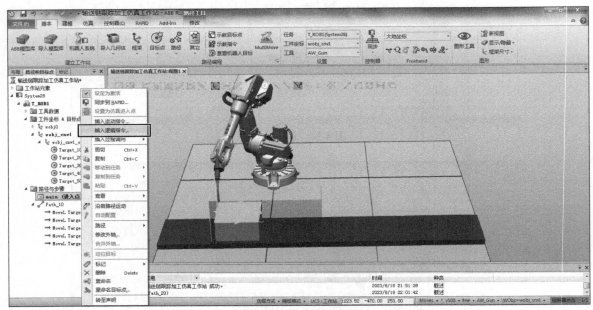

图 4-37　逻辑指令插入

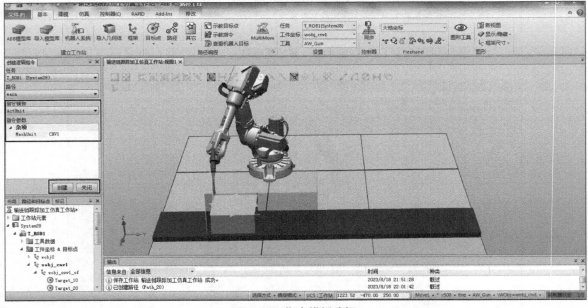

图 4-38　指令模板选择

此时，因为我们要创建一个原点，需要选择一个固定的坐标系，所以不能再使用原来的跟踪坐标系。

3）在"基本"功能选项卡中，单击工件坐标→选择"wobj0"，如图 4-39 所示。

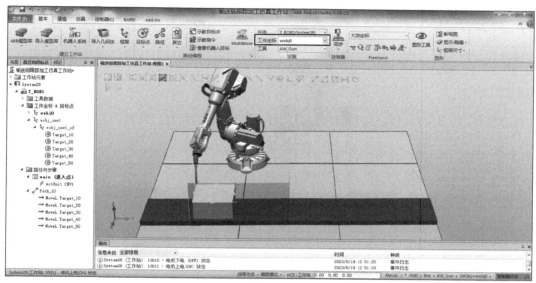

图 4-39　工件坐标选择

4）修改指令模板"MoveJ*V1000 fine AW_Gun\WObj: =wobj0"的操作（确认工件坐标是否为"wobj0"）→单击"手动线性"工具→单击"机器人"第 5 轴的任意位置，把工业机器人手臂提起来→单击"示教指令"工具→在坐标系"wobj0_of"下，生成一个目标点"Target_60"，同时，在"main（进入点）"下，生成一个指令"MoveJ Target_60"，如图 4-40所示。

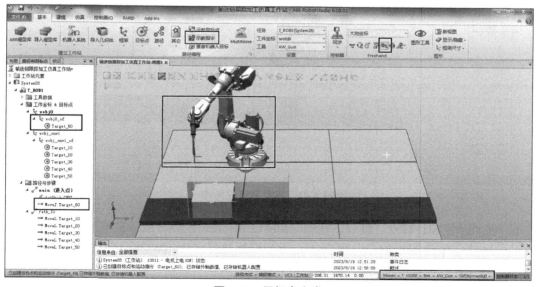

图 4-40　目标点生成

5）在"路径和目标点"窗口，选中坐标系"wobj0_of"下的"Target_60"，单击鼠标右键→选择"重命名"→修改名称为"pHome"，如图4-41和图4-42所示。

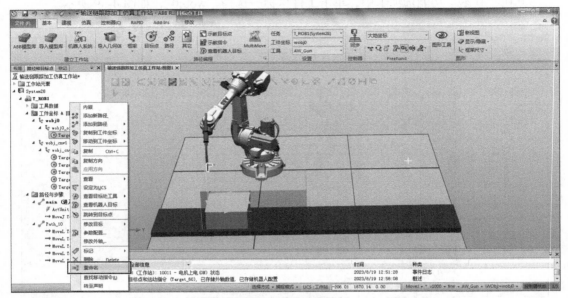

图4-41　重命名操作

图4-42　重命名修改操作

6）在"路径和目标点"窗口，选中"MoveJ pHome"，单击鼠标右键→选择"插入逻辑指令..."→在"创建逻辑指令"窗口中，指令模板选择"WaitWObj"→杂项中的"WObj"选择"wobj_cnv1"→单击"创建"按钮，最后单击"关闭"按钮，如图4-43和图4-44所示。

"wobj_cnv1"这条指令是用来与输送链建立跟踪关系的。

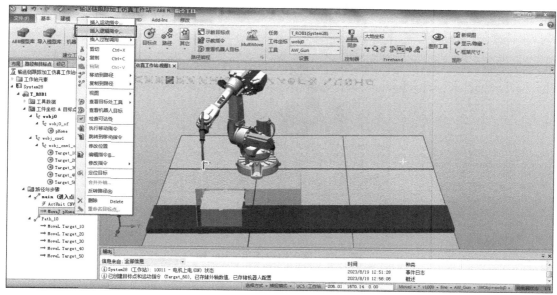

图 4-43 逻辑指令插入

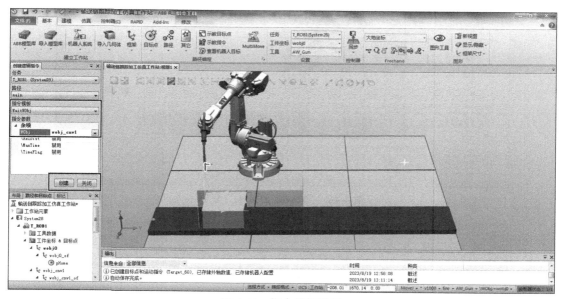

图 4-44 指令模板选择

7）在"路径和目标点"窗口，选中"WaitWObj wobj_cnv1"，单击鼠标右键→选择"插入过程调用"→选择"Path_10"，如图 4-45 所示。

当加工完成后，机器人要返回到原点，等待下一个工作。因此，可以把上面的原点指令通过复制、粘贴完成，目标点不用改变。

8）在"路径和目标点"窗口，选中"MoveJ pHome"，单击鼠标右键→选择"复制"→选中"main（进入点）"的"Path_10"，单击鼠标右键→选择"粘贴"→在"创建新目标点"弹出框中，单击"否"，如图 4-46~ 图 4-48 所示。

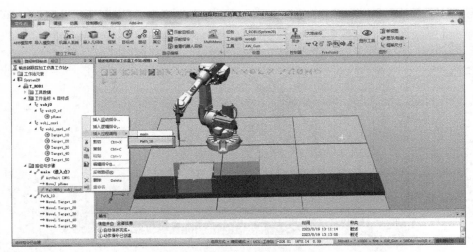

图 4-45　插入过程调用 Path_10

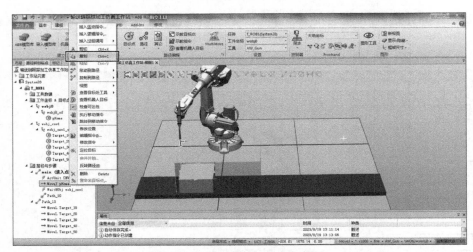

图 4-46　"MoveJ pHome"复制

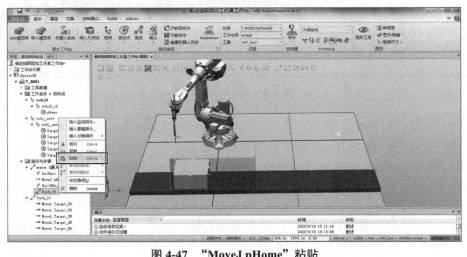

图 4-47　"MoveJ pHome"粘贴

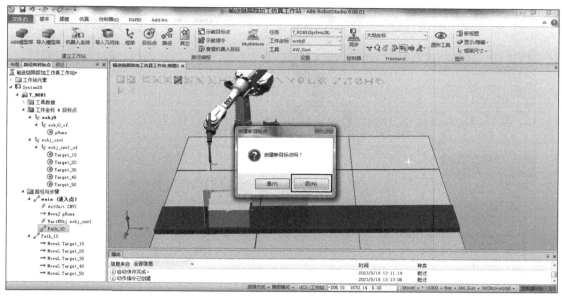

图 4-48　弹窗中单击"否"

最后，加工完成后要断开对物体的跟踪。

9）在"路径和目标点"窗口，选中"Path_10"下的"MoveJ pHome"，单击鼠标右键→选择"插入逻辑指令 ..."→在"创建逻辑指令"窗口中，指令模板选择"DropWObj"→杂项"WObj"选择"wobj_cnv1"→单击"创建"按钮，最后单击"关闭"按钮，如图 4-49 和图 4-50 所示。

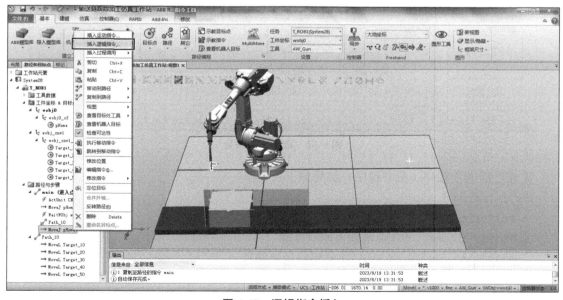

图 4-49　逻辑指令插入

程序完成检查，如图 4-51 所示。

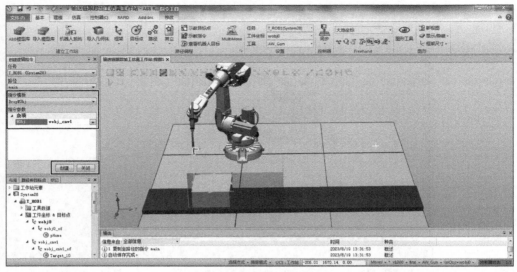

图 4-50　指令模板选择

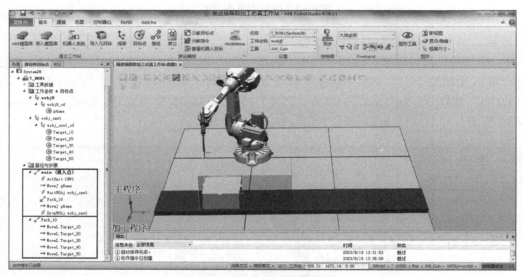

图 4-51　程序完成检查

完成之后的主程序（参考程序）解释如下：

```
PROC main()
    ActUnit CNV1 !激活输送链系统
    MoveJ pHome !工业机器人原点等待
    WaitWObj wobj_cnv1 !调用输送链跟踪
    Path_10 !调用过程程序(加工程序)
    MoveJ pHome !返回原点等待
    DropWObj wobj_cnv1 !断开输送链跟踪
ENDPROC
```

4.8　效果调试

4.8.1　同步程序

扫一扫看视频

同步程序，具体操作步骤如下：

在"基本"功能选项卡中，单击"同步"→选择"同步到RAPID..."→在"同步到 RAPID"弹出框中，"同步"项全部勾选，最后单击"确定"按钮，如图 4-52 和图 4-53 所示。

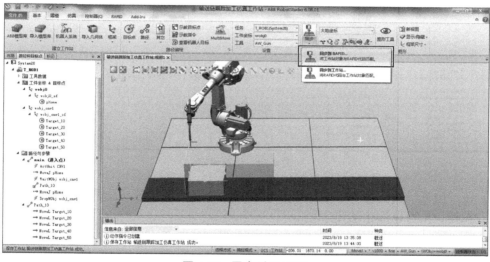

图 4-52　同步到 RAPID

图 4-53　同步到 RAPID 参数全部勾选

4.8.2 仿真调试

仿真调试，具体操作步骤如下：

1）在"仿真"功能选项卡中，单击"仿真设定"按钮，然后选择"连续"，最后单击"关闭"按钮，如图 4-54 所示。

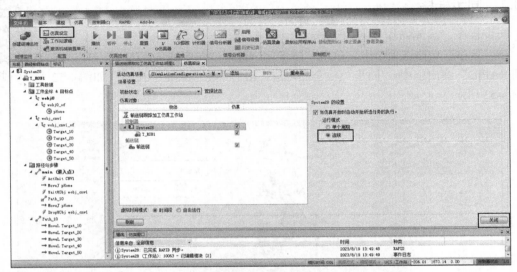

图 4-54 仿真设定

2）在"仿真"功能选项卡中，单击"播放"按钮，然后观看工件动作过程，最后单击"停止"按钮，则可以停止动作。

4.9 仿真效果输出

1）视频文件形式输出。在"仿真"功能选项卡中，先单击"仿真录像"按钮，再单击"播放"按钮，待工作完成后，单击"停止"按钮，最后单击"查看录像"按钮。

2）工作站打包文件输出。保存工作站：在"文件"功能选项卡中，依次选择"共享"→选择"打包"→在"打包"弹出框中，设置好打包的名字、位置以及密码，最后单击"确定"按钮，完成工作站打包文件输出。

4.10 练习任务

4.10.1 任务描述

某工厂生产线输送链系统中的测量检验工位，原来是人工测量操作，现工厂决定进一步实施自动化方案以提高工作效率，并提高检验的准确度，委托相关专业公司进行岗位的自动化改造，需要添加一台工业机器人完成该岗位的工作任务。

具体任务要求如下，根据下列模型参数完成输送链跟踪加工工作站建模，输送链：长度为3000mm、宽度为500mm、高度为50mm的矩形体；物件：直径为400 mm、高度为200 mm的圆柱体，圆柱体的基座中心点根据实际情况设置；工业机器人型号为IRB 2600。并合理完成工作站的布局，完成输送链跟踪加工控制程序，在圆柱体的上边缘工作一圈，回到原点等待下一个工件。要求在1h时间内完成，如图4-55所示。

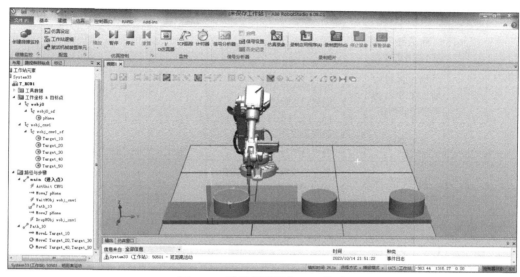

图4-55 输送链跟踪加工工作站

4.10.2 任务评价

各小组相互交叉验收，填写任务验收评分表。

项目名称	序号	实施任务	任务标准	合格／不合格	存在问题	小组评分	教师评价
职业素养	1	职业素养实施过程	1. 穿戴规范、整洁 2. 安全意识、责任意识、服从意识 3. 积极参加活动，按时完成任务 4. 团队合作、与人交流能力 5. 劳动纪律 6. 生产现场管理5S标准				
专业能力	2	输送链跟踪加工工作站仿真布局	1. 能创建输送链模型 2. 能导入机器人模型				
	3	仿真输送链的创建	1. 能创建仿真输送链 2. 调整仿真输送链位置 3. 仿真输送链				

（续）

项目名称	序号	实施任务	任务标准	合格/不合格	存在问题	小组评分	教师评价
专业能力	4	工业机器人系统的创建	能创建工业机器人系统				
	5	输送链系统和工业机器人系统通信创建	能进行输送链系统和工业机器人系统关联				
	6	输送链系统基本属性的设置	能设置输送链系统基本属性				
	7	输送链跟踪加工工作站仿真程序的创建	1. 能完成离线编程 2. 能创建主程序				
	8	效果调试	1. 能同步程序 2. 能仿真调试				
	9	仿真效果输出	1. 能完成视频文件形式输出 2. 能完成工作站打包文件输出				
项目实施人			小组长		教师		

第 5 章
工业机器人喷涂工作站仿真

学习目标

专业能力目标

1. 能够独立创建虚拟工作站，并使用建模功能进行喷涂工作站的布局。
2. 能够创建喷枪工具，并完成工具的挂载设置。
3. 能够根据要求创建示教工业机器人；工作目标点，并完成目标点设置。
4. 能够完成 Smart 组件的创建，并对 I/O 模块及 I/O 信号进行设置，实现工业机器人与 Smart 组件通信。
5. 能够完成 Smart 组件效果调试，并输出仿真效果。

素养目标

1. 激发学习积极性，树立技能报国、为社会服务的远大理想。
2. 养成标准化、规范化的工作习惯，培养精益求精的工作态度。
3. 建立团队合作意识，提升信息收集与处理能力。

5.1 工业机器人喷涂工作站仿真描述

工业机器人喷涂工作站仿真主要由工业机器人及其附属装置、离线编程软件、电脑调漆系统等组成。该工作站采用现代化的自动喷涂技术，主要应用于汽车、家具、建材等多个行业的涂装制造。工业机器人喷涂采用智能控制技术和传感器技术，能够根据不同的喷涂工艺和材料特性，快速、准确、便捷地完成各类喷涂任务，可以满足客户对工作内容高品质、高便捷率的生产需求，同时，实现了涂装过程全自动化，提高涂装效果的稳定性。

扫一扫看视频

工业机器人喷涂工作站仿真的应用，可以实现环保、便捷、易调试等优点。客户可以节

163

省涂装材料消耗，降低涂装成本，减少返工和维修的时间和费用。同时，还可以方便地进行非标定制，为客户提供更好的产品和服务，成为客户值得信赖的合作伙伴。

下面我们将使用 RobotStudio 建立工业机器人喷涂工作站仿真，通过喷涂工作站喷枪工具的创建与设置、工业机器人与 Smart 组件通信、喷涂工作站仿真程序创建等任务的学习，掌握工业机器人喷涂工作站仿真操作。

5.2　工业机器人喷涂工作站仿真布局

创建喷涂工作站仿真模型，具体操作步骤如下：

1）双击启动 RobotStudio，在"文件"功能选项卡中，依次选择"新建"→"空工作站"→单击"创建"按钮。

2）在"基本"功能选项卡中，依次选择"ABB 模型库"→"IRB 4600"→在弹出框中，选择版本"IRB 4600-20/2.50"→单击"确定"按钮。

3）在"基本"功能选项卡中，依次选择"机器人系统"→"从布局 ..."→在"从布局创建系统"弹出框中，输入相应的名称和位置，最后单击"完成"按钮。

注意：在本任务中，工业机器人系统"类别"与"选项"参数不影响任务完成，因此，可以不用添加，直接完成。

4）在"建模"功能选项卡中，单击"固体"下拉菜单→选择"矩形体"→在"创建方体"窗口中，按照模型的尺寸进行参数输入，角点（mm）参数输入为"2000，–1500，0"→长度（mm）参数输入为"100"→宽度（mm）参数输入为"3000"→高度（mm）参数输入为"3000"→单击"创建"按钮，最后单击"关闭"按钮，如图 5-1 所示。

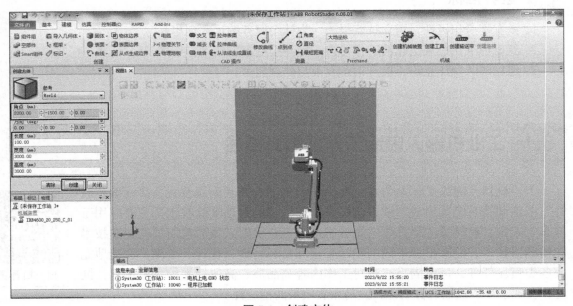

图 5-1　创建方体

5）在"布局"窗口中，选中"部件_1"，单击鼠标右键→选择"修改"→选择"设定颜色…"→选择"白色"（最后一个），最后单击"确定"按钮，如图 5-2 所示。

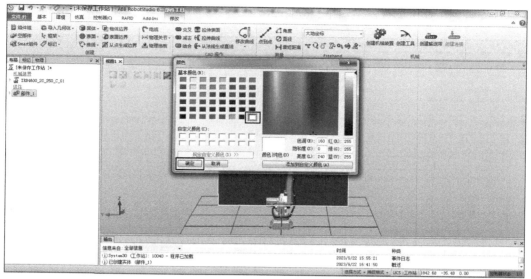

图 5-2　修改方体颜色

5.3　喷枪工具的设置

导入喷枪模型（颜料喷射），具体操作步骤如下：

1）在"基本"功能选项卡中，依次选择"导入模型库"的下拉菜单→"设备"→工具类别的"ECCO 70AS 03"（主要由相应工作参数要求确定），如图 5-3 所示。

扫一扫看视频

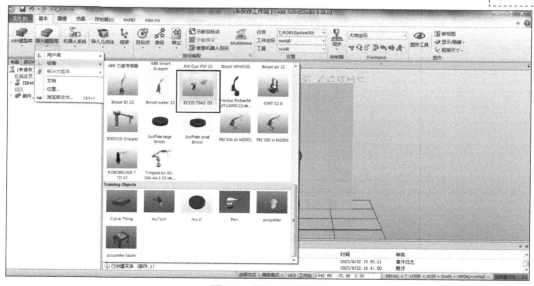

图 5-3　导入工具模型

2）在"布局"窗口，选中"ECCO_70AS__03"，单击鼠标右键→选择"安装到"→选择"IRB4600_20_250_C_01（T_ROB1）"→在"更新位置"弹出框中，选择"是"，可以看到工具已安装到工业机器人法兰盘上，如图5-4和图5-5所示。

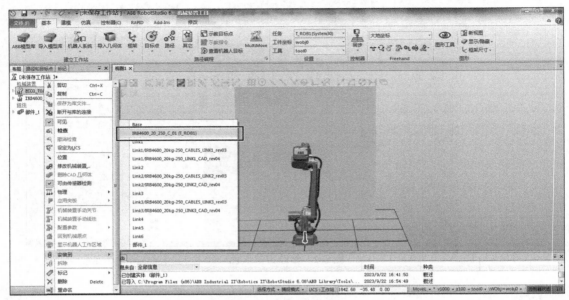

图 5-4　工具安装部位选择

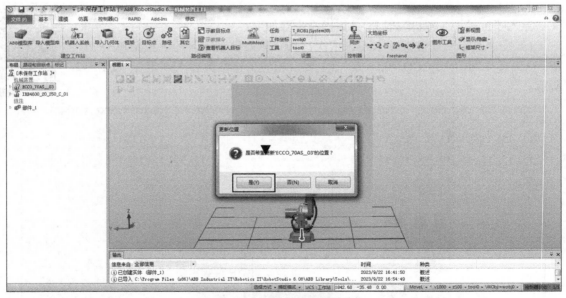

图 5-5　工具安装位置更新

3）在"基本"功能选项卡中，单击"工具"右边的下拉倒三角形"▼"→选择"ECCO_70AS__03_200"，如图5-6所示。

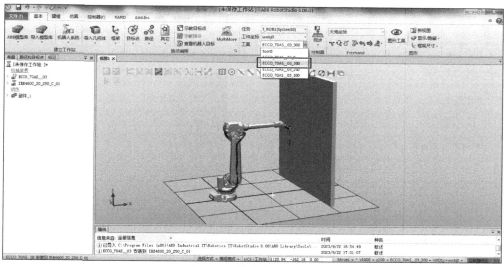

图 5-6　工具坐标系的选择

在图 5-6 中，我们可以看到，这把工具提供了多个 TCP（工具坐标系），我们可以选择其中的 200mm 坐标系，把其他没有用到的坐标系隐藏起来。

4）在"基本"功能选项卡中，依次选择"路径和目标点"窗口→项目"System30"→"T_ROB1"→"工具数据"→"ECCO_70AS__03_0"，单击鼠标右键→单击"查看"按钮，最后单击"可见"按钮（取消可见，不打勾），如图 5-7 和图 5-8 所示。

注意：这里可能每台计算机所显示的项目不一定都是"System30"，跟每台计算机所创建过多少个项目有关系。

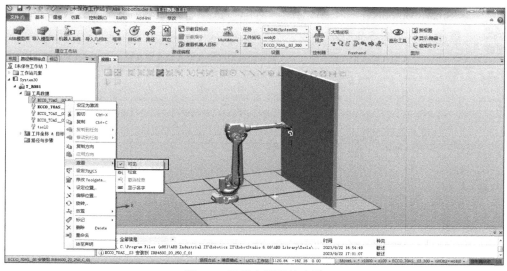

图 5-7　工具坐标系的查看

5）重复上一步的操作步骤，完成"ECCO_70AS__03_250"和"ECCO_70AS__03_300"两个工具坐标系的不可见（隐藏）操作。

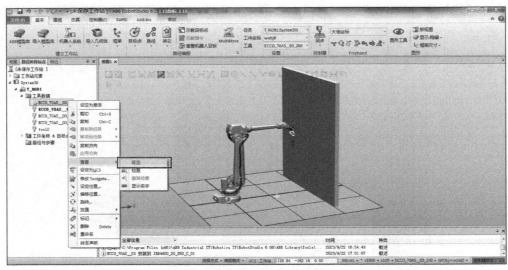

图 5-8 工具坐标系的隐藏

5.4 创建 Smart 组件

5.4.1 创建 Smart 子组件

扫一扫看视频

创建 Smart 子组件，具体操作步骤如下：

1）在"建模"功能选项卡中，选择"Smart 组件"→在"布局"窗口，选中"SmartComponent_1"，单击鼠标右键→选择"重命名"→输入"SC_spray"，完成重命名，如图 5-9 所示。

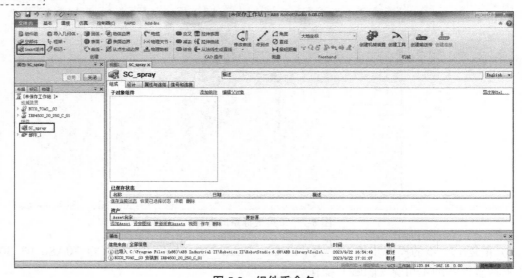

图 5-9 组件重命名

2）在"SC_spray"视图的子对象组件中，单击"添加组件"→选择"其他"，拉到最下面→选择"PaintApplicator"（喷涂组件）→在左侧属性栏中，输入以下参数，Part 选择"部件_1"→ Color 空白不选（颜色可变）→勾选√"ShowPreviewCone"→ Strength 参数输入"1"→ Range（mm）参数输入"200"→ Width（mm）参数输入"50"→ Height（mm）参数输入"50"→单击"应用"按钮，最后单击"关闭"按钮，如图 5-10 和图 5-11 所示。

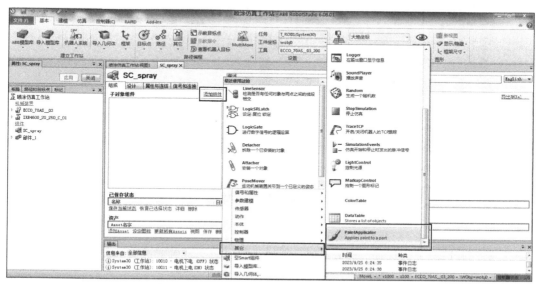

图 5-10　"PaintApplicator"喷涂组件选择

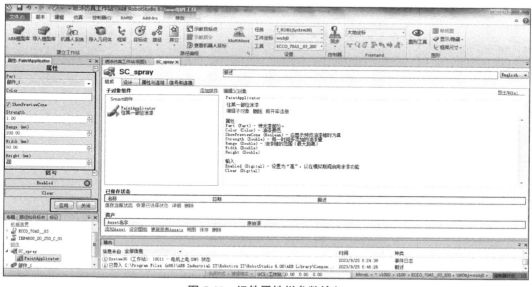

图 5-11　组件属性栏参数输入

3）喷涂组件可见操作，在"布局"窗口，选中"IRB4600_20_250_C_01"，单击鼠标右键→取消"可见"→在工业机器人基座位置可以看到喷涂组件（必须先隐藏工业机器人，不然组件会被其遮挡而无法可见），如图 5-12 和图 5-13 所示。

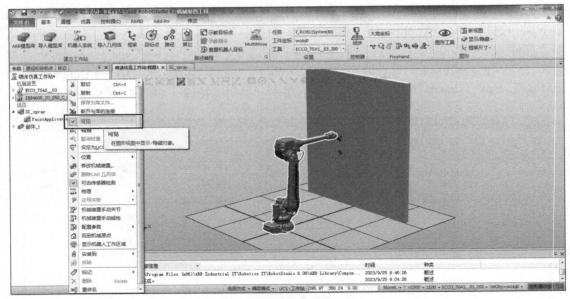

图 5-12　隐藏工业机器人

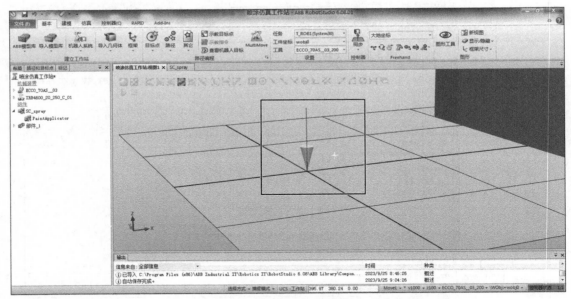

图 5-13　喷涂组件可见

4）在"布局"窗口，选中 SC_spray 下的"PaintApplicator"喷涂组件，单击鼠标左键，将其点住拖动到"ECCO_70AS__03"后松开→在"选择工具柜架"弹出框中，选择"ECCO_70AS__03_0"→单击"确定"按钮→在"更新位置"弹出框中，选择"是"，完成组件位置更新，如图 5-14~图 5-16 所示。

喷涂组件安装完成之后，将机器人再次勾选为可见状态。

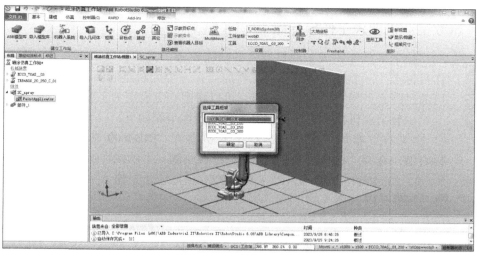

图 5-14　工具柜架选择

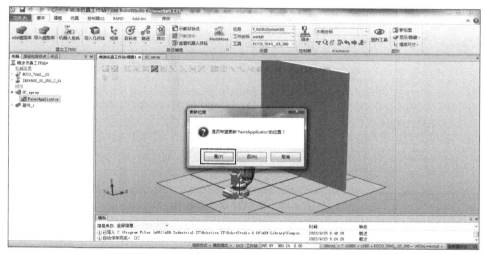

图 5-15　更新位置执行

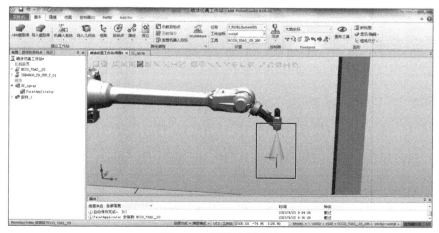

图 5-16　组件位置确认

5.4.2 示教工业机器人工作目标点

接下来就要完成工业机器人的喷涂轨迹，首选设置圆形轨迹，需要两个工作目标点（一个为工业机器人工作原点，一个为轨迹的圆心点），由于圆形轨迹可通过圆心点和半径确定，所以，可以将圆心点设定为工业机器人的位置。

示教工业机器人工作目标点，具体操作步骤如下：

1）在"布局"窗口，选择工业机器人"IRB4600_20_250_C_01"，单击鼠标右键→选择"机械装置手动线性"→在左侧"手动线性运动"属性栏中，输入"X：2005，Y：0，Z：1600，RX：0，RY：90，RZ：0"（此处先输入 RY 参数）→按下键盘的"Enter"键，如图 5-17 和图 5-18 所示。

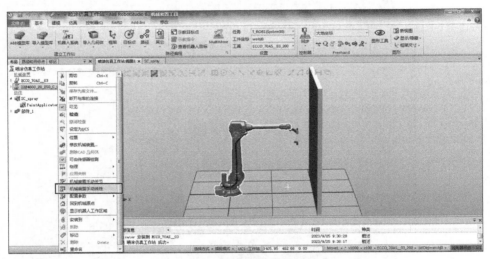

图 5-17　机械装置手动线性

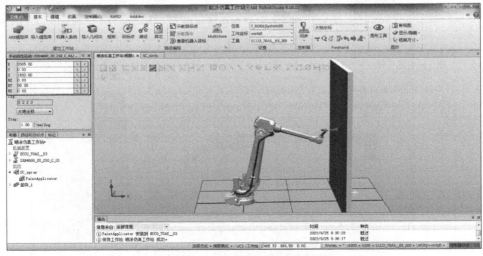

图 5-18　手动线性运动参数设置

前面已将工业机器人与喷涂板的距离设置为 2000mm，为了能更好地喷涂颜料，将喷枪往前移动一定距离，因此，X 轴参数设置为 2005mm。

2）在"基本"功能选项卡中，工件坐标选择"wobj0"→工具坐标选择"ECCO_70AS__03_200"→单击"示教目标点"按钮，如图 5-19 所示。

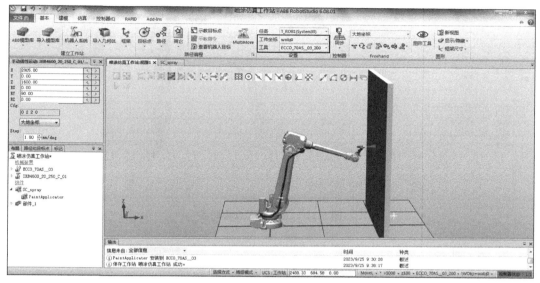

图 5-19　选择示教目标点

3）选择"路径和目标点"窗口→单击选择"System30"并打开下拉菜单（此编号可能会不同）→单击选择"T_ROB1"→单击选择"工件坐标 & 目标点"→单击选择"wobj0"→单击选择"wobj0_of"→选中"Target_10"，单击鼠标右键→选择"重命名"→输入"P0"→按下键盘的"Enter"键，完成圆心点 P0 的设置，如图 5-20~ 图 5-22 所示。

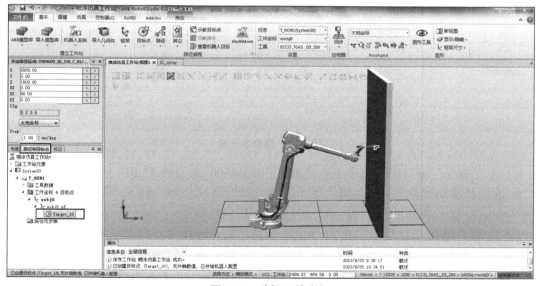

图 5-20　选择工件坐标

工业机器人虚拟仿真与离线编程（ABB）

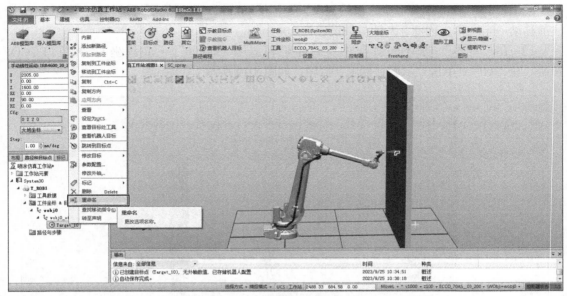

图 5-21　工作目标点重命名

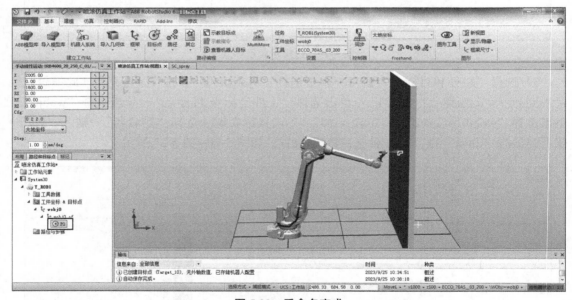

图 5-22　重命名完成

4）在"布局"窗口中，选中工业机器人"IRB4600_20_250_C_01"，单击鼠标右键→选择"机械装置手动线性"→在左侧"手动线性运动"属性栏中，输入"X：1500"→按下键盘的"Enter"键→单击"示教目标点"按钮，如图 5-23 所示。

5）选择"路径和目标点"窗口→单击选择"System30"并打开下拉菜单→单击选择"T_ROB1"→单击选择"工件坐标 & 目标点"→单击选择"wobj0"→单击选择"wobj0_of"→选中"Target_10"，单击鼠标右键→选择"重命名"→输入"PHome"→按下键盘的"Enter"键，完成原点"PHome"重命名设置，如图 5-24 所示。

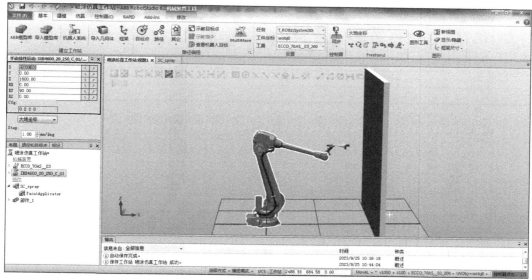

图 5-23　设置示教目标点

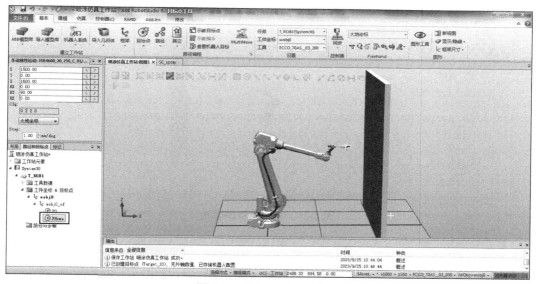

图 5-24　"PHome"重命名

6）在"路径和目标点"窗口，按住键盘的"Shift"键，同时选中"P0"和"PHome"两个工作目标点，单击鼠标右键→选择"添加新路径"→添加例行程序"Path_10"（在下面"路径与步骤"中出现），如图 5-25 和图 5-26 所示。

7）在"基本"功能选项卡中，单击"同步"→选择"同步到 RAPID…"→在"同步到 RAPID"弹出框中，勾选"ECCO_70AS__03_200"和"Path_10"，最后单击"确定"按钮，如图 5-27 和图 5-28 所示。

8）为了达到更好的效果，可以将路径隐藏起来，在"路径和目标点"窗口，选中"Path_10"，单击鼠标右键→选择"查看"→取消路径可见，如图 5-29 所示。

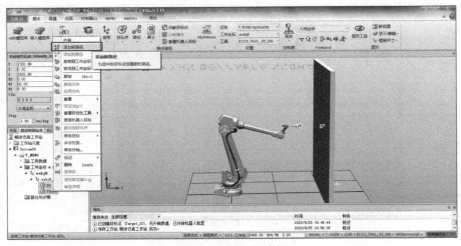

图 5-25　添加新路径

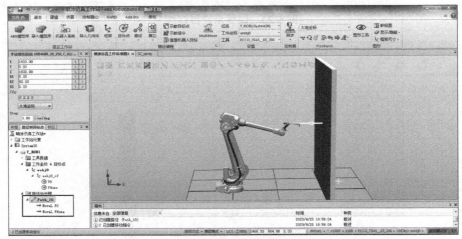

图 5-26　新路径添加完成

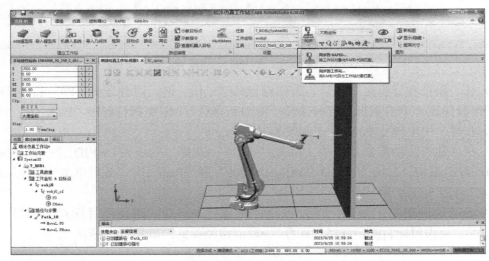

图 5-27　同步到 RAPID

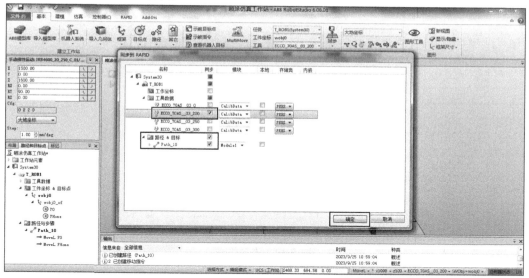

图 5-28　同步到 RAPID 路径

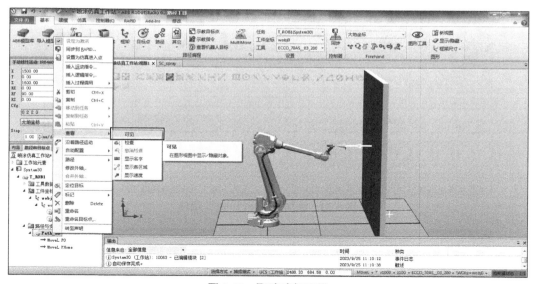

图 5-29　取消路径可见

5.4.3　创建属性与连接

本节需要完成 7 种不同颜色的喷涂，所以要添加颜色组件。创建属性与连接，具体操作步骤如下：

1）选择"SC_spray"窗口→单击"添加组件"→选择"其它"→选择"ColorTable"→在左侧"ColorTable"属性栏中，"NumColors"参数输入"7"→按下键盘的"Enter"键→分别单击"Color0"～"Color6"按钮，设置颜色（此处颜色可按顺序自定义添加），如图 5-30~图 5-34 所示。

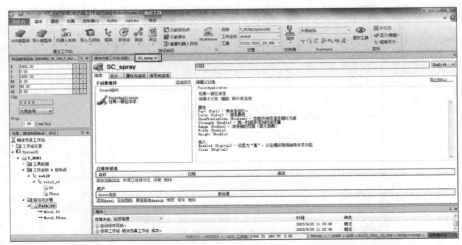

图 5-30　添加组件

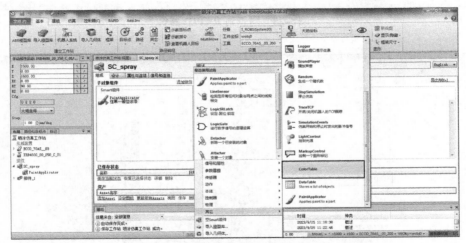

图 5-31　添加"ColorTable"组件

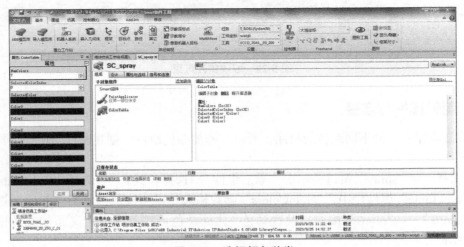

图 5-32　选择颜色种类

图 5-33　自定义颜色

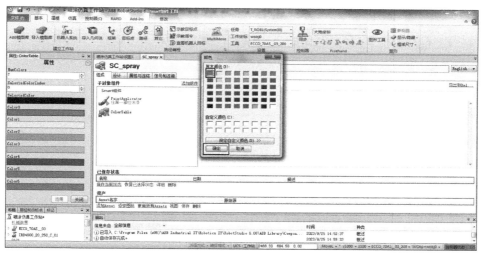

图 5-34　自定义颜色完成

2）选择"属性与连结"窗口→单击"添加连结"→在"添加连结"弹出框中，设置属性，源对象选择"ColorTable"→源属性选择"SelectedColor"→目标对象选择"PaintApplicator"→目标属性或信号选择"Color"，最后单击"确定"按钮，如图 5-35 所示。

因为需要获取不同的颜色来完成不同颜色的喷涂，所以，我们要在程序当中先设置一个变量。

3）在"RAPID"功能选择卡中，选择"控制器"窗口→单击"RAPID"按钮→单击"T_ROB1"按钮→单击"Module1"按钮→选择"main"，双击鼠标打开左键→在第 25 行"PROC main（）"前面，插入一行（将光标移到上一行的末端，单击"Enter"键）→输入"PERS num color：=0；"，如图 5-36 所示。

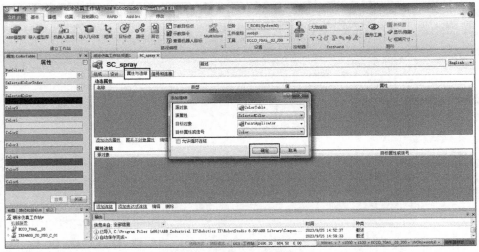

图 5-35　添加"属性与连结"

图 5-36　插入变量

接下来，我们要添加一个子组件来获取变量的数据，从而实现颜色的切换。

4）选择"SC_spray"窗口→选择"组成"→单击"添加组件"→选择"控制器"→单击"RapidVariable"→在左侧"RapidVariable"属性栏中，属性设置为，DataType选择"num"→Controller选择"System30"→Task输入"T_ROB1"→Module输入"Module1"→Variable输入"color"→Value输入"0.00"→单击"应用"按钮，最后单击"关闭"按钮，如图5-37和图5-38所示。

Controller的"System30"这个参数，各台计算机所显示的不一定是这个序号，也可以是System1或其他的名称。

5）选择"属性与连结"窗口→单击"添加连结"→在"添加连结"弹出框中，设置属性，源对象选择"RapidVariable"→源属性选择"Value"→目标对象选择"ColorTable"→目标属性或信号选择"SelectedColorIndex"，最后单击"确定"按钮，如图5-39所示。

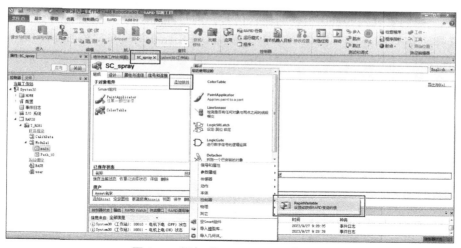

图 5-37　添加"RapidVariable"组件

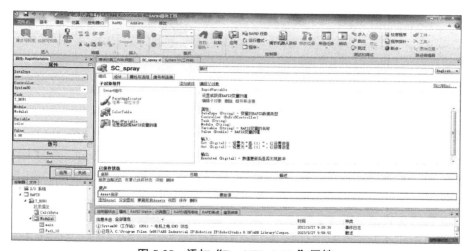

图 5-38　添加"RapidVariable"属性

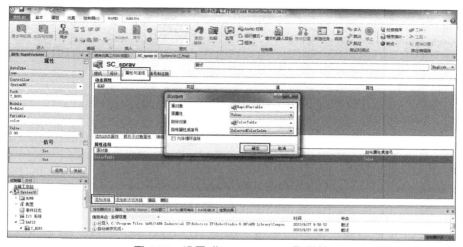

图 5-39　设置"RapidVariable"属性

接下来，我们要设置 Smart 组件的输入信号，通过输入信号去控制 Smart 组件的动作。

6）选择"信号和连接"窗口→单击"添加 I/O Signals"→在"添加 I/O Signals"弹出框中，设置属性，信号类型选择"DigitalInput"→信号名称输入"di_Paint"，最后单击"确定"按钮，如图 5-40 所示。

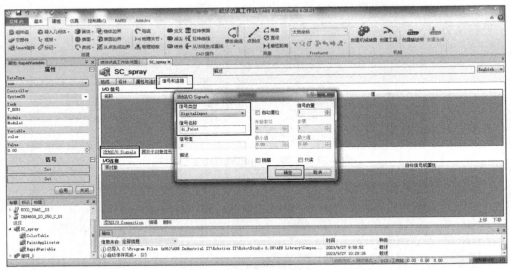

图 5-40　添加"I/O Signals"

7）选择"信号和连接"窗口→单击"添加 I/O Connection"→在"添加 I/O Connection"弹框中，设置属性，源对象选择"SC_spray"→源属性选择"di_Paint"→目标对象选择"RapidVariable"→目标属性或信号选择"Get"，最后单击"确定"按钮，如图 5-41 所示。

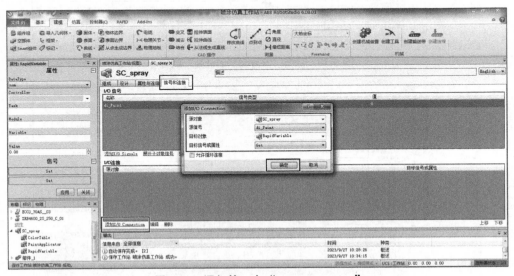

图 5-41　添加第 1 个"I/O Connection"

8）选择"信号和连接"窗口→单击"添加 I/O Connection"→在"添加 I/O Connection"弹出框中，设置属性，源对象选择"SC_spray"→源属性选择"di_Paint"→目标对象选择

"PaintApplicator"→目标属性或信号选择 "Enabled"，最后单击 "确定" 按钮，如图 5-42 所示。

图 5-42　添加第 2 个 "I/O Connection"

5.5　创建虚拟 I/O 信号

创建虚拟 I/O 信号，具体操作步骤如下：

1）在 "控制器" 功能选项卡中，单击选择 "配置"→选择 "I/O System"→选中 "Signal"，单击鼠标右键→选择 "新建 Signal..."→在 "实例编辑器" 弹出框中，Name 输入 "do_Paint"→ Type of Signal 选择 "Digital Output"，最后单击 "确定" 按钮，如图 5-43 ~ 图 5-46 所示。

扫一扫看视频

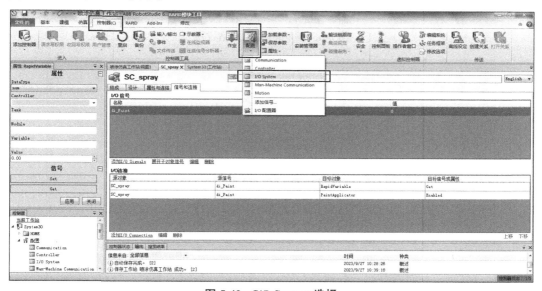

图 5-43　I/O System 选择

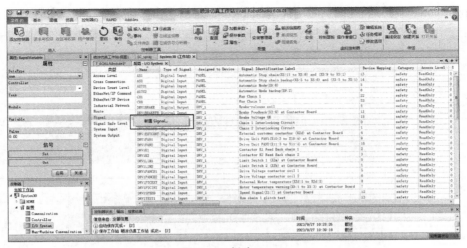

图 5-44　新建 Signal

图 5-45　Signal 输出参数设定

图 5-46　Signal 输出参数设定完成

2）信号设置好后，要重启之后才能生效，在"控制器"功能选项卡中，选择"重启"→选择"重启动（热启动）（R）"，最后单击"确定"按钮，如图 5-47 和图 5-48 所示。

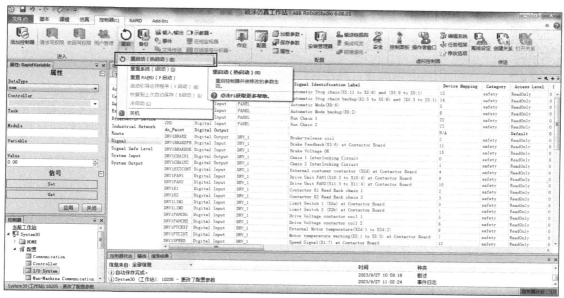

图 5-47　重启控制器

图 5-48　重启动（热启动）控制器

扫一扫看视频

5.6.1 工作站逻辑设置

工作站逻辑设置，具体操作步骤如下：

在"仿真"功能选项卡中，选择"工作站逻辑"→选择"设计"栏→单击"System30"按钮旁边的下拉倒三角形"▼"→选择"do_Paint"，如图 5-49 和图 5-50 所示。

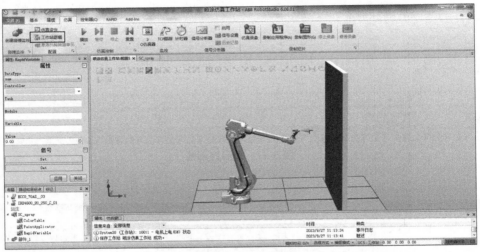

图 5-49 工作站逻辑

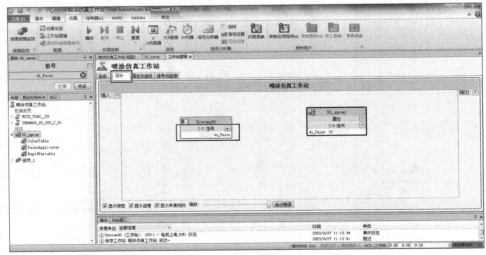

图 5-50 选择 I/O 信号

5.6.2 完成工业机器人与 Smart 组件通信

完成工业机器人与 Smart 组件通信，具体操作步骤如下：

单击鼠标左键，点住"System30"的"do_Paint"端信号，连接到 SC_spray 的"di_Paint（0）"端信号上后松开，如图 5-51 所示。

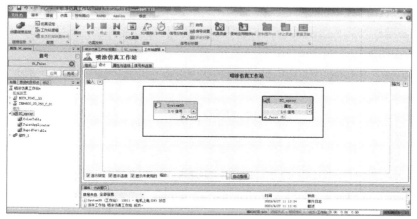

图 5-51 工业机器人与 Smart 组件通信连接

5.7 创建喷涂工作站仿真程序

5.7.1 主程序创建

扫一扫看视频

创建喷涂工作站仿真程序，具体操作步骤如下：

在"RAPID"功能选项卡中，选择"控制器"窗口→单击选择"RAPID"→单击选择"T_ROB1"→单击选择"Module1"→选中"main"，双击鼠标左键打开→参照 5.7.2 节的参考程序，完成程序编写，如图 5-52 所示。

图 5-52 创建工作站程序

5.7.2 参考主程序

参考主程序如下:

```
PERS num color:=0;
PERS num R:=800;
PROC main( )
    Reset do_Paint;
    R:=800;
    MoveJ PHome,v1000,fine,ECCO_70AS__03_200\WObj:=wobj0;
    Paint;
    MoveJ PHome,v1000,fine,ECCO_70AS__03_200\WObj:=wobj0;
  ENDPROC
PROC Path_10( )
    MoveL P0,v1000,z100,ECCO_70AS__03_200\WObj:=wobj0;
    MoveL PHome,v1000,z100,ECCO_70AS__03_200\WObj:=wobj0;
 ENDPROC
PROC Paint( )
  FOR i FROM 0 TO 6 DO
    R:=800-100*i;
    color:=i;
    MoveL Offs(P0,0,0,R),v500,fine,ECCO_70AS__03_200\WObj:=wobj0;
    Set do_Paint;
     MoveC Offs(P0,0,-R,0),Offs(P0,0,0,-R),v500,z5,ECCO_
70AS__03_200\
  WObj:=wobj0;
     MoveC Offs(P0,0,R,0),Offs(P0,0,0,R),v500,fine,ECCO_
70AS__03_200\
  WObj:=wobj0;
    Reset do_Paint;
   ENDFOR
   ENDPROC
ENDMODULE
```

5.8 Smart 组件效果调试

5.8.1 同步程序

同步程序，具体操作步骤如下:

在"基本"功能选项卡中，单击"同步"→选择"同步到 RAPID..."→在"同步到 RAPID"弹出框中，全部勾选"同步"项，最后单击"确定"按钮，如图 5-53 和图 5-54 所示。

扫一扫看视频

5.8.2　仿真调试

仿真调试，具体操作步骤如下：

1）在"仿真"功能选项卡中，先单击"仿真设定"按钮，选择"单个周期"，再单击"关闭"按钮，如图 5-55 所示。

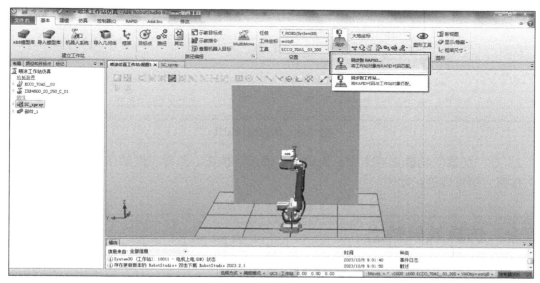

图 5-53　同步到 RAPID

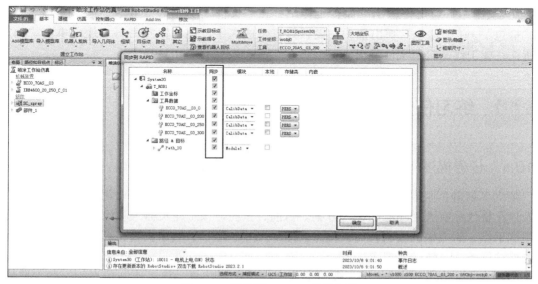

图 5-54　同步到 RAPID 参数勾选

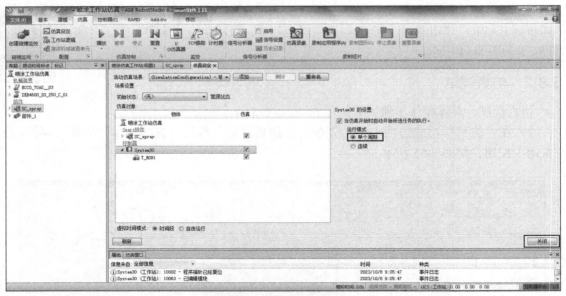

图 5-55　仿真运行设定

2）在"仿真"功能选项卡中，先单击"播放"按钮，观看工件动作过程，再单击"停止"按钮，则可以停止动作。

5.9　仿真效果输出

1）视频文件形式输出。在"仿真"功能选项卡中，先单击"仿真录像"按钮，再单击"播放"按钮，等待工作完成，最后单击"查看录像"按钮。

2）工作站打包文件输出。保存工作站：在"文件"功能选项卡中，选择"共享"→选择"打包"→在"打包"弹出框中，设置好打包的名字、位置以及密码，最后单击"确定"按钮，完成工作站打包文件输出。

5.10　练习任务

5.10.1　任务描述

某汽车制造企业根据客户需求和工厂实际情况，投入资金进行自动化改造，采用工业机器人喷涂替代原有人工喷涂的设计方案。目前，正在对该工业机器人喷涂工作站系统进行安装调试工作，需要根据涂料种类、喷涂物体的尺寸和形状、喷涂质量要求等相关参数完成特定的喷涂任务。具体任务要求如下：

利用 RobotStudio 创建一个工业机器人喷涂工作站仿真。该工作站仿真的一些主要要求如下。

采用的工业机器人型号为 ABB IRB 4600，首先，完成模型的创建，设置喷涂的物件尺寸为长度（mm）：100、宽度（mm）：3000、高度（mm）3000，物件角点可根据实际情况调整；然后，在合理完成工作站的布局基础上，完成汉字"中"的控制程序编写，并演示输出效果，如图 5-56 所示。

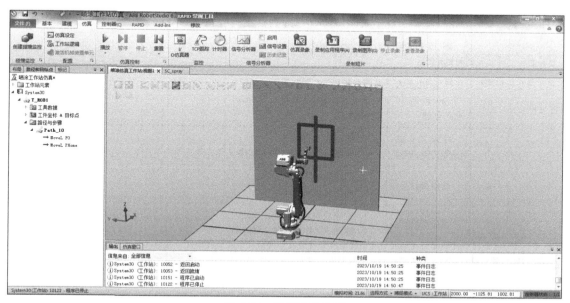

图 5-56　任务完成效果

5.10.2　任务评价

各小组相互交叉验收，填写任务验收评分表。

项目名称	序号	实施任务	任务标准	合格 / 不合格	存在问题	小组 评分	教师 评价
职业素养	1	职业素养实施过程	1. 穿戴规范、整洁 2. 安全意识、责任意识、服从意识 3. 积极参加活动，按时完成任务 4. 团队合作、与人交流能力 5. 劳动纪律 6. 生产现场管理 5S 标准				
专业能力	2	工业机器人喷涂工作站仿真布局	1. 能创建喷涂工作站模型 2. 能导入工业机器人模型				
	3	喷枪工具的设置	1. 能导入喷枪工具 2. 能调整工具坐标系				

（续）

项目名称	序号	实施任务	任务标准	合格/ 不合格	存在问题	小组 评分	教师 评价
专业能力	4	Smart 组件 的创建	1. 能创建 Smart 子组件 2. 能创建示教工业机器人工 作目标点 3. 能创建属性与连结				
	5	虚拟 I/O 信 号的创建	能创建虚拟 I/O 信号				
	6	工业机器人 与 Smart 组件 通信创建	1. 能进行工作站逻辑设置 2. 能完成工业机器人与 Smart 组件通信				
	7	喷涂工作站 仿真程序的创建	1. 能创建主程序 2. 能根据参考程序输入程序				
	8	效果调试	1. 能同步程序 2. 能仿真调试				
	9	仿真效果输出	1. 能完成视频文件形式输出 2. 能完成工作站打包文件输出				
项目实施人			小组长			教师	

第6章
工业机器人码垛工作站仿真

6.1 工业机器人码垛工作站仿真描述

工业机器人码垛工作站是一种自动化设备,用于将物件按照一定的规则,码放在托盘或货架上。该工作站通常由一个或多个工业机器人、输送带、传感器和控制系统组成。

在工作开始之前,操作员将待码垛的物件放置在输送带上,输送带将物件传送到工业机器人的工作区域。工业机器人通过传感器感知物件的位置和姿态,并根据预先设定的码垛规则进行操作。一般来说,码垛规则包括物品的堆叠方式、层数、间距等。工业机器人会根据这些规则将物件从输送带上抓取,并准确地放置在托盘或货架上。在码垛过程中,工业机器人会不断地调整自身的姿态和位置,以确保物件的准确码放。

工业机器人码垛工作站仿真是指,在计算机上使用专业的仿真软件来模拟工业机器人码垛工作站的运行过程。通过输入物件的尺寸、码垛规则和工作站的布局,利用仿真软件可以生成一个虚拟的工作场景，并模拟工业机器人的运动轨迹和动作过程。在仿真过程中，可以观察工业机器人的抓取动作、放置动作以及整个码垛过程的运行效果。通过对仿真结果的分析，可以评估工业机器人的码垛效率和准确性，以达到帮助工程师和操作员对实际系统进行优化和改进的目的。

下面我们将使用 RobotStudio 建立工业机器人码垛工作站仿真，通过码垛工作站动态输送链 Smart 组件的创建、码垛工作站动态夹具 Smart 组件的创建、Smart 组件工作站逻辑的设定等任务的学习，掌握工业机器人码垛工作站仿真操作，如图 6-1 所示。

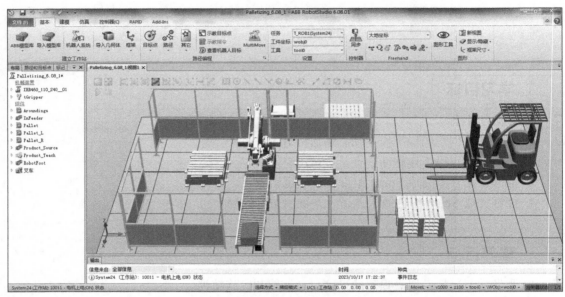

图 6-1　工业机器人码垛工作站

6.2　创建码垛工作站动态输送链 Smart 组件

扫一扫看视频

本节首先需要创建码垛工作站输送链 Smart 组件模型，以便后续添加相关联属性后，实现动态仿真。

6.2.1　设定输送链的产品源

设定输送链的产品源，具体操作步骤如下：

1）提前准备好"Palletizing_6.08_1.rspag"文件包，双击启动 RobotStudio，在"文件"功能选项卡中，依次选择"共享"→"解包"→在"解包"弹出框中，单击"下一个"按钮，然后单击选择要解包的"Pack&Go"文件的"浏览"→找到前面导入的"Palletizing_6.08_1.rspag"文件并选中→单击"打开"按钮，再单击"下一个"按钮→在"解包"弹出框中，单击"是（Y）"按钮→选择"从本地 PC 加载文件"，然后单击"下一个"按钮→在

RobotStudio 版本为"6.08.01.00"时，选择勾选"自动恢复备份文件"→单击"下一个"按钮，最后单击"完成（F）"按钮，等待解包完成，单击"关闭"按钮。

2）在"建模"功能选项卡中，单击"Smart 组件"→在"布局"窗口中，选中"SmartComponent_1"，单击鼠标右键→选择"重命名"→输入"SC_InFeeder"→按下键盘的"Enter"键，如图 6-2 ~ 图 6-4 所示。

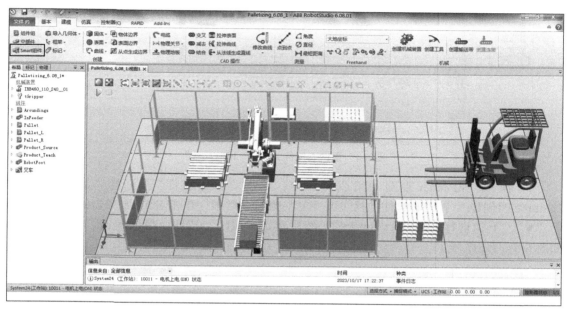

图 6-2　创建 Smart 组件

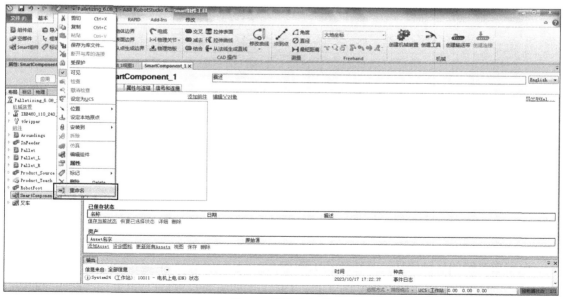

图 6-3　重命名组件

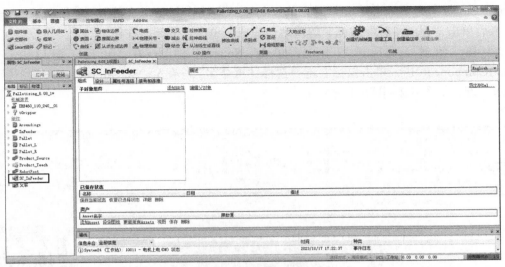

图 6-4　重命名组件为"SC_InFeeder"

3）在 SC_InFeeder 视图的组成窗口中，单击"添加组件"→选择"动作"→选择"Source"（创建一个图形组件的拷贝）→在左侧属性栏中，单击 Source 旁边的下拉倒三角形"▼"，下拉选择"Product_Source"，然后单击"应用"按钮，最后单击"关闭"按钮，如图 6-5~ 图 6-7 所示。

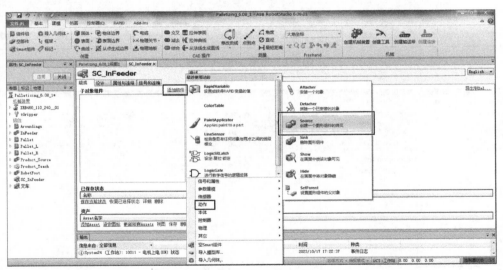

图 6-5　组件动作选择

6.2.2　设定输送链的运动属性

设定输送链的运动属性，具体操作步骤如下：

1）在 SC_InFeeder 视图的组成窗口中，单击"添加组件"→选择"其它"→选择"Queue"（表示为对象的队列，可作为组进行操纵）→在左侧属性栏中，单击"关闭"，如图 6-8 和图 6-9所示。

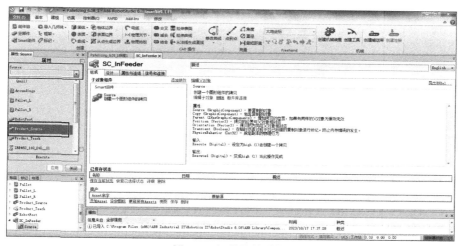

图 6-6　组件属性选择

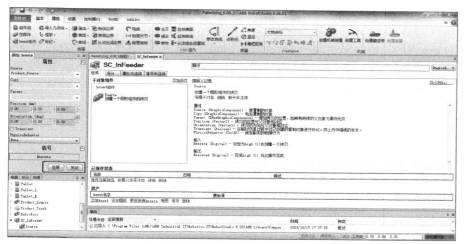

图 6-7　组件属性应用

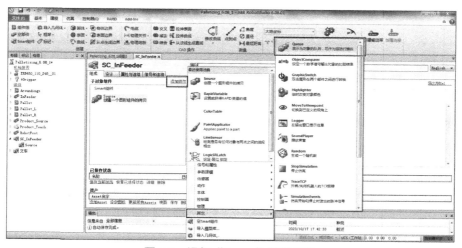

图 6-8　添加"Queue"运动属性

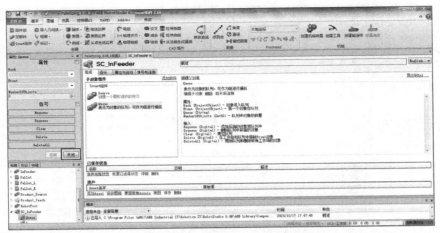

图 6-9　添加"Queue"运动属性完成

2）在 SC_InFeeder 视图的组成窗口中，单击"添加组件"→选择"本体"→选择"LinearMover"（移动一个对象到一条线上）→在左侧属性栏中，输入以下参数，Object 选择输入"Queue（SC_InFeeder）"→Direction（mm）输入"–1000.00、0.00、0.00"→Speed（mm/s）输入"300"→Reference 输入"Global"→Execute 输入"1"→单击"应用"按钮，最后单击"关闭"按钮，如图 6-10 和图 6-11 所示。

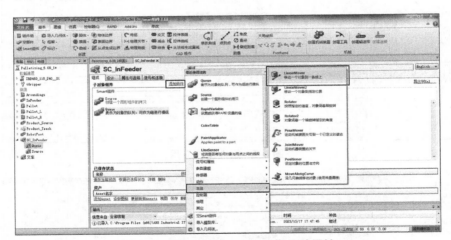

图 6-10　添加"LinearMover"运动属性

6.2.3　设定输送链限位传感器

扫一扫看视频

设定输送链限位传感器，具体操作步骤如下：

1）在 SC_InFeeder 视图的组成窗口中，单击"添加组件"→选择"传感器"→选择"PlaneSensor"（监测对象与平面相交）→单击"Palletizing_6.08_1：视图 1"→在左侧属性栏中，输入以下参数，Origin 输入"1215.51、–356.23、770.00"→Axis1 输入"0、0、95"→Axis2 输入"0、680、0"→Active 输入"1"→SensorOut 输入"0"→单击"应用"按钮，最后单击"关闭"按钮，如图 6-12~图 6-16 所示。

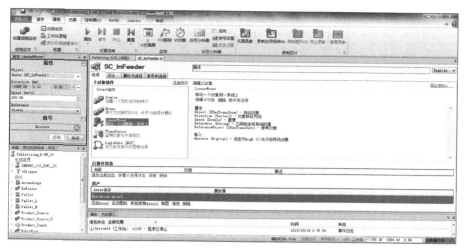

图 6-11　添加"LinearMover"运动属性参数

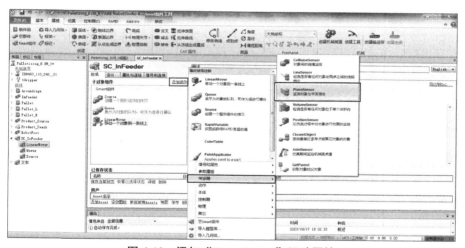

图 6-12　添加"PlaneSensor"运动属性

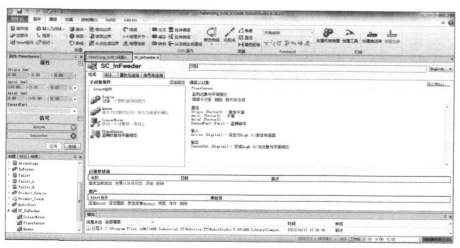

图 6-13　运动属性视图

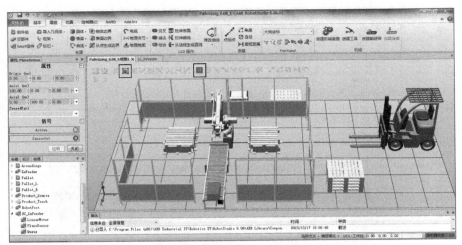

图 6-14　添加"PlaneSensor"运动属性参数

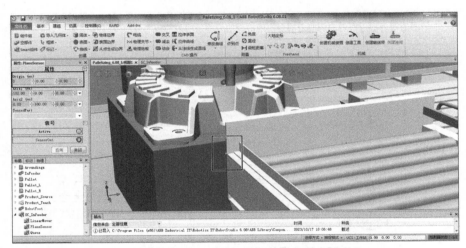

图 6-15　添加"PlaneSensor"运动属性参数点位

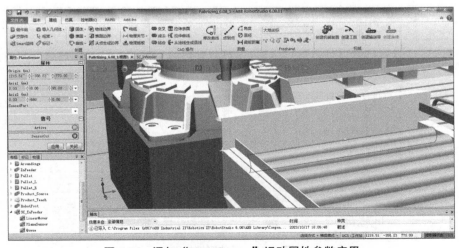

图 6-16　添加"PlaneSensor"运动属性参数应用

因为传感器安装在输送链的末端，虚拟传感器一次只能检测一个物体，所以，这里需要保证所创建的传感器不与周边设备接触，否则，无法检测运动到输送链开端的产品。可以将与该传感器接触的周边设备的属性设置为"不可由传感器检测"，接下来，我们完成该操作设置。

2）在"布局"窗口中，选中"InFeeder"，单击鼠标右键→选择"修改"→查看"可由传感器检测"是否已经勾选，如图 6-17 所示。

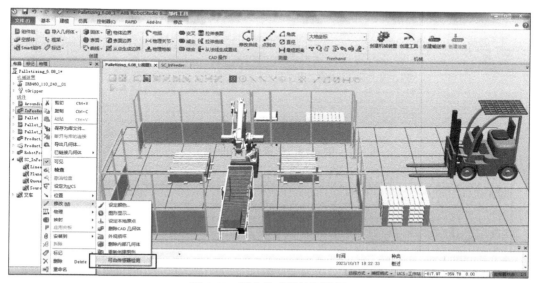

图 6-17 可由传感器检测选择

3）单击"SC_InFeeder"视图窗口→单击"添加组件"→选择"信号和属性"→选择"LogicGate"（进行数字信号的逻辑运算）→在左侧属性栏中，输入以下参数，Operator 选择"NOT"，最后单击"关闭"按钮，如图 6-18~图 6-20 所示。

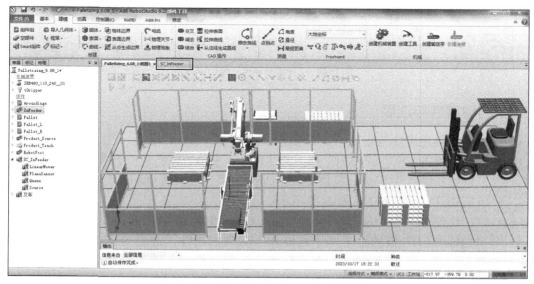

图 6-18 选择"SC_InFeeder"视图窗口

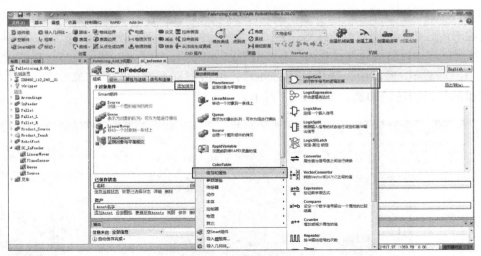

图 6-19　选择信号和属性

图 6-20　"LogicGate"属性设置

6.2.4　创建属性与连接

扫一扫看视频

创建属性与连接，具体操作步骤如下：

单击"SC_InFeeder"视图的"设计"窗口→调整好"子组件"位置及间隔→鼠标左键点住 Source 模块中的"Copy（ ）"，连接到 Queue 模块中的"Back（ ）"后松开，如图 6-21~图 6-23 所示。

说明：Source 模块的"Copy（ ）"指的是源的复制品，Queue 模块的"Back（ ）"指的是下一个将要加入队列的物体。通过这样的连结，可实现本任务中的产品源产生一个复制品，在执行加入队列动作后，该复制品会自动加入到队列 Queue 中，因为 Queue 是一直在执行线性运动的，则生成的复制品也会随着队列进行线性运动，而当执行退出队列操作时，复制品也随之退出队列，然后，停止线性运动。

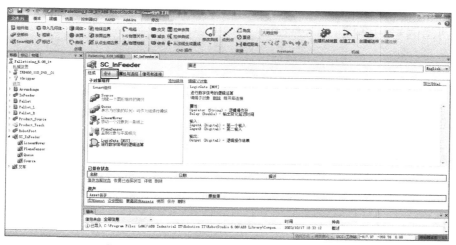

图 6-21　"SC_InFeeder"视图的"设计"窗口

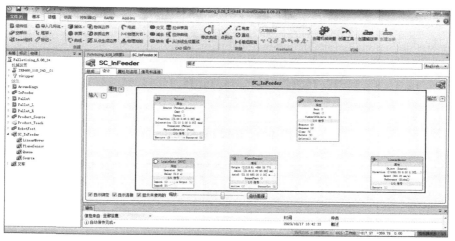

图 6-22　"子组件"位置及间隔调整

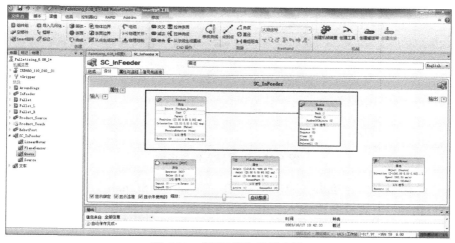

图 6-23　"子组件"信号连接

6.2.5　创建信号和连接

创建信号和连接，具体操作步骤如下：

1）在"SC_InFeeder"视图的"设计"窗口，单击"输入+"→在"添加 I/O Signals"弹出框中，信号类型选择"DigitalInput"→信号名称输入"di_Start"→勾选"自动复位"，最后单击"确定"按钮，如图 6-24 和图 6-25 所示。

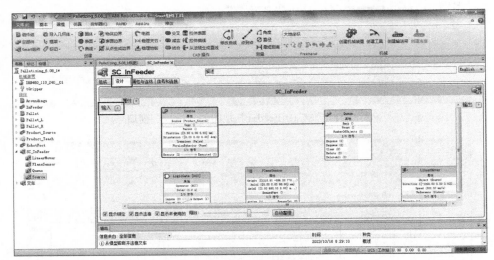

图 6-24　添加 I/O Signals

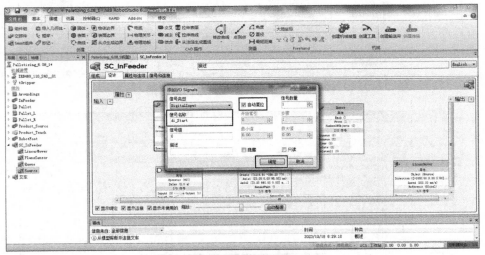

图 6-25　设置输入信号名称

2）在"设计"窗口，单击"输出+"→在"添加 I/O Signals"弹出框中，信号类型选择"DigitalOutput"→信号名称输入"do_BoxInPos"，最后单击"确定"按钮，如图 6-26 和图 6-27 所示。

I/O 信号完成状态如图 6-28 所示，接下来，我们要建立 I/O 连接。

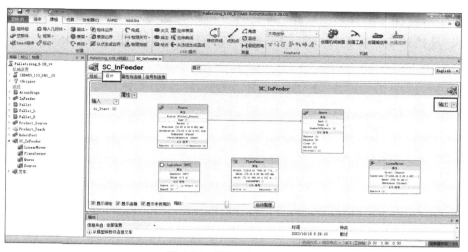

图6-26　添加I/O Signals

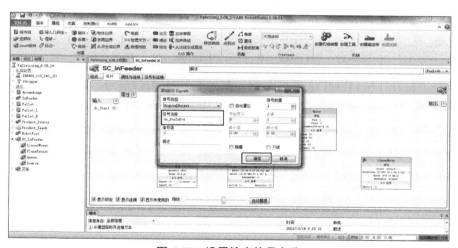

图6-27　设置输出信号名称

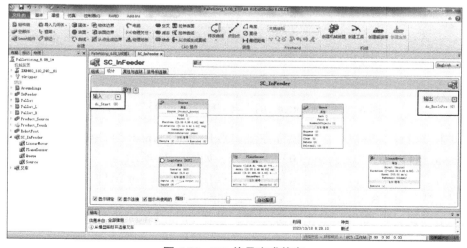

图6-28　I/O信号完成状态

3）单击"设计"窗口→调整好"子组件"的位置和大小→单击鼠标左键，点住"di_Start（0）"，连接到 Source 组件中的"Execute（0）"后松开，如图 6-29 所示。

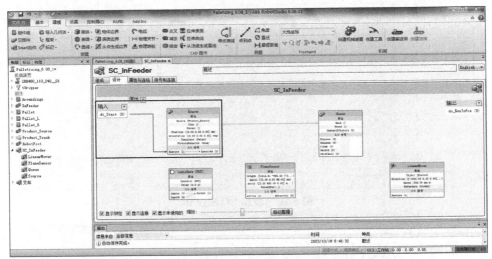

图 6-29　"di_Start（0）"与"Execute（0）"信号连接

4）单击"设计"窗口→单击鼠标左键，点住 Source 组件中的"Executed（0）"，连接到 Queue 组件中的"Enqueue（0）"后松开，如图 6-30 所示。

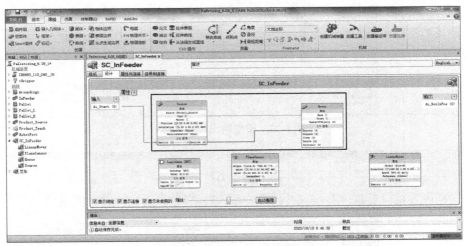

图 6-30　"Executed（0）"与"Enqueue（0）"信号连接

5）单击"设计"窗口→单击鼠标左键，点住 PlaneSensor 组件中的"SensorOut（0）"，连接到 Queue 组件中的"Dequeue（0）"后松开，如图 6-31 所示。

6）单击"设计"窗口→单击鼠标左键，点住 PlaneSensor 组件中的"SensorOut（0）"，连接到输出信号"do_BoxInPos（0）"后松开，如图 6-32 所示。

7）单击"设计"窗口→单击鼠标左键，点住 PlaneSensor 组件中的"SensorOut（0）"，连接到 LogicGate［NOT］组件中的"InputA（0）"后松开，如图 6-33 所示。

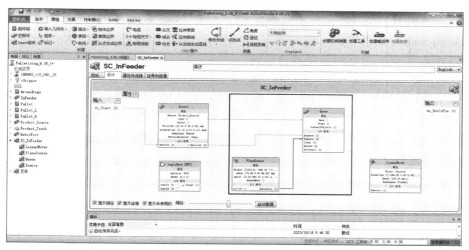

图 6-31　"SensorOut（0）"与"Dequeue（0）"信号连接

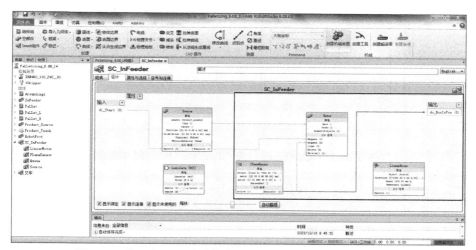

图 6-32　"SensorOut（0）"与"do_BoxInPos（0）"信号连接

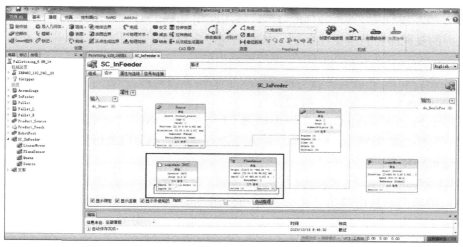

图 6-33　"SensorOut（0）"与"InputA（0）"信号连接

8）单击"设计"窗口→单击鼠标左键，点住 LogicGate［NOT］组件中的"Output（1）"，连接到 Source 组件中的"Execute（0）"松开，如图 6-34 所示。

对以上操作步骤所建立的连接进行说明。

① 输入信号"di_Start（0）"连接到"Source-Execute（0）"。

说明：用创建的输入信号"di_Start（0）"触发 Source 组件执行动作，则产品源会自动产生一个复制品。

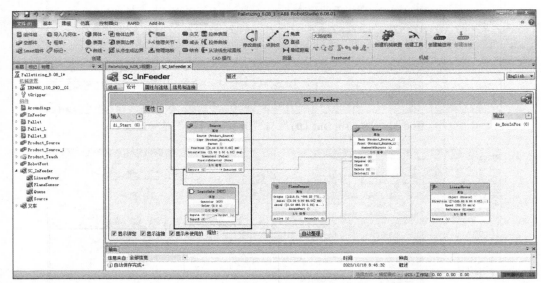

图 6-34 "Output（1）"与"Execute（0）"信号连接

② "Source-Executed（0）"连接到"Queue-Enqueue（0）"。

说明：用 Source 组件产品源产生复制品的完成信号，触发 Queue 组件执行加入队列动作，则生产的复制品自动加入队列 Queue 组件。

③ "PlaneSensor-SensorOut（0）"连接到"Queue-Dequeue（0）"。

说明：当复制品被输送链末端的传感器检测到后，传感器将其本身的输出信号"SensorOut（0）"置位为"SensorOut（1）"，利用此信号触发 Queue 组件执行退出队列动作，则队列里面的复制品将自动退出队列，从而实现停止动作。

④ "PlaneSensor-SensorOut（0）"连接到输出信号"do_BoxInPos（0）"。

说明：当产品运动到输送链末端被限位传感器检测到时，将"do_BoxInPos（0）"置位为"do_BoxInPos（1）"，表示产品已到位。

⑤ "PlaneSensor-SensorOut（0）"连接到"LogicGate［NOT］-InputA（0）"。

说明：将传感器的输出信号与非门输入端进行连接，则非门的信号输出变化和传感器输出信号变化正好相反。

⑥ "LogicGate［NOT］-Output（0）"连接到"Source-Execute（0）"。

说明：用非门的输出端信号去触发 Source 组件的执行，则实现的效果为，当传感器的输出信号由 1 变为 0 时，触发产品源 Source 组件产生下一个复制品。

此后，继续进行下一个循环。

6.2.6 仿真运行

仿真运行，具体操作步骤如下：

1）单击"Palletizing_6.08_1：视图 1"窗口→选择"仿真"功能选项卡→单击"播放 ▶"按钮→在"布局"窗口，选中"SC_InFeeder"，单击鼠标右键→选择"属性"→单击"di_Start"→可以看到，会生成一个复制品，然后沿着输送链运动，当运动到末端被传感器检测到后，就会停止，如图 6-35~图 6-39 所示。

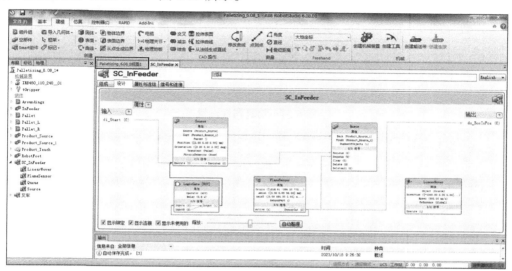

图 6-35 仿真视图选择

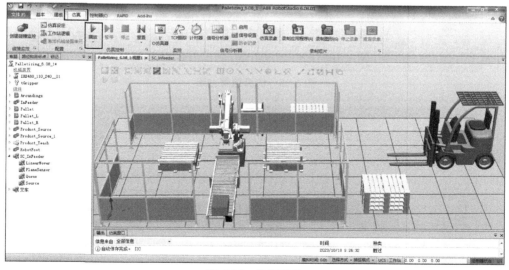

图 6-36 仿真播放

2）选择"基本"功能选项卡，单击"移动"→单击鼠标左键，点住复制品并移动后→可以看到产品源会生成下一个复制品，沿着输送链运动，进入下一个循环，如图 6-40 和图 6-41 所示。

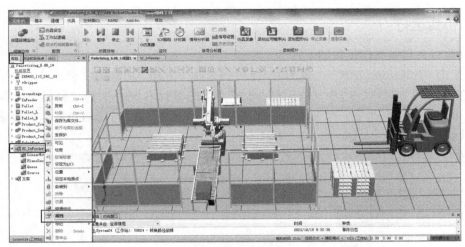

图 6-37　仿真属性设置

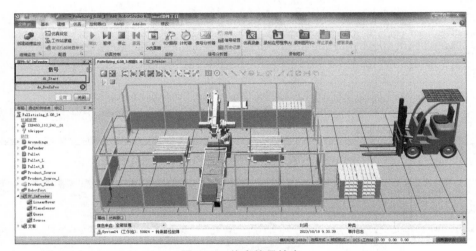

图 6-38　仿真信号输出

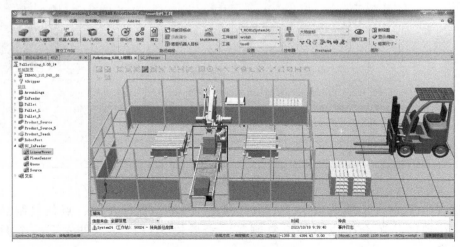

图 6-39　产生物件复制品

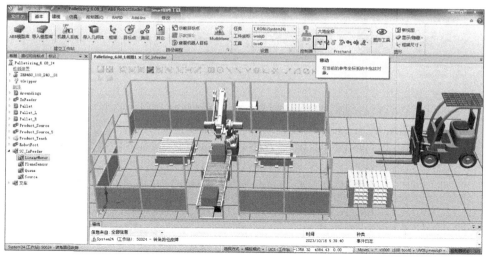

图 6-40　选择移动复制品

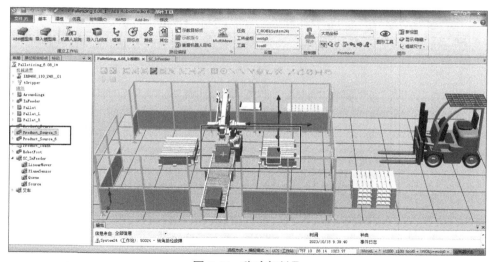

图 6-41　移动复制品

为方便后续操作，在"仿真"功能选项卡中，单击"停止■"按钮。并且在布局窗口中，可以看到生成的 2 个复制品"Product_Source_5"和"Product_Source_6"（在自己的计算机上也可能是多个从 1 开始的复制品），需将其删掉，注意千万不要误删除我们的产生源"Product_Source"。

3）在"布局"窗口，选中"Product_Source_5"和"Product_Source_6"，单击鼠标右键→选择"删除"，如图 6-42 所示。

为了避免在后续的仿真过程中不停地产生大量的复制品，从而导致整体仿真运行不流畅以及仿真结束后需要手动删除等问题，在设置"Source"属性时，可以设置成产生临时性复制品，当仿真停止后，所生成的复制品会自动消失。

4）在"布局"窗口，选中 SC_InFeeder 下拉菜单的"Source"，单击鼠标右键→选择"属性"→勾选"Transient"，然后单击"应用"按钮，最后单击"关闭"按钮，如图 6-43 和图 6-44 所示。

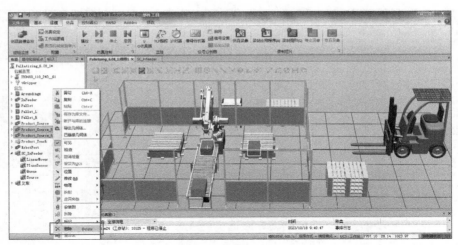

图 6-42　删除复制品

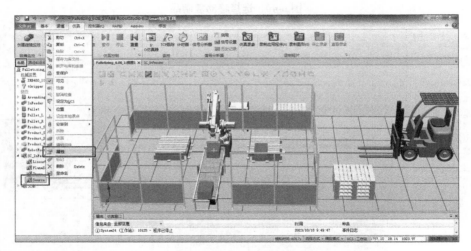

图 6-43　"Source"属性更改选择

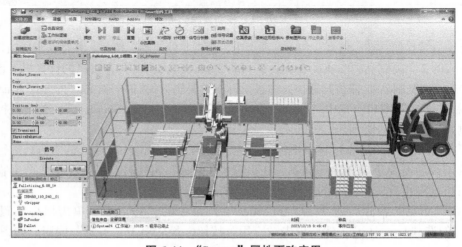

图 6-44　"Source"属性更改应用

再次仿真运行调试，可以看到，生成的复制品已经不能再通过移动工具去移动了，只有当停止仿真运行的时候，复制品才会自动消失。

6.3　创建码垛工作站动态夹具 Smart 组件

在 RobotStudio 中创建码垛工作站仿真的过程中，夹具的动态效果是最为重要的部分。本节我们将创建一个具有 Smart 组件特性的海绵式真空吸盘来执行物件的拾取和释放，这类吸盘夹具的动态效果包括：输送链末端产品拾取，到达放置位置后产品释放，自动置位、复位真空的反馈信号。

6.3.1　设定夹具属性

设定夹具属性，具体操作步骤如下：

扫一扫看视频

1）在"建模"功能选项卡中，单击"Smart 组件"→选中"布局"窗口中的"SmartComponent_1"，单击鼠标右键→选择"重命名"→输入"SC_Gripper"→按下键盘的"Enter"键，如图 6-45 所示。

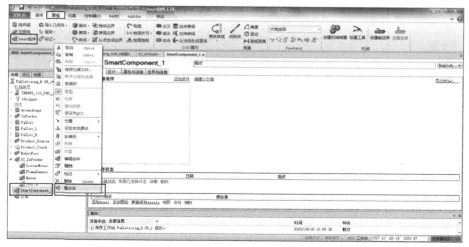

图 6-45　组件重命名

2）在"布局"窗口，单击鼠标左键，点住"tGripper"工具→拖动到"SC_Gripper"Smart 组件后松开，如图 6-46 和图 6-47 所示。

3）在"SC_Gripper"视图的"组成"窗口，选中"tGripper"，单击鼠标右键→勾选"设定为 Role"，如图 6-48 所示。

执行上述操作步骤目的是，将 Smart 工具"SC_Gripper"当作工业机器人的工具使用。通过"设定为 Role"，可以让该 Smart 组件获得"Role"的属性。在本次任务中，工具"tGripper"中包含一个工具坐标系，将其设置为"Role"，则"SC_Gripper"继承了工具坐标系属性，后续操作中就可以将"SC_Gripper"完全当作工业机器人的工具来处理。

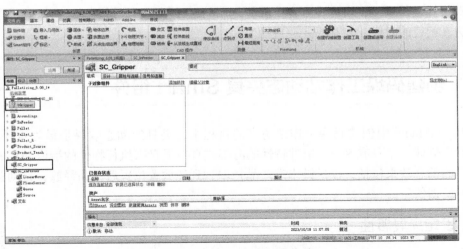

图 6-46　"tGripper"工具拖动

图 6-47　"tGripper"工具挂载在"SC_Gripper"下

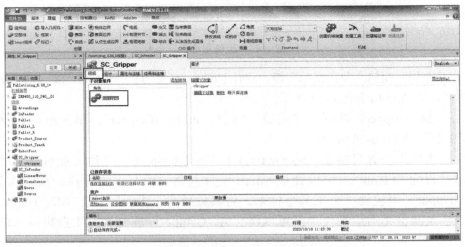

图 6-48　"设定为 Role"选定

4）在"布局"窗口，单击鼠标左键，点住"SC_Gripper"→拖动到工业机器人"IRB460_110_240__01"后松开→在"更新位置"弹出框中，单击"否（N）"→在"Tooldata 已存在"弹出框中，单击"是（Y）"，如图 6-49 和图 6-50 所示。

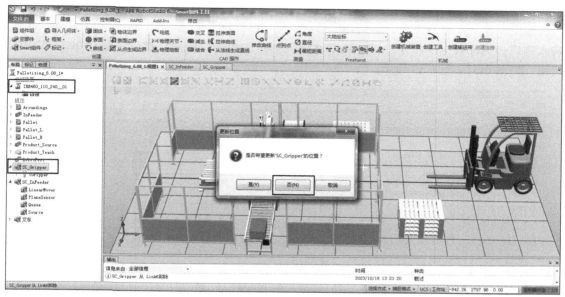

图 6-49 "更新位置"弹出框选项

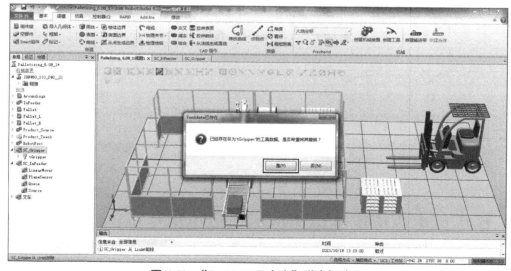

图 6-50 "Tooldata 已存在"弹出框选项

6.3.2 设定检测传感器

设定检测传感器，具体操作步骤如下：

1）选择"SC_Gripper"视图的"组成"窗口→单击"添加组件"→选择"传感器"→选择"LineSensor"（检测是否有任何对象与两点之间的线段相交）→

扫一扫看视频

215

单击"Palletizing_6.08_1：视图"，调整视角→在左侧 LineSensor 属性栏中，输入以下参数，Start 输入"1518.36、−11.46、1327.89"（也可以单击选择捕捉工具"捕捉对象"，单击 Start 下拉菜单的参数输入框，再去捕捉吸盘下方的 TCP 点，得到相应参数）→ End 输入"1518.36、−11.46、1200"（也可以单击选择捕捉工具"捕捉对象"，单击 End 下拉菜单的参数输入框，再去捕捉吸盘下方的 TCP 点，得到相应参数，将"1327.89"修正为"1200"）→ Radius（mm）输入"3"→ Active 输入"0"→ SensorOut 输入"0"→单击"应用"按钮，最后单击"关闭"按钮，如图 6-51~ 图 6-53 所示。

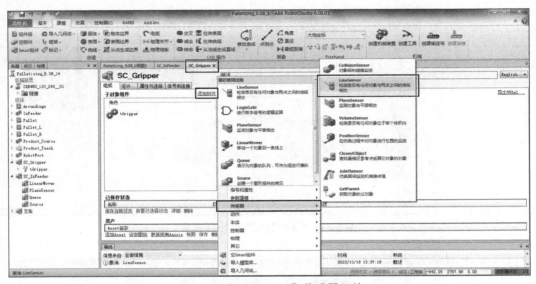

图 6-51　"LineSensor"传感器组件

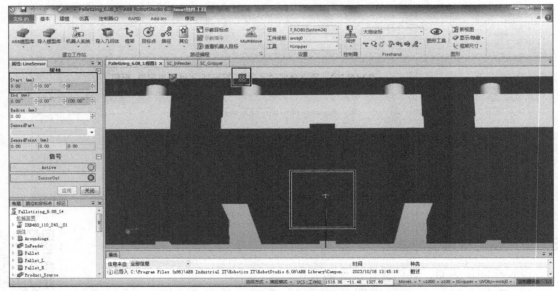

图 6-52　"LineSensor"属性参数设置

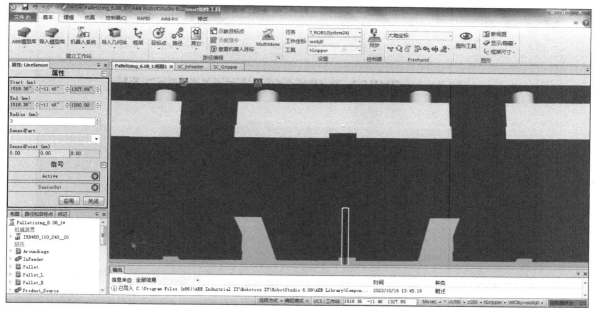

图 6-53　"LineSensor" 属性参数设置应用

2）在"布局"窗口，选择"tGripper"，单击鼠标右键→确认没有勾选"可由传感器检测"，如果已勾选，则去除勾选，如图 6-54 所示。

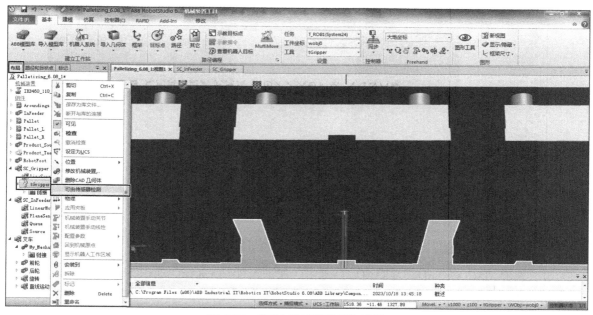

图 6-54　"可由传感器检测"确认

3）在"布局"窗口，单击鼠标左键，点住"LineSensor"，拖动到"tGripper"后松开→在"更新位置"弹出框中，单击"否（N）"，如图 6-55 和图 6-56 所示。

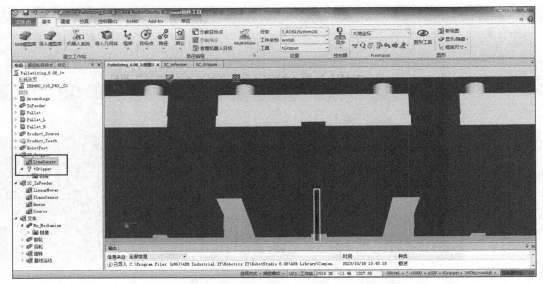

图 6-55　将 "LineSensor" 拖动到 "tGripper"

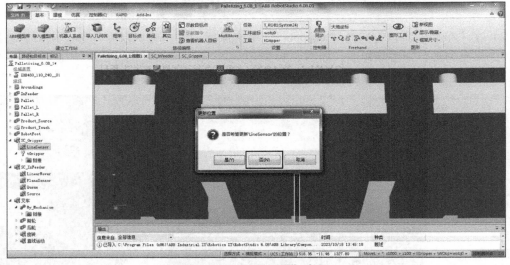

图 6-56　"更新位置" 选项

6.3.3　设定拾取放置动作

设定拾取放置动作，具体操作步骤如下：

1）选择 "SC_Gripper" 视图窗口→单击 "添加组件" →选择 "动作" →选择 "Attacher"（安装一个对象）→在左侧 Attacher 属性栏中，输入以下参数，Parent 选择 "tGripper（SC_Gripper）"，最后单击 "关闭" 按钮，如图 6-57 和图 6-58 所示。

2）选择 "SC_Gripper" 视图窗口→单击 "添加组件" →选择 "动作" →选择 "Detacher"（拆除一个已安装的对象）→在左侧 Detacher 属性栏中，单击 "关闭" 按钮，如图 6-59 和图 6-60 所示。

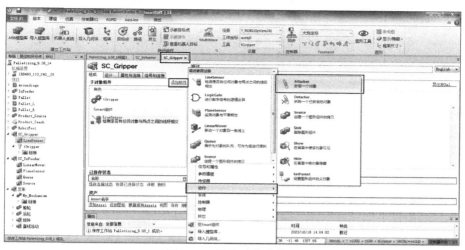

图 6-57　组件动作安装 1

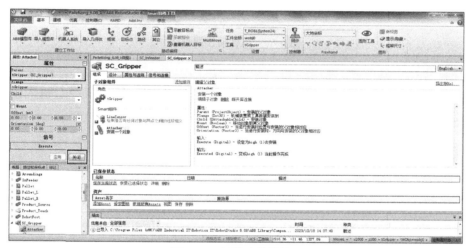

图 6-58　组件动作属性 1

图 6-59　组件动作安装 2

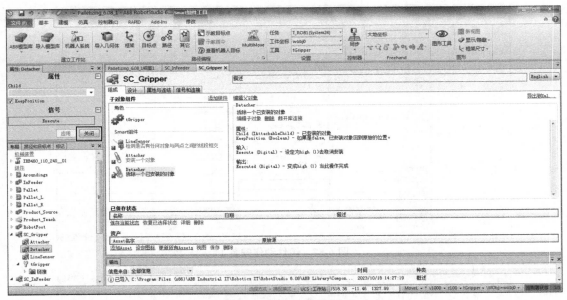

图 6-60　组件动作属性 2

3）选择"SC_Gripper"视图窗口→单击"添加组件"→选择"信号和属性"→选择"LogicGate"（进行数字信号的逻辑运算）→在左侧 LogicGate 属性栏中，输入以下参数，Operator 选择"NOT"，最后单击"关闭"按钮，如图 6-61 和图 6-62 所示。

图 6-61　LogicGate 组件信号和属性选项

4）选择"SC_Gripper"视图窗口→单击"添加组件"→选择"信号和属性"→选择"LogicSRLatch"（设定 - 复位锁定）→单击"关闭"按钮，如图 6-63 和图 6-64 所示。

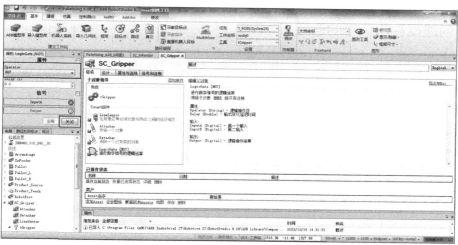

图 6-62　LogicGate 组件信号和属性设置

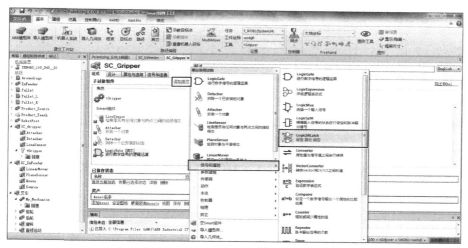

图 6-63　LogicSRLatch 组件信号和属性选项

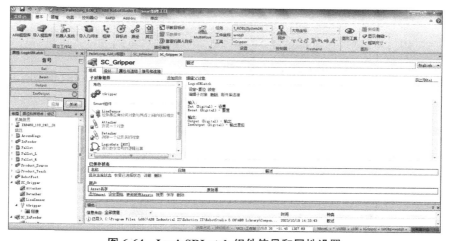

图 6-64　LogicSRLatch 组件信号和属性设置

6.3.4 创建属性与信号的连接

创建属性与信号的连接，具体操作步骤如下：

1）在"SC_Gripper"视图中选择"设计"窗口→单击"输入+"→在"添加I/O Signals"弹出框中，输入信号名称"di_Gripper"→单击"确定"按钮，如图6-65所示。

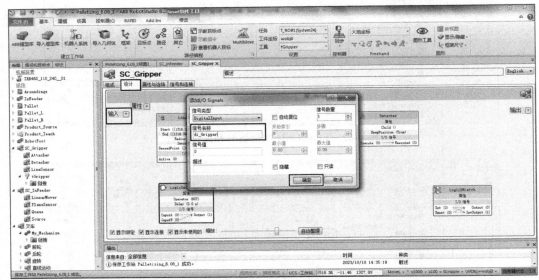

图 6-65　输入信号名称

2）选择"设计"窗口→单击"输出+"→在"添加I/O Signals"弹出框中，输入信号名称"do_VaccumOK"→单击"确定"按钮，如图6-66所示。

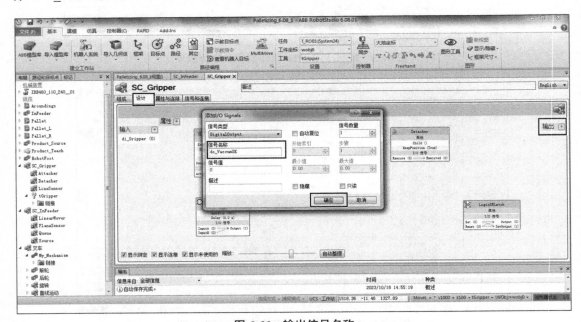

图 6-66　输出信号名称

3）单击"设计"窗口→调整好"子组件"的位置和大小→单击鼠标左键，点住 LineSensor 组件中的"SensedPart"，连接到 Attacher 组件中的"Child"后松开，如图 6-67 所示。

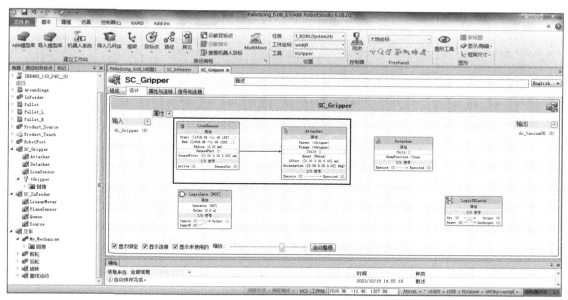

图 6-67 "SensedPart"与"Child"信号连接

4）单击"设计"窗口→单击鼠标左键，点住 Attacher 组件中的"Child"，连接到 Detacher 组件中的"Child"后松开，如图 6-68 所示。

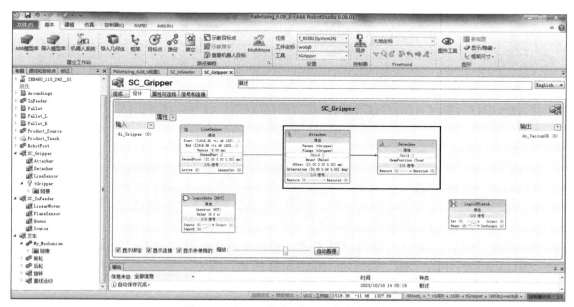

图 6-68 "Child"与"Child"信号连接

5）单击"设计"窗口→单击鼠标左键，点住 SC_Gripper 中的输入信号"di_Gripper"，连接到 LineSensor 组件中的"Active"后松开，如图 6-69 所示。

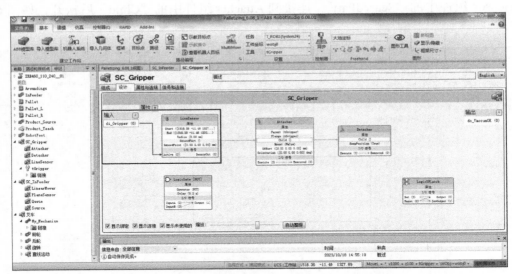

图 6-69　"di_Gripper"与"Active"信号连接

6）单击"设计"窗口→单击鼠标左键，点住 LineSensor 组件中的"SensorOut"，连接到 Attacher 组件中的"Execute"后松开，如图 6-70 所示。

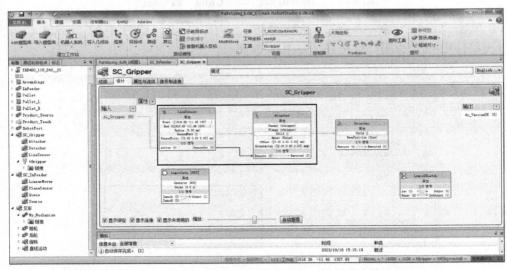

图 6-70　"SensorOut"与"Execute"信号连接

7）单击"设计"窗口→单击鼠标左键，点住 Attacher 组件中的"Executed"，连接到 LogicSRLatch 组件中的"Set"松开后，如图 6-71 所示。

8）单击"设计"窗口→单击鼠标左键，点住 LogicSRLatch 组件中的"Output"，连接到 SC_Grippe 中的输出信号"do_VaccumOK"后松开，如图 6-72 所示。

9）单击"设计"窗口→单击鼠标左键，点住 SC_Gripper 中的输入信号"di_Gripper"，连接到 LogicGate［NOT］组件中的"InputA"后松开，如图 6-73 所示。

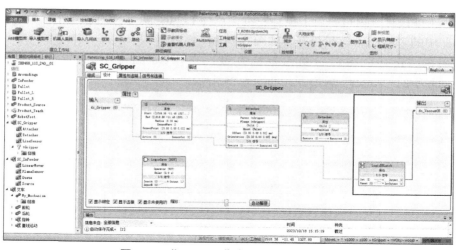

图 6-71　"Executed" 与 "Set" 信号连接

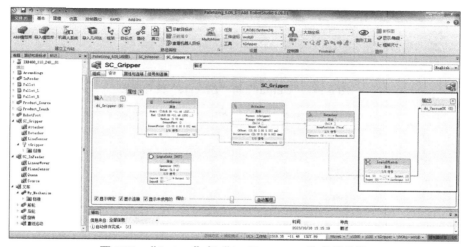

图 6-72　"Output" 与 "do_VaccumOK" 信号连接

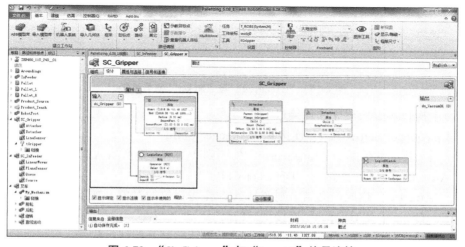

图 6-73　"di_Gripper" 与 "InputA" 信号连接

10）单击"设计"窗口→单击鼠标左键，点住 LogicGate［NOT］中的"Output"，连接到 Detacher 中的"Execute"后松开，如图 6-74 所示。

11）单击"设计"窗口→单击鼠标左键，点住 Detacher 中的"Executed"，连接到 LogicSRLatch 中的"Reset"后松开，如图 6-75 所示。

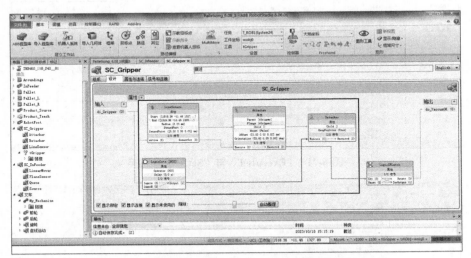

图 6-74　"Output"与"Execute"信号连接

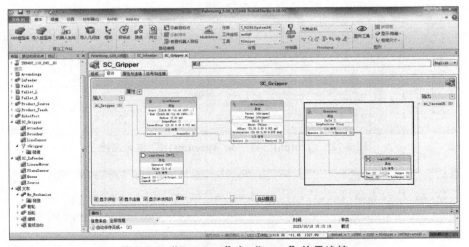

图 6-75　"Executed"与"Reset"信号连接

对于以上操作步骤所建立的连接进行说明。

① "LineSensor-SensedPart"连接到"Attacher-Child"。

说明：当工具上的传感器"LineSensor"检测到产品 A，则产品 A 即作为要拾取的对象。

② "Attacher-Child"连接到"Detacher-Child"。

说明："Attacher"拾取产品 A，则产品 A 即作为释放的对象，被工具放下。

③ "SC_Gripper-di_Gripper"连接到"LineSensor-Active"。

说明：当输入信号"di_Gripper"置 1，则触发传感器开始执行检测。

④ "LineSensor-SensorOut"连接到"Attacher-Execute"。

说明：当传感器"LineSensor"检测到物体之后，则触发"Attacher"拾取动作执行。

⑤ "Attacher-Executed"连接到"LogicSRLatch-Set"。

说明：当"Attacher"拾取动作完成后，则触发"LogicSRLatch"置位动作。

⑥ "LogicSRLatch-Output"连接到"SC_Grippe-do_VaccumOK"。

说明：当"LogicSRLatch"置位动作后，发出完成信号去触发"do_VaccumOK"动作，则当"LogicSRLatch"动作置 1 时，触发"do_VaccumOK"置 1；当 LogicSRLatch 动作置 0 时，触发 do_VaccumOK 置 0。

⑦ "SC_Gripper-di_Gripper"连接到"LogicGate［NOT］-InputA"。

说明：当输入信号"di_Gripper"由 1 变为 0 时，则触发非运算 LogicGate［NOT］对信号取反。

⑧ "LogicGate［NOT］-Output"连接到"Detacher-Execute"。

说明：非运算 LogicGate［NOT］信号取反为 1 时，则去触发"Detacher"释放动作。

⑨ "Detacher-Executed"连接到"LogicSRLatch-Reset"。

说明：当"Detacher"释放动作完成后，则触发"LogicSRLatch"执行复位动作。

最后，来梳理一下整个控制过程：当工业机器人夹具运动到拾取位置，打开真空，线传感器开始检测，如果检测到产品 A 与其发生接触，则执行拾取动作，夹具将产品 A 拾取，并将真空反馈信号置 1。然后，工业机器人夹具运动到放置位置，关闭真空后，执行释放动作，夹具将产品 A 释放，同时将真空反馈信号置 0，此时工业机器人夹具再次运动到拾取位置去拾取下一个产品，从而进入下一个循环。

6.3.5　Smart 组件的动态模拟运行

Smart 组件的动态模拟运行，具体操作步骤如下：

1）选择"Palletizing_6.08_1：视图"窗口→在"布局"窗口→选中"Product_Teach"，单击鼠标右键→勾选"可见"，如图 6-76 所示。

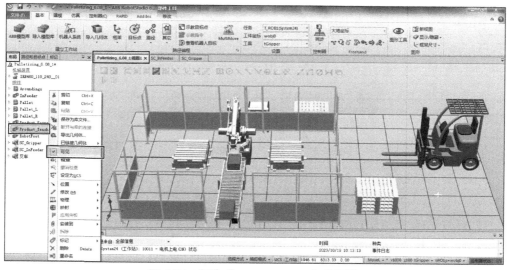

图 6-76　勾选"Product_Teach"为可见

227

2）在"布局"窗口→选中"Product_Teach"，单击鼠标右键→选择"修改"→勾选"可由传感器检测"，如图6-77所示。

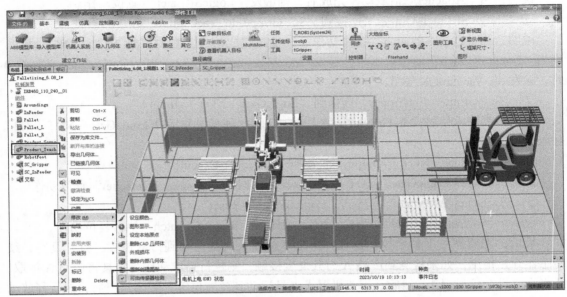

图6-77 勾选"可由传感器检测"

3）在"基本"功能选项卡中，在"Freehand"选项组中，选择"手动线性"→选择捕捉工具"捕捉对象"→单击"工业机器人吸盘工具"→单击鼠标左键，点住出现的"十字架"坐标→拖动工业机器人吸盘工具到输送链末端工件上面（工业机器人拾取姿态调整），如图6-78和图6-79所示。

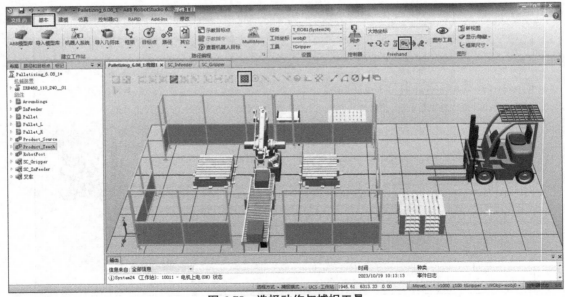

图6-78 选择动作与捕捉工具

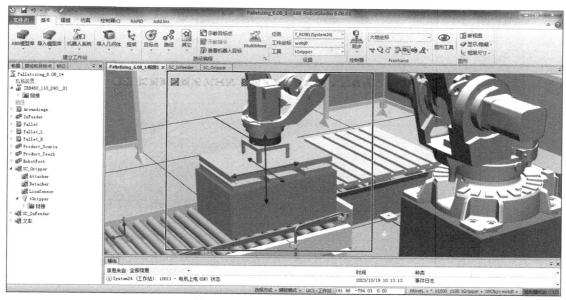

图 6-79　工业机器人拾取姿态调整

4）在"布局"窗口，选中"SC_Gripper"，单击鼠标右键→单击"属性"→单击信号"di_Gripper"置 1（留意观察"do_VaccumOK"是否也置 1，如果置 1，说明拾取工件成功，反之，则失败）→单击"机器人吸盘工具"→单击鼠标左键，点住出现的"十字架"坐标箭头，手动拖动机器人向上运动，观察吸盘工具是否能把工件拾起→单击"di_Gripper"置 0（留意观察"do_VaccumOK"是否也置 0）→再次单击"工业机器人吸盘工具"，然后，单击鼠标左键，点住出现的"十字架"坐标箭头，手动拖动工业机器人向上运动，观察吸盘是否能把工件释放→能进行拾取动作和释放动作，证明动态夹具 Smart 组件安装设置已经完成，如图 6-80~ 图 6-84 所示。

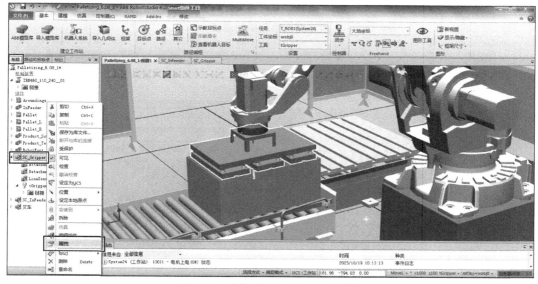

图 6-80　选择"SC_Gripper"属性

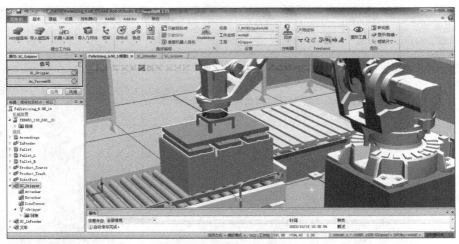

图 6-81　拾取信号置"1"

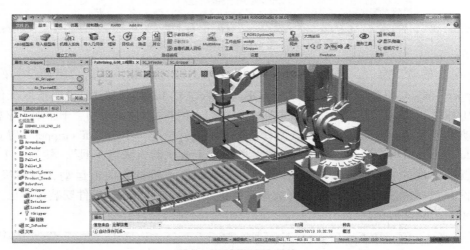

图 6-82　拾取手动测试

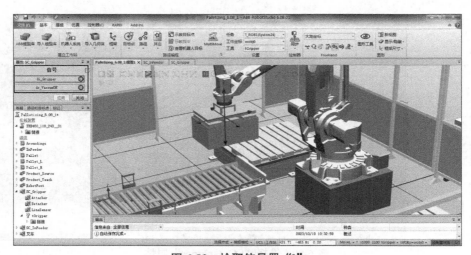

图 6-83　拾取信号置"0"

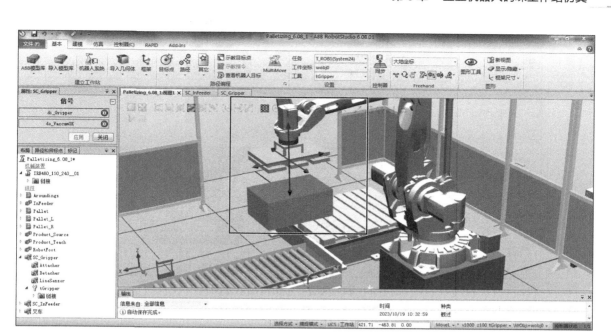

图 6-84　释放手动测试

5）在"布局"窗口→选中"Product_Teach"，单击鼠标右键→取消勾选"可见"，如图 6-85 所示。

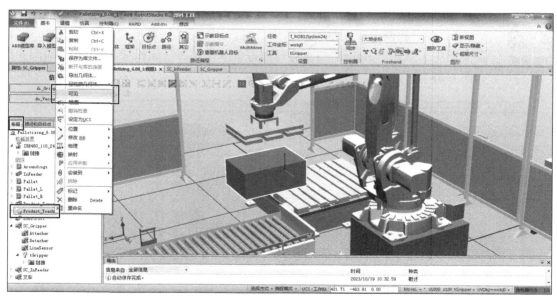

图 6-85　取消勾选"可见"

6）在"布局"窗口→选中"Product_Teach"，单击鼠标右键→单击"修改"→取消勾选"可由传感器检测"，如图 6-86 所示。

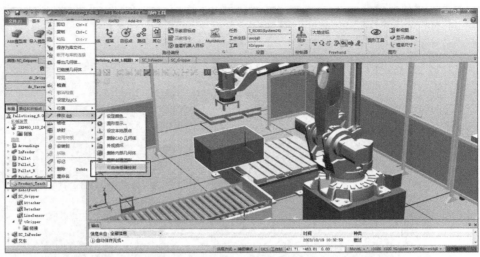

图 6-86　取消勾选"可由传感器检测"

6.4　设定 Smart 组件工作站逻辑

扫一扫看视频

6.4.1　查看工业机器人 I/O 信号及程序

查看工业机器人 I/O 信号及程序，具体操作步骤如下：

1）在"控制器"功能选项卡中，选择"配置"→单击"I/O System"→在配置类型中，双击"Signal"→查看已建好的 3 个信号（加粗加黑显示），如图 6-87 和图 6-88 所示。

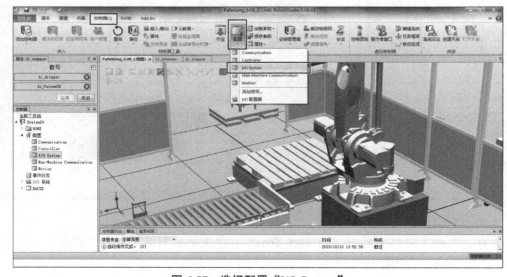

图 6-87　选择配置"I/O System"

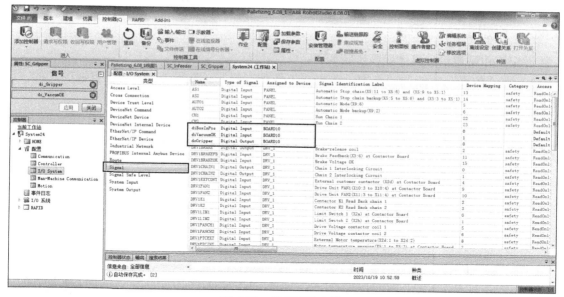

图 6-88　信号列表查看

信号说明如下：

① diBoxInPos：数字输入信号，用作产品到位信号。

② diVacuumOK：数字输入信号，用作真空反馈信号。

③ doGripper：数字输出信号，用作控制真空吸盘动作控制。

2）在"RAPID"功能选项卡中，选择"控制器"窗口→单击"RAPID"并打开下拉菜单→单击"T_ROB1"并打开下拉菜单→ 单击"MainMoudle"并打开下拉菜单→双击"Main"，如图 6-89 所示。

图 6-89　"Main"程序查看

6.4.2　设定工作站逻辑

设定工作站逻辑，具体操作步骤如下：

1）在"仿真"功能选项卡中，单击"工作站逻辑"→选择"工作站逻辑视图"的"设计"窗口→调整好子组件的位置及大小，如图 6-90 和图 6-91 所示。

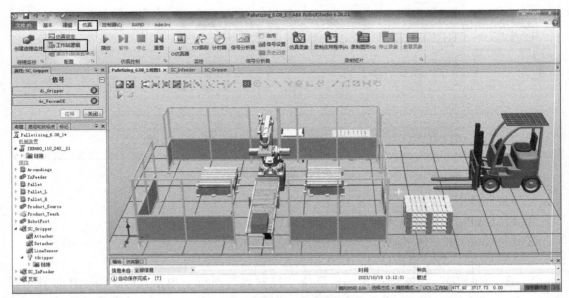

图 6-90　选择工作站逻辑

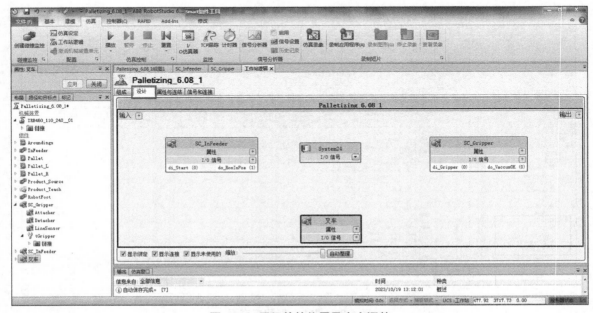

图 6-91　子组件的位置及大小调整

2）单击"System24"组件旁边的下拉倒三角形"▼"→分别选择"diBoxInPos""diVac-uumOK""doGripper"并调出，如图6-92和图6-93所示。

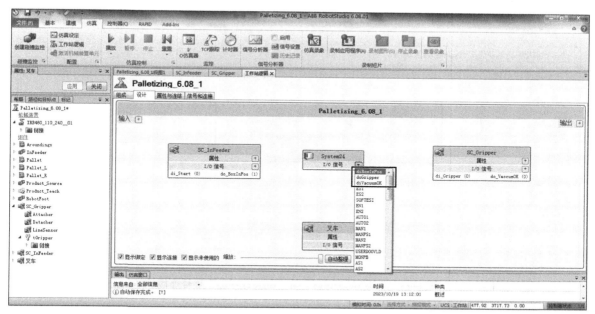

图6-92　"System24"组件设置

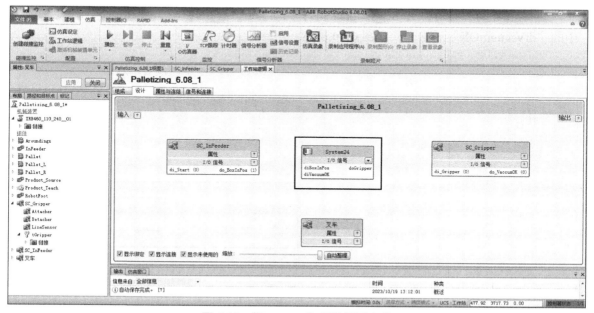

图6-93　"System24"组件设置完成

3）单击鼠标左键，点住SC_InFeeder组件中的"do_BoxInPos"，连接到System24组件中的"diBoxInPos"后松开，如图6-94所示。

ABB）工业机器人虚拟仿真与离线编程（ABB）

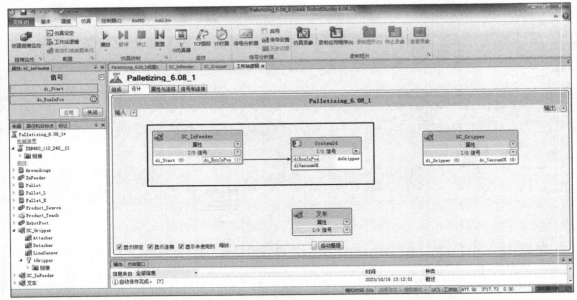

图 6-94 "do_BoxInPos"与"diBoxInPos"信号连接

4）单击鼠标左键，点住 System24 组件中的"doGripper"，连接到 SC_Gripper 组件中的"di_Gripper"后松开，如图 6-95 所示。

5）单击鼠标左键，点住 SC_Gripper 组件中的"do_VacuumOK"，连接到 System24 组件中的"diVacuumOK"后松开，如图 6-96 所示。

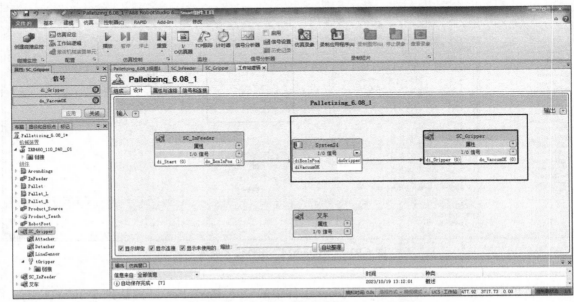

图 6-95 "doGripper"与"di_Gripper"信号连接

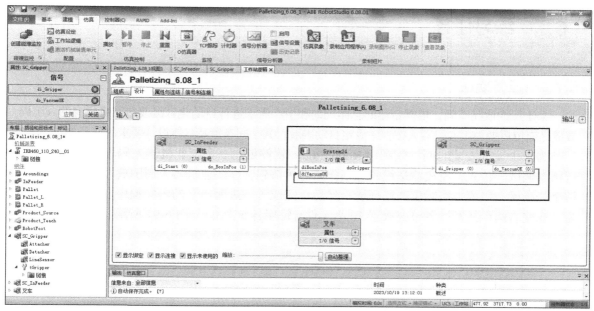

图 6-96　"do_VacuumOK"与"diVacuumOK"信号连接

6.5　Smart 组件效果调试

仿真运行效果调试，具体操作步骤如下：

选择"Palletizing_6.08_1：视图"窗口→在"仿真"功能选项卡中，单击"播放"按钮，待输送链产生复制品运动到末端，工业机器人移动到工件上方拾取后，搬运到托盘并码垛完成 10 个工件，最后单击"停止"按钮，复制品自动消失，则完成仿真运行。

扫一扫看视频

6.6　仿真效果输出

1）视频文件形式输出。视频文件形式输出，具体操作步骤如下：

在"仿真"功能选项卡中，先单击"仿真录像"按钮，再单击"播放"按钮，等待工作完成后，单击"停止"按钮，最后单击"查看录像"按钮。

2）工作站打包文件输出。工作站打包文件输出，具体操作步骤如下：

保存工作站，在"文件"功能选项卡中，依次选择"共享"→"打包"→在"打包"弹出框中，设置好打包的名字、位置以及密码，最后单击"确定"按钮，完成工作站打包文件输出。

6.7 练习任务

6.7.1 任务描述

某工厂的成品车间，根据企业的总体规划和生产需求进行自动化升级改造，将原有的人工码放成品岗位更换为工业机器人按程序设定自动码放，其空间布置及具体设计要求的任务如下。

为减少设计安装时间，须利用 RobotStudio 软件创建一个工业机器人码垛工作站仿真进行仿真调试。首先，完成输送线码垛工作站总体搭建，在工业机器人周围放置一个输送线与两个托盘垛，以模拟实际生产线环境；然后，完成"一进两出"的码垛程序。具体码放要求为，在左右两个托盘垛各整齐放置 10 个工件（每层各 5 个），如图 6-97 所示。

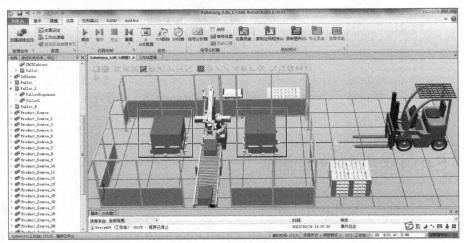

图 6-97 任务完成效果

6.7.2 任务评价

各小组相互交叉验收，填写任务验收评分表。

项目名称	序号	实施任务	任务标准	合格 / 不合格	存在问题	小组 评分	教师 评价
职业素养	1	职业素养实施过程	1. 穿戴规范、整洁 2. 安全意识、责任意识、服从意识 3. 积极参加活动，按时完成任务 4. 团队合作、与人交流能力 5. 劳动纪律 6. 生产现场管理 5S 标准				

（续）

项目名称	序号	实施任务	任务标准	合格 / 不合格	存在问题	小组 评分	教师 评价
专业能力	2	码垛工作站动态输送链Smart组件创建	1. 能解包导入操作 2. 能设定输送链的产品源、运动属性和传感器 3. 能创建属性与连接、信号和连接等 4. 能够仿真运行调试				
	3	码垛工作站动态夹具Smart组件创建	1. 能设定夹具属性 2. 能设定检测传感器 3. 能设定拾取放置动作 4. 能创建属性与信号的连接 5. 能够动态模拟运行				
	4	Smart组件工作站逻辑设定	1. 能查看工业机器人 I/O 信号及程序 2. 能设定工作站逻辑				
	5	效果调试	1. 能同步程序 2. 能进行 Smart 组件仿真效果调试				
	6	仿真效果输出	1. 能完成视频文件形式输出 2. 能完成工作站打包文件输出				
项目实施人			小组长			教师	

第 7 章

带数控机床（CNC）的自动化生产线仿真

7.1 带数控机床（CNC）的自动化生产线仿真描述

带数控机床（Computer Numerical Control，CNC）的自动化生产线仿真是一个集成了数控机床和工业机器人的自动化工作站仿真，用于实现工件的自动化加工和处理。在工业机器人工作站中配备了一台或多台工业机器人，通过自动化输送系统，将原材料和成品工件输送到工业机器人和 CNC 的工作区域，以及将加工好的工件输送到下一个工序或成品区。工作站主要用于辅助 CNC 进行工件的装夹、取放等操作。可以根据预先编写的加工程序，自动进行工件的精密加工，也可以根据加工任务和工件形状进行灵活的操作。

自动化生产线在工作站的系统控制下，负责协调 CNC、工业机器人和自动化输送系统的运行，执行加工任务的调度和监控。通常在运行区域会设置安全围栏、光栅、急停按钮等安全设施，以防止工人和设备发生意外。该工作站的优势在于，可以实现自动化的加工流程，提高生产效率、减少人工操作，同时保证加工质量和一致性。这种工作站通常适用于需要高精度、大批量加工的生产场景，例如，汽车零部件加工、航空航天零部件加工等。

下面我们将使用 RobotStudio 建立带数控机床（CNC）的自动化生产线仿真，通过自动化生产线各机械装置的创建、自动化生产线工业机器人用工具的创建、自动化生产线 Smart 组件运用、自动化生产线综合仿真应用等任务的学习，掌握带数控机床（CNC）的自动化生产线仿真操作，如图 7-1 所示。

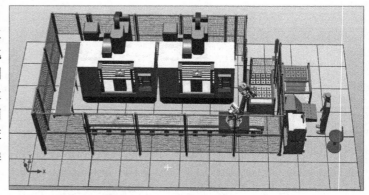

图 7-1　带数控机床（CNC）的自动化生产线仿真

7.2　创建自动化生产线各机械装置

7.2.1　创建 CNC 自动门机械装置

扫一扫看视频

创建 CNC 自动门机械装置，具体操作步骤如下：

1）双击启动 RobotStudio，在"文件"功能选项卡中，选择"新建"→选择"空工作站"→单击"创建"按钮，如图 7-2 所示。

图 7-2　创建空工作站

2）在"基本"功能选项卡中，单击"导入模型库"→选择"浏览库文件 ..."→找到文件"CNC 本体""CNC 左门"和"CNC 右门"共三个 .rslib 库文件→全选后，单击"打开"按钮，如图 7-3~ 图 7-5 所示。

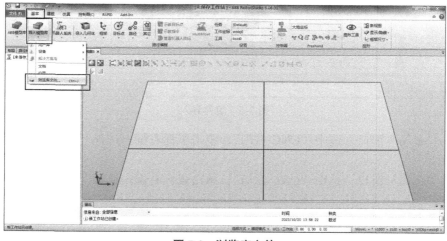

图 7-3　浏览库文件

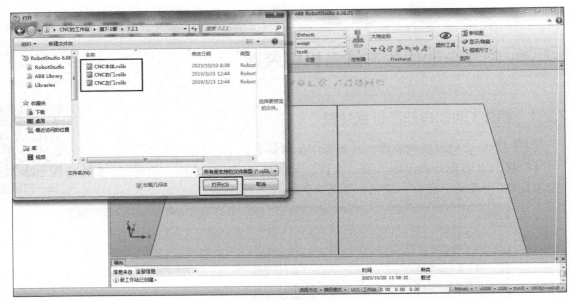

图 7-4　库文件导入

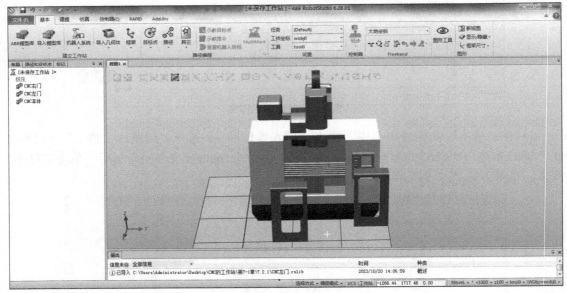

图 7-5　组件导入

3）在"布局"窗口，选中"CNC 右门"，单击鼠标右键→选择"断开与库的连接"，如图 7-6 所示。

4）在"布局"窗口，选中"CNC 左门"，单击鼠标右键→选择"断开与库的连接"，如图 7-7 所示。

5）在"布局"窗口，选中"CNC 本体"，单击鼠标右键→选择"断开与库的连接"，如图 7-8 所示。

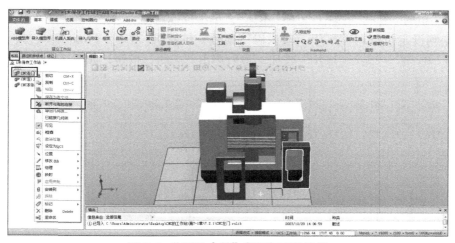

图 7-6　"CNC 右门"断开与库的连接

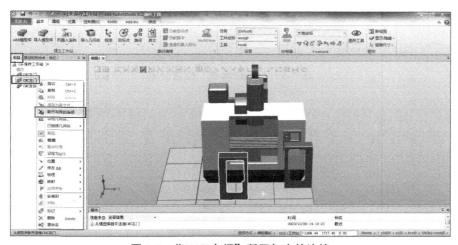

图 7-7　"CNC 左门"断开与库的连接

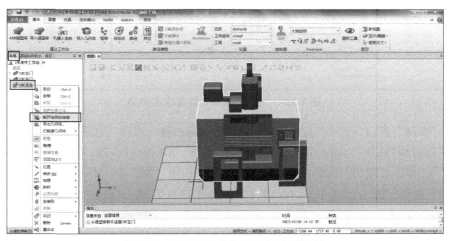

图 7-8　"CNC 本体"断开与库的连接

6）在"布局"窗口，选中"CNC本体"，单击鼠标右键→选择"位置"→单击"设定位置"→在左侧设定位置属性栏中，输入以下参数，位置X、Y、Z（mm）"0、0、0"→方向（deg）"90、0、0"→单击"应用"按钮，最后单击"关闭"按钮，如图7-9和图7-10所示。

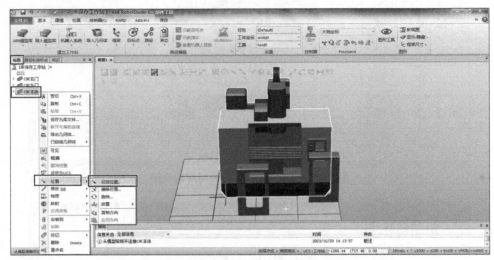

图7-9 "CNC本体"位置设定

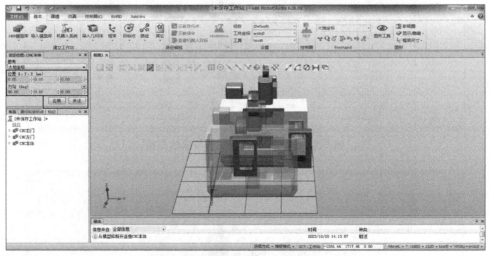

图7-10 "CNC本体"位置设定应用

7）在"布局"窗口，选中"CNC左门"，单击鼠标右键→选择"位置"→单击"设定位置"→在左侧设定位置属性栏中，输入以下参数，位置X、Y、Z（mm）"–22、530、625"→方向（deg）"90、–3、0"→单击"应用"按钮，最后单击"关闭"按钮，如图7-11和图7-12所示。

8）在"布局"窗口，选中"CNC右门"，单击鼠标右键→选择"位置"→单击"设定位置"→在左侧"CNC右门"属性栏中，输入以下参数，位置X、Y、Z（mm）"–22、1183、625"→方向（deg）"90、–3、0"→单击"应用"按钮，最后单击"关闭"按钮，如图7-13~图7-15所示。

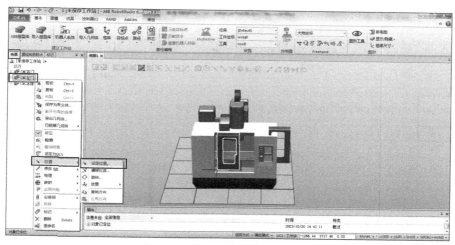

图 7-11　"CNC 左门"位置设定

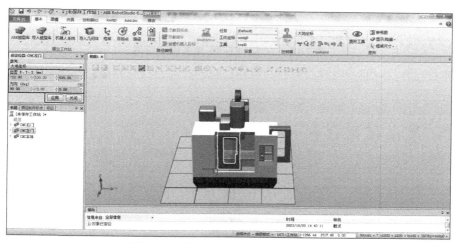

图 7-12　"CNC 左门"位置设定应用

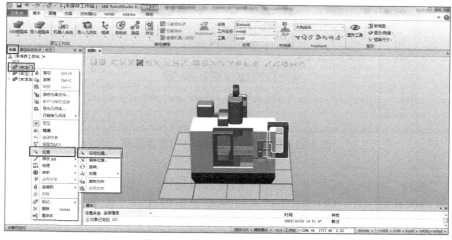

图 7-13　"CNC 右门"位置设定

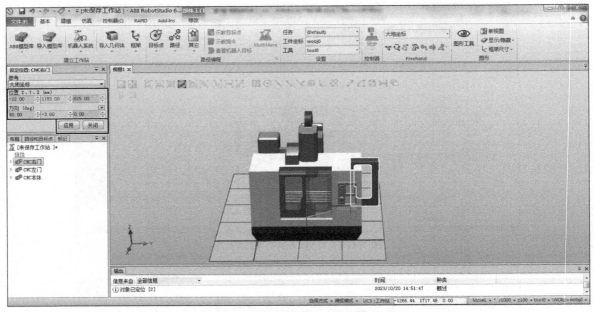

图 7-14 "CNC 右门"位置设定应用

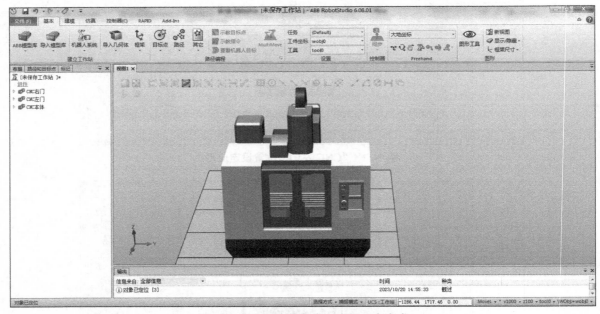

图 7-15 CNC 本体与左、右门组合完成

9）在"建模"功能选项卡中，单击"创建机械装置"→在右侧创建机械装置属性栏中，机械装置模型名称输入"CNC 自动门"→机械装置类型选择"设备"，如图 7-16 和图 7-17 所示。

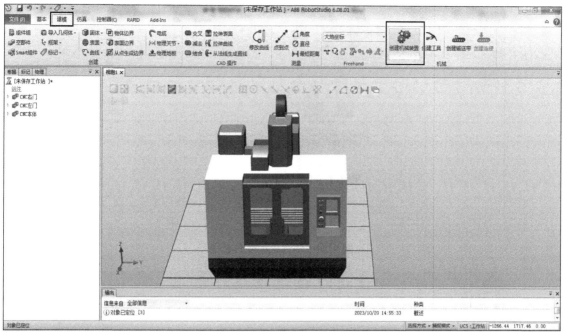

图 7-16　创建机械装置

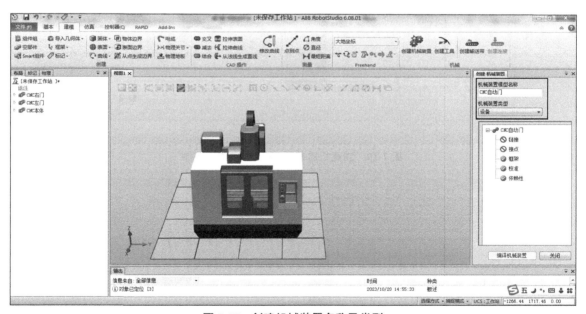

图 7-17　创建机械装置名称及类型

10）在"创建机械装置"窗口中，双击"链接"→在"创建链接"弹出框中，链接名称输入"L1"→所选组件选择"CNC 本体"→勾选"设置为 BadeLink"→单击"▶"按钮，在已添加的主页中添加，最后单击"应用"按钮，如图 7-18 和图 7-19 所示。

11）继续在"创建链接"弹出框中，链接名称输入"L2"→所选组件选择"CNC 左门"→单击"▶"按钮，最后单击"应用"按钮，如图 7-20 和图 7-21 所示。

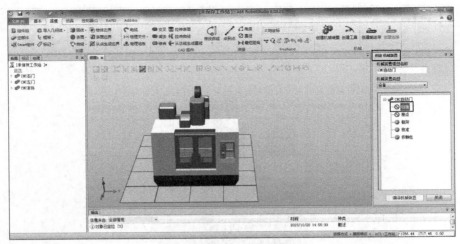

图 7-18　创建机械装置链接

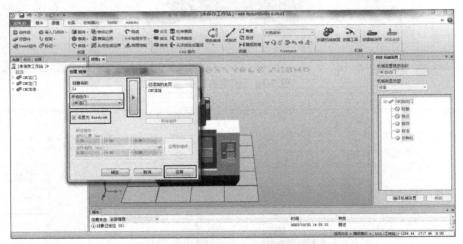

图 7-19　创建机械装置"CNC 本体"链接

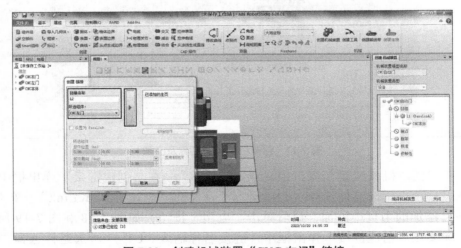

图 7-20　创建机械装置"CNC 左门"链接

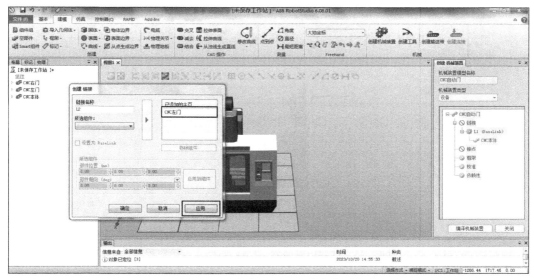

图 7-21　创建机械装置"CNC 左门"链接应用

12）继续在"创建链接"弹出框中，链接名称输入"L3"→所选组件选择"CNC 右门"→单击"▶"按钮，最后单击"确定"按钮，如图 7-22 和图 7-23 所示。

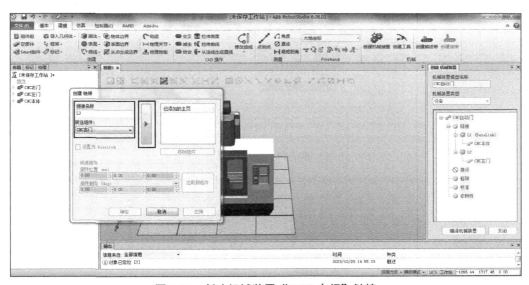

图 7-22　创建机械装置"CNC 右门"链接

13）在"创建机械装置"窗口中，双击"接点"→在"创建接点"弹出框中，关节名称输入"J1"→关节类型选择"往复的"→选择捕捉工具"捕捉对象"→单击"第一个位置（mm）"下面的第一个数据框→移动到 CNC 左侧面的右上角，单击左键，捕捉位置数据→单击"第二个位置（mm）"下面的第一个数据框→移动到 CNC 左侧面的左上角，单击左键，捕捉位置数据→关节限值的最小限值（mm）输入"0"，最大限值（mm）输入"450"→单击"应用"按钮，如图 7-24~图 7-27 所示。

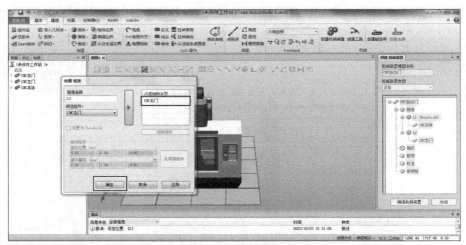

图 7-23　创建机械装置"CNC 右门"链接应用

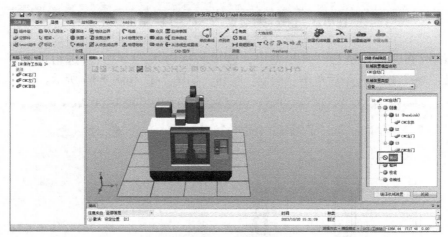

图 7-24　创建接点

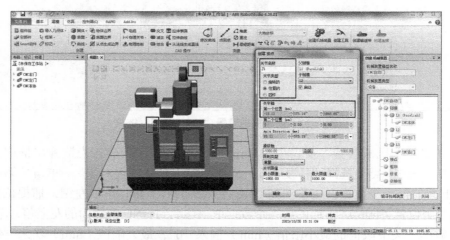

图 7-25　设置"CNC 左门"第 1 个接点参数

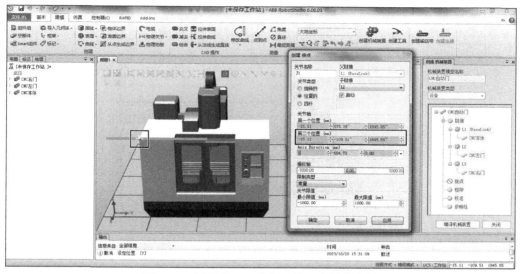

图 7-26 设置"CNC 左门"第 2 个接点参数

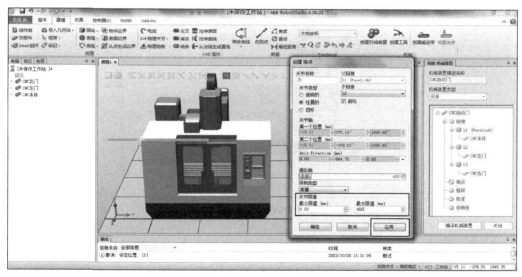

图 7-27 设置"CNC 左门"关节限值参数

14）继续在"创建接点"弹出框中，关节名称输入"J2"→关节类型选择"往复的"→父链接选择"L1（BaseLink）"→选择捕捉工具"捕捉对象"→单击"第一个位置（mm）"下面的第一个数据框→移动到 CNC 右侧面的左上角，单击左键，捕捉位置数据→单击"第二个位置（mm）"下面的第一个数据框→移动到 CNC 右侧面的右上角，单击左键，捕捉位置数据，关节限值的最小限值（mm）输入"0"，最大限值（mm）输入"450"→单击"确定"按钮，如图 7-28~ 图 7-30 所示。

15）双击"创建机械装置"窗口→单击鼠标左键，调整"创建机械装置"窗口的大小→单击"编译机械装置"→单击"添加"→在"创建姿态"弹出框中，勾选"原点姿态"→关节值中的两个数据调整到"450"→单击"应用"按钮，如图 7-31~ 图 7-35 所示。

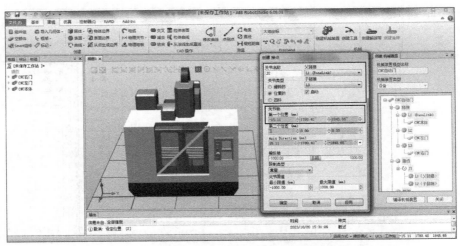

图 7-28 设置"CNC 右门"接点关节轴参数

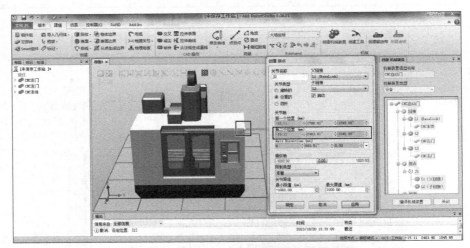

图 7-29 设置"CNC 右门"第 2 个接点参数

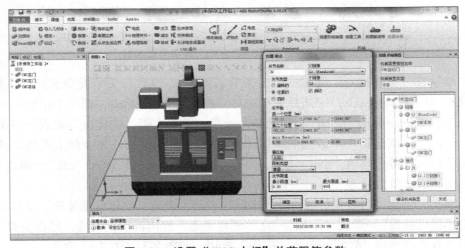

图 7-30 设置"CNC 右门"关节限值参数

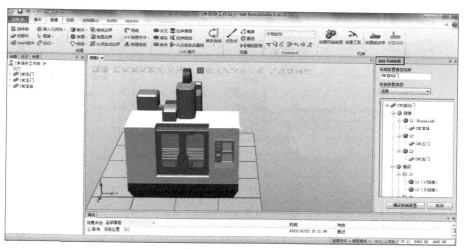

图 7-31　选择"创建机械装置"窗口

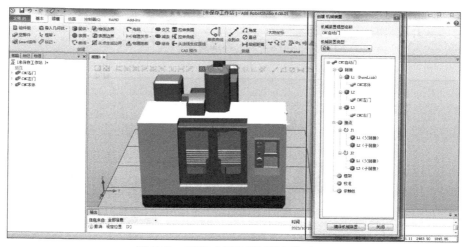

图 7-32　调整"创建机械装置"窗口

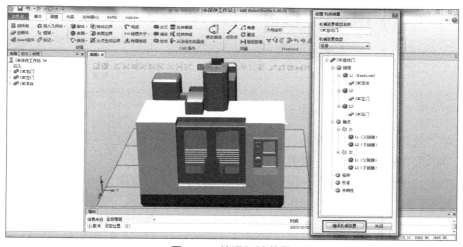

图 7-33　编译机械装置

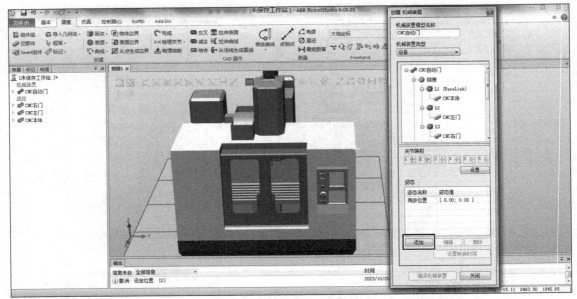

图 7-34 添加姿态

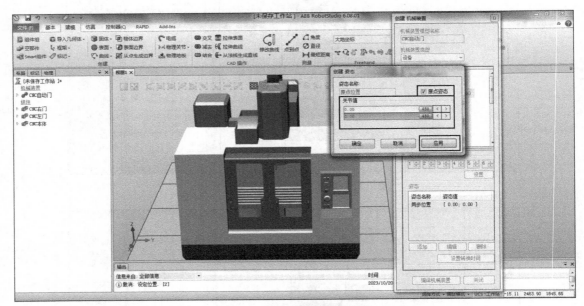

图 7-35 添加姿态关节值参数

16）在"创建姿态"弹出框中，姿态名称输入"door_closed"→关节值中的两个数据调整到"0"→单击"确定"按钮，如图 7-36 所示。

17）单击"设置转换时间"→在"设置转换时间"弹出框中，同步位置输入"0、0"→原点位置输入"0、2"→ door_closed 输入"2、2"→单击"确定"按钮，如图 7-37 和图 7-38 所示。

18）在"创建机械装置"窗口中，单击"关闭"按钮，完成创建，如图 7-39 所示。

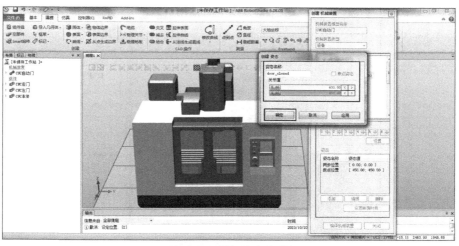

图 7-36　添加姿态参数

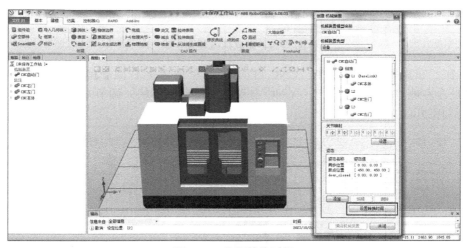

图 7-37　设置转换时间

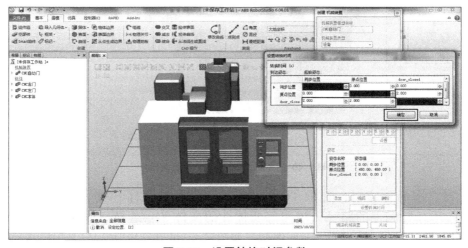

图 7-38　设置转换时间参数

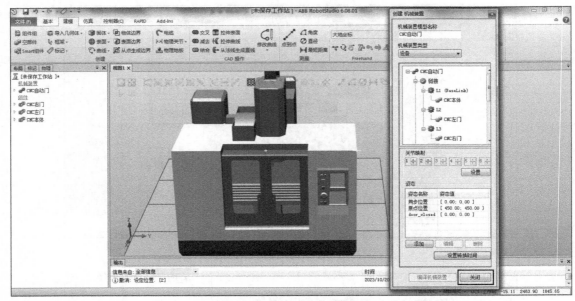

图 7-39　完成机械装置创建

19）在"布局"窗口，选中"CNC 自动门"，单击鼠标右键→单击"机械装置手动关节"→可以在左侧"手动关节运动：CNC 自动门"拉动调节块，调节 CNC 左、右门的开闭，如图 7-40~ 图 7-42 所示。

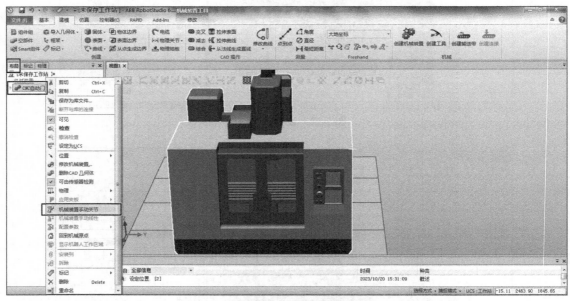

图 7-40　选择"机械装置手动关节"

20）在"布局"窗口，选中"CNC 自动门"，单击鼠标右键→选择"保存为库文件 ..."→选择好要保存的路径→填写好要保存的文件名→选择好保存类型 [Library 文件（*.rslib）]→单击"保存（S）"，完成保存，如图 7-43 和图 7-44 所示。

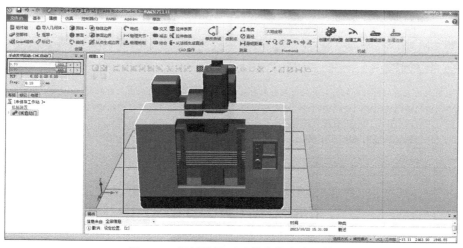

图 7-41　机械装置手动关节最大值调整

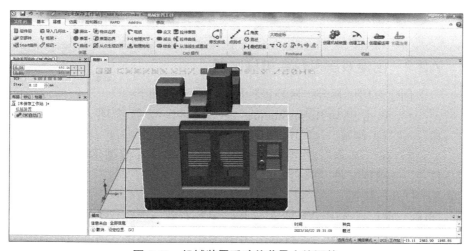

图 7-42　机械装置手动关节最小值调整

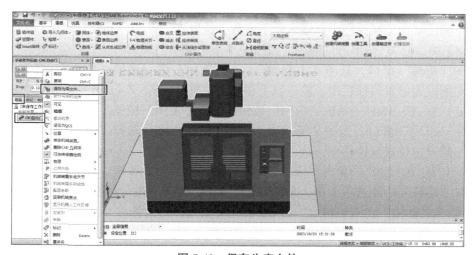

图 7-43　保存为库文件

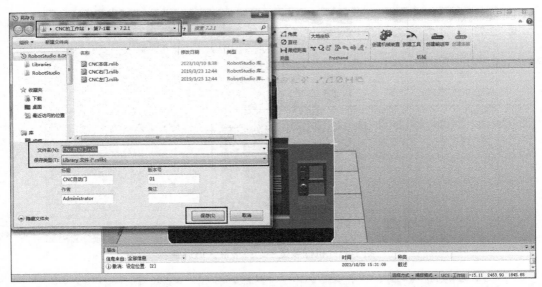

图 7-44　库文件保存

7.2.2　创建双层供料台机械装置

创建双层供料台机械装置，具体操作步骤如下：

1）双击启动 RobotStudio，在"文件"功能选项卡中，依次选择"新建"→"空工作站"→单击"创建"按钮。

2）在"基本"功能选项卡中，单击"导入模型库"→选择"浏览库文件..."→找到文件"料台本体""上料盘"和"下料盘"共三个 .rslib 库文件，全选后，单击"打开"按钮。

3）在"布局"窗口，选中"上料盘"，单击鼠标右键→选择"断开与库的连接"。

4）在"布局"窗口，选中"下料盘"，单击鼠标右键→选择"断开与库的连接"。

5）在"布局"窗口，选中"料台本体"，单击鼠标右键→选择"断开与库的连接"。

6）在"布局"窗口，选中"料台本体"，单击鼠标右键→选择"位置"→单击"设定位置"→在左侧设定位置属性栏中，输入以下参数，位置 X、Y、Z（mm）"600、-33、425"→方向（deg）"0、0、0"→单击"应用"按钮→单击"关闭"按钮。

7）在"布局"窗口，选中"上料盘"，单击鼠标右键→选择"位置"→单击"设定位置"→在左侧设定位置属性栏中，输入以下参数，位置 X、Y、Z（mm）"230、450、923"→方向（deg）"0、0、180"→单击"应用"按钮→单击"关闭"按钮。

8）在"布局"窗口，选中"下料盘"，单击鼠标右键→选择"位置"→单击"设定位置"→在左侧设定位置属性栏中，输入以下参数，位置 X、Y、Z（mm）"970、450、723"→方向（deg）"0、0、180"→单击"应用"按钮→单击"关闭"按钮。

9）在"建模"功能选项卡中，单击"创建机械装置"→在右侧创建机械装置属性栏中，机械装置模型名称输入"双层料台"→机械装置类型选择"设备"。

10）在"创建机械装置"窗口中，双击"链接"→在"创建链接"弹出框中，链接名称输入"L1"→所选组件选择"料台本体"→勾选"设置为 BadeLink"→单击"▶"按钮，在已添加的主页中添加，然后单击"应用"按钮。

11）继续在"创建链接"弹出框中，链接名称输入"L2"→所选组件选择"上料盘"→单击"▶"按钮，然后单击"应用"按钮。

12）继续在"创建链接"弹出框中，链接名称输入"L3"→所选组件选择"下料盘"→单击"▶"按钮，然后单击"确定"按钮。

13）在"创建机械装置"窗口中，双击"接点"→在"创建接点"弹出框中，关节名称输入"J1"→关节类型选择"往复的"→选择捕捉工具"捕捉对象"→单击"第一个位置（mm）"下面的第一个数据框→移动到上料盘左上角，单击左键，捕捉位置数据→单击"第二个位置（mm）"下面的第一个数据框→移动到上料盘右上角，单击左键，捕捉位置数据→关节限值的最小限值（mm）输入"0"，最大限值（mm）输入"740"→单击"应用"按钮，如图 7-45 所示。

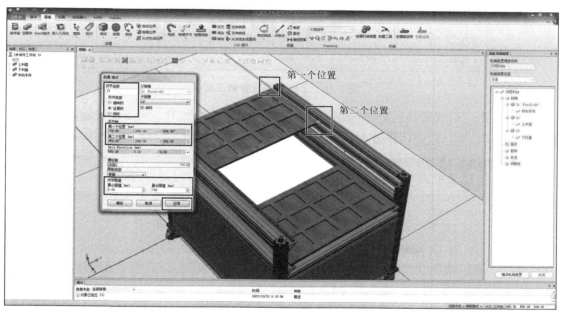

图 7-45　上料盘接点参数设置

14）继续在"创建接点"弹出框中，关节名称输入"J2"→关节类型选择"往复的"→父链接选择"L1（BaseLink）"→选择捕捉工具"捕捉对象"→单击"第一个位置（mm）"下面的第一个数据框→移动到下料盘右上角，单击左键，捕捉位置数据→单击"第二个位置（mm）"下面的第一个数据框→移动到下料盘左上角，单击左键，捕捉位置→关节限值的最小限值（mm）输入"0"，最大限值（mm）输入"740"→单击"确定"按钮，如图 7-46 所示。

15）双击鼠标左键，打开"创建机械装置"窗口→单击鼠标左键，调整"创建机械装置"窗口的大小→单击"编译机械装置"→单击"添加"→在"创建姿态"弹出框中，勾选"原点姿态"→关节值中的两个数据调整到"0"→单击"应用"按钮。

16）在"创建姿态"弹出框中，姿态名称输入"切换"→关节值中的两个数据调整到"740"→单击"确定"按钮。

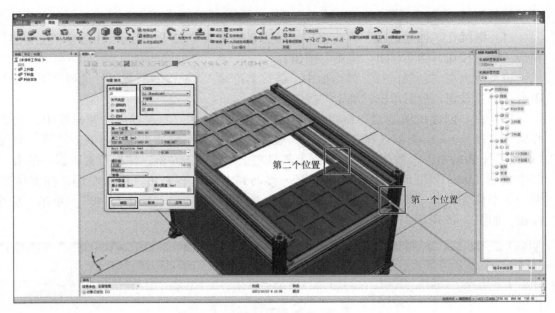

图 7-46　下料盘接点参数设置

17）单击"设置转换时间"→在"设置转换时间"弹出框中，同步位置输入"0、0"→原点位置输入"0、2"→切换输入"2、2"→单击"确定"按钮，如图 7-47 所示。

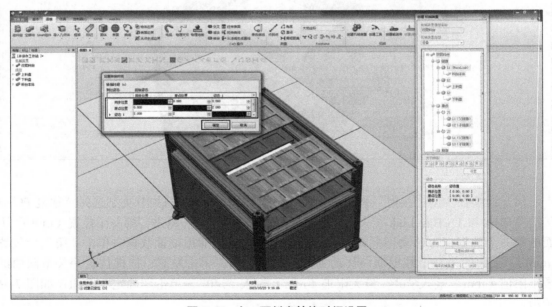

图 7-47　上、下料盘转换时间设置

18）在"创建机械装置"窗口中，单击"关闭"按钮，完成创建。

19）在"布局"窗口，选中"双层料台"，单击鼠标右键→单击"机械装置拖动关节"→可以调节双层料台上、下料盘移动。

20）在"布局"窗口，选中"双层料台"，单击鼠标右键→选择"保存为库文件..."→

选择好要保存的路径、填写好要保存的文件名、选择好保存类型 [Library 文件（*.rslib）]，最后单击"保存（S）"按钮，完成保存。

7.3　创建自动化生产线工业机器人用工具

本节将以气动打磨机、气动夹爪、双头气动夹爪为例，介绍如何在 RobotStudio 中创建工业机器人工具。其中，气动打磨机是不含关节装置的工具，气动夹爪是含关节装置的工具，双头气动夹爪是含有多个作业装置的工具。

扫一扫看视频

7.3.1　创建气动打磨机工具

创建气动打磨机工具，具体操作步骤如下：

1）双击启动 RobotStudio，在"文件"功能选项卡中，依次选择"新建"→"空工作站"→单击"创建"按钮。

2）在"基本"功能选项卡中，单击"导入模型库"→选择"浏览库文件 ..."→找到文件"3M 打磨机"→单击"打开"按钮。

3）在"布局"窗口，选中"3M 打磨机"，单击鼠标右键→选择"断开与库的连接"。

4）在"布局"窗口，选中"3M 打磨机"，单击鼠标右键→选择"修改（M）"→选择"设定本地原点"→调整视图的角度，找到"3M 打磨机"的底座面→选择捕捉工具"捕捉中心"→单击左边"设置本地原点：3M 打磨机"窗口中的"位置 X、Y、Z（mm）"下的数值框→移动捕捉"3M 打磨机"底座的中心点，并捕捉中心数据（此数据每个人操作时都不同，非确定统一值），位置 X、Y、Z（mm）输入"-7.06、199.95、96.76"→方向（deg）输入"0、0、-23.99"→单击"应用"按钮，最后单击"关闭"按钮，如图 7-48 和图 7-49 所示。

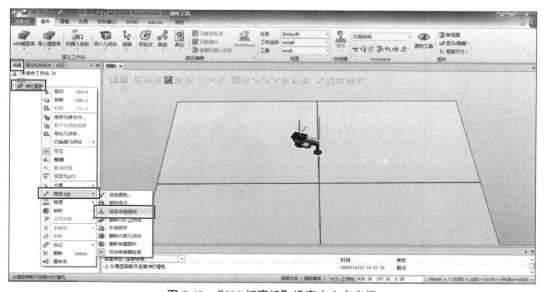

图 7-48　"3M 打磨机"设定中心点坐标

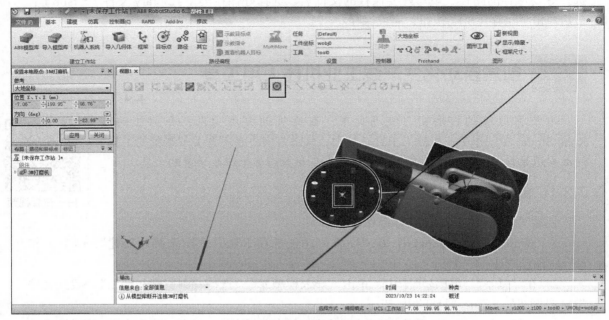

图 7-49 "3M 打磨机"设定中心点坐标应用

5）将上一步的操作步骤中，捕捉的"3M 打磨机"底座中心点坐标，设置为本地原点坐标。在"布局"窗口，选中"3M 打磨机"，单击鼠标右键→选择"设定位置…"→位置 X、Y、Z（mm）输入"0、0、0"→方向（deg）输入"0、0、0"→单击"应用"按钮，最后单击"关闭"按钮，如图 7-50 和图 7-51 所示。

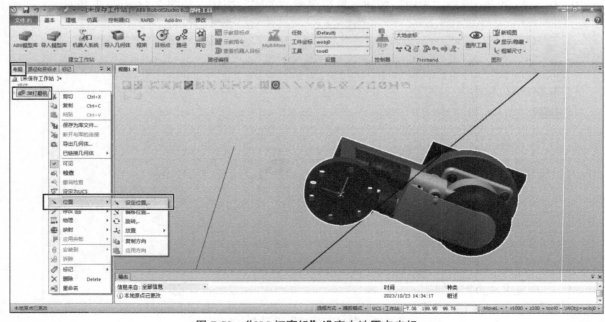

图 7-50 "3M 打磨机"设定本地原点坐标

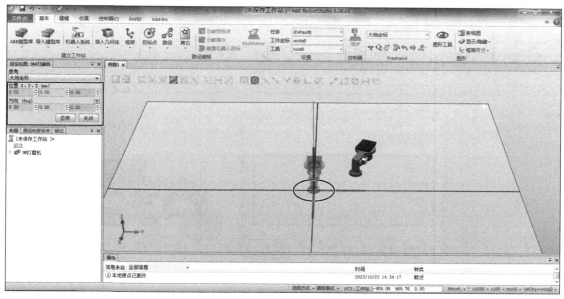

图 7-51　"3M 打磨机"设定本地原点坐标应用

6）在"建模"功能选择卡中，单击"创建工具"→在"创建工具"弹出框中，Tool 名称输入"气动打磨机"→选择组件，选择"使用已有的部件"，并选择"3M 打磨机"→重量（kg）输入"2"→重心（mm）输入"-30、0、30"→单击"下一个 >"→TCP 名称输入"tool_3M"→选择捕捉工具"捕捉对象""捕捉中心"→单击位置（mm）下面的数据框→捕捉到打磨机工作面中心点位置（mm）"-125.85~、0.22~、101.72~"（此数据每个人操作时都不同，非确定统一值）→单击" >"按钮，最后单击"完成"按钮，如图 7-52~图 7-54 所示。

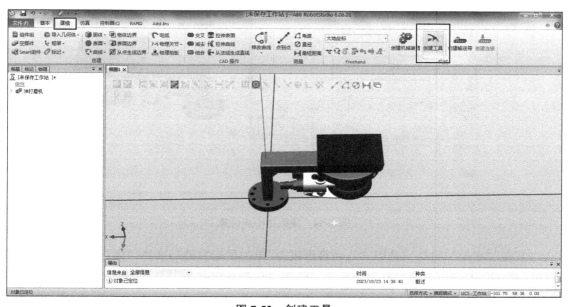

图 7-52　创建工具

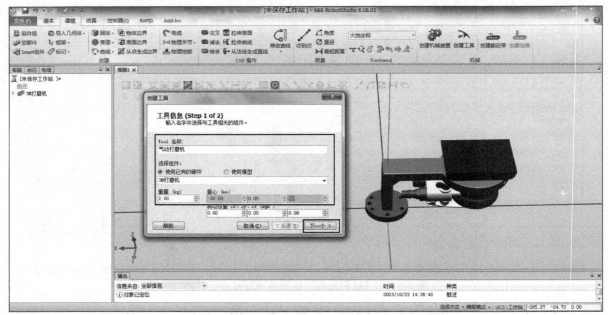

图 7-53 创建工具名称及参数

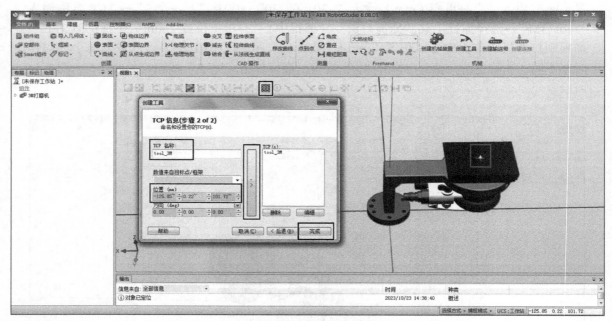

图 7-54 捕捉中心点位置

7）在"布局"窗口，选中"气动打磨机"，单击鼠标右键→选择"保存为库文件 …"→选择好要保存的路径、填写好要保存的文件名、选择好保存类型 [Library 文件（*.rslib）] →单击"保存（S）"按钮，如图 7-55 和图 7-56 所示。

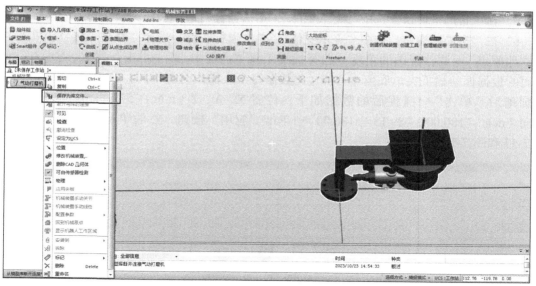

图 7-55　保存为库文件

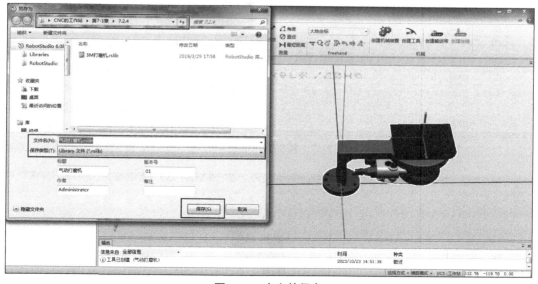

图 7-56　库文件保存

7.3.2　创建气动夹爪工具

创建气动夹爪工具，具体操作步骤如下：

1）双击启动 RobotStudio，在"文件"功能选项卡中，依次选择"新建"→"空工作站"→单击"创建"按钮。

2）在"基本"功能选项卡中，单击"导入模型库"→选择"浏览库文件…"→找到文件"夹爪主体""夹爪 1"和"夹爪 2"→全选后，单击"打开"按钮。

3）在"布局"窗口，选中"夹爪 1"，单击鼠标右键→选择"断开与库的连接"。

4）在"布局"窗口，选中"夹爪 2"，单击鼠标右键→选择"断开与库的连接"。

扫一扫看视频

5）在"布局"窗口，选中"夹爪主体"，单击鼠标右键→选择"断开与库的连接"。

6）在"布局"窗口，选中"夹爪主体"，单击鼠标右键→选择"修改（M）"→单击"设定本地原点"→调整视图的角度→选择捕捉工具"捕捉中心"→单击位置 X、Y、Z（mm）下面的数据框→捕捉夹爪底座中心点（此数据每个人操作时都不同，非确定统一值），出现小圆球后"单击"→捕捉后的数据如下，位置 X、Y、Z（mm）"57.57ˉ、0.00、129.73ˉ"，方向（deg）"180.00、−89.13ˉ、180.00"→单击"应用"按钮，然后单击"关闭"按钮，如图 7-57 和图 7-58 所示。

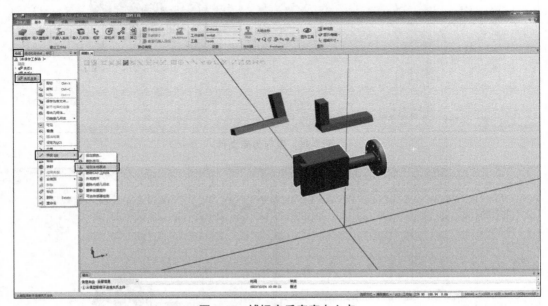

图 7-57　捕捉夹爪底座中心点

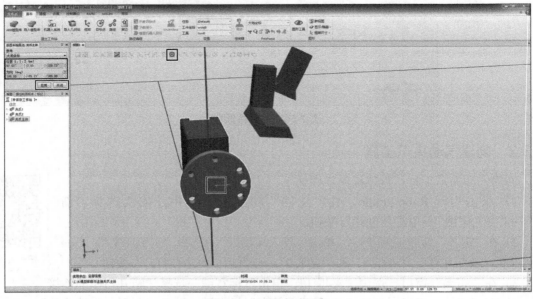

图 7-58　设定本地原点

7）在"布局"窗口，选中"夹爪主体"，单击鼠标右键→选择"位置"→单击"设定位置"→位置 X、Y、Z（mm）输入"0、0、0"，方向（deg）输入"0、0、0"→单击"应用"按钮，然后单击"关闭"按钮，如图 7-59 和图 7-60 所示。

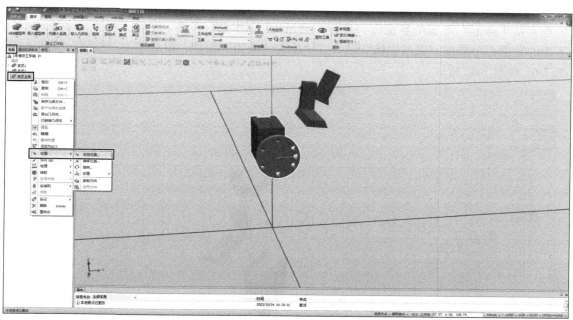

图 7-59　捕捉夹爪主体中心点

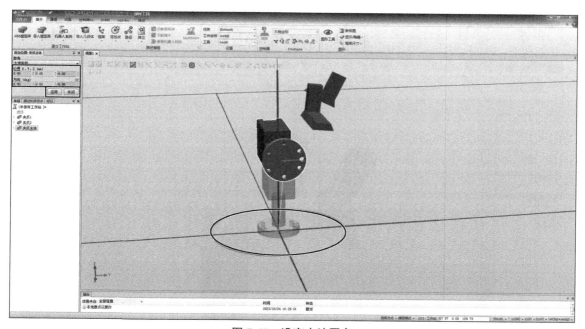

图 7-60　设定本地原点

8）在"布局"窗口，选中"夹爪 1"，单击鼠标右键→选择"位置"→选择"放置"→

选择"三点法"→调整视图的角度→选择捕捉工具"捕捉对象"→单击"主点 – 从（mm）"下面的数据框→捕捉"夹爪 1"第 1 点→单击"主点 – 到（mm）"下面的数据框→捕捉"夹爪主体"第 2 点→单击"X 轴上的点 – 从（mm）"下面的数据框→捕捉"夹爪 1"第 3 点→单击"X 轴上的点 – 到（mm）"下面的数据框→捕捉"夹爪主体"第 4 点→单击"Y 轴上的点 – 从（mm）"下面的数据框→捕捉"夹爪 1"第 5 点→单击"Y 轴上的点 – 到（mm）"下面的数据框→捕捉"夹爪主体"第 6 点→单击"应用"按钮，最后单击"关闭"按钮，如图 7-61 和图 7-62 所示。

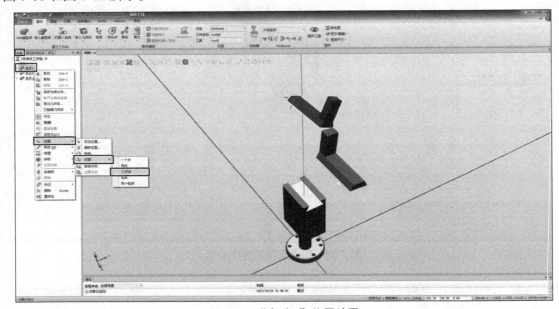

图 7-61　"夹爪 1"位置放置

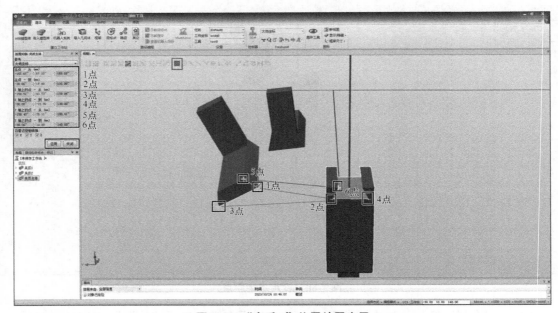

图 7-62　"夹爪 1"位置放置应用

6 个点捕捉参考数据如下（根据实际捕捉的数据确定，非统一值）：

主点 – 从（mm）：–157.67~、67.10~、183.83~。

主点 – 到（mm）：–30.00、15.00、130.00~。

X 轴上的点 – 从（mm）：–158.51~、93.73~、170.04~。

X 轴上的点 – 到（mm）：–30.00、15.00、130.00~。

Y 轴上的点 – 从（mm）：–158.40~、76.11~、190.41~。

Y 轴上的点 – 到（mm）：–30.00、10.00、140.00~。

9）在"布局"窗口，选中"夹爪 2"，单击鼠标右键→选择"位置"→选择"放置"→选择"三点法"→调整视图的角度→选择捕捉工具"捕捉对象"→单击"主点 – 从（mm）"下面的数据→捕捉"夹爪 2"第 1 点→单击"主点 – 到（mm）"下面的数据→捕捉"夹爪主体"第 2 点→单击"X 轴上的点 – 从（mm）"下面的数据→捕捉"夹爪 2"第 3 点→单击"X 轴上的点 – 到（mm）"下面的数据→捕捉"夹爪主体"第 4 点→单击"Y 轴上的点 – 从（mm）"下面的数据→捕捉"夹爪 2"第 5 点→单击"Y 轴上的点 – 到（mm）"下面的数据→捕捉"夹爪主体"第 6 点→单击"应用"按钮，最后单击"关闭"按钮，如图 7-63~图 7-65 所示。

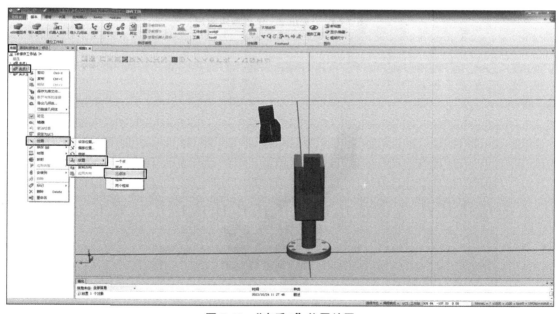

图 7-63　"夹爪 2"位置放置

6 个点捕捉参考数据如下（根据实际捕捉的数据确定，非统一值）：

主点 – 从（mm）：65.29~、38.37~、175.66~。

主点 – 到（mm）：30.00、15.00、130.00~。

X 轴上的点 – 从（mm）：65.07~、68.17~、172.24~。

X 轴上的点 – 到（mm）：30.00~、–15.00、130.00~。

Y 轴上的点 – 从（mm）：65.13~、44.48~、185.03~。

Y 轴上的点 – 到（mm）：30.00~、10.00、140.00~。

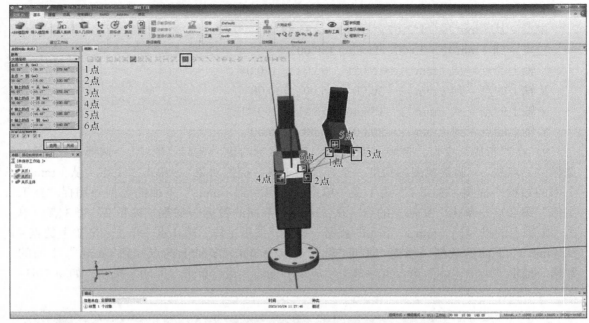

图 7-64 "夹爪 2" 位置放置应用

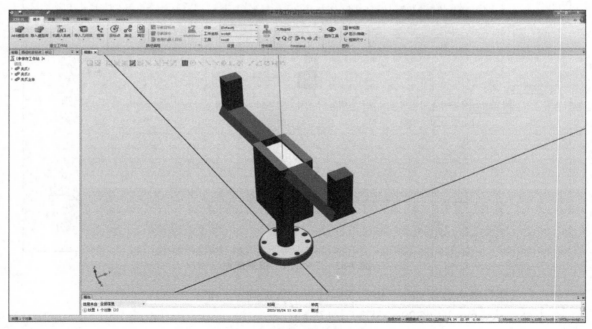

图 7-65 "夹爪" 放置完成

10）在"建模"功能选项卡中，单击"创建机械装置"→在"创建机械装置"窗口中，机械装置模型名称输入"气动夹爪"→机械装置类型选择"工具"，如图 7-66 和图 7-67 所示。

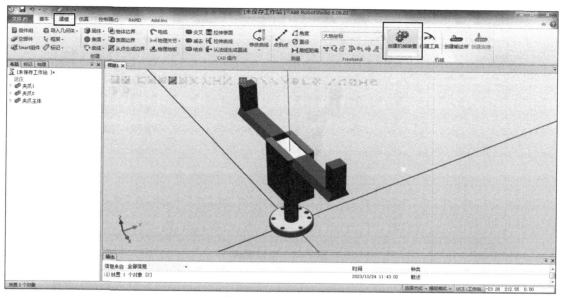

图 7-66　创建机械装置

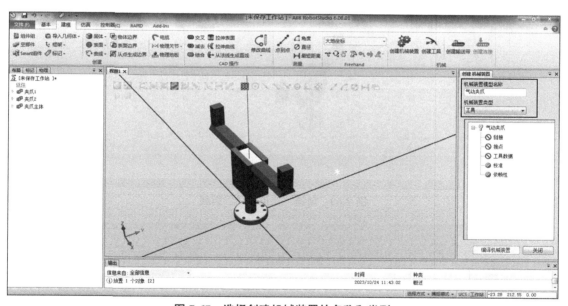

图 7-67　选择创建机械装置的名称和类型

11）在"创建机械装置"窗口中，双击"链接"→在"创建链接"弹出框中，链接名称输入"L1"→所选组件选择"夹爪主体"→勾选"设置为 BaseLink"→单击"▶"按钮，最后单击"应用"按钮，如图 7-68~图 7-70 所示。

12）继续在"创建链接"弹出框中，链接名称输入"L2"→所选组件选择"夹爪 1"→单击"▶"按钮，最后单击"应用"按钮，如图 7-71 和图 7-72 所示。

13）继续在"创建链接"弹出框中，链接名称输入"L3"→所选组件选择"夹爪 2"→单击"▶"按钮，最后单击"确定"按钮，如图 7-73 和图 7-74 所示。

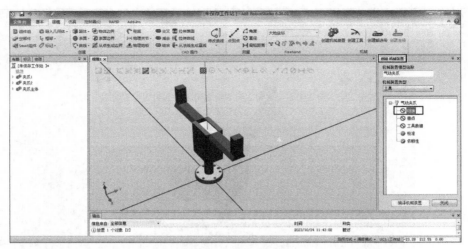

图 7-68　创建链接

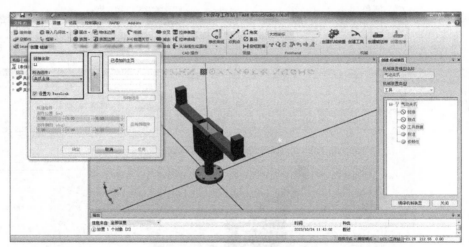

图 7-69　创建"夹爪主体"链接

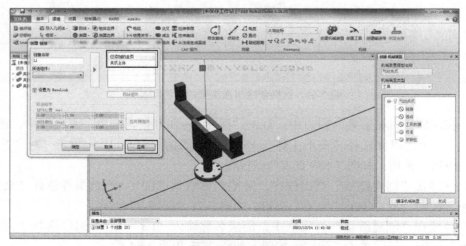

图 7-70　创建"夹爪主体"链接应用

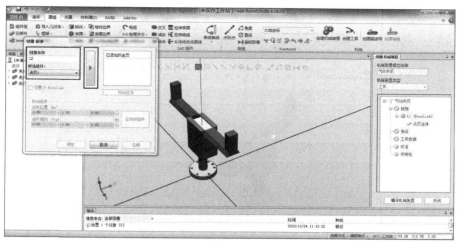

图 7-71　创建"夹爪 1"链接

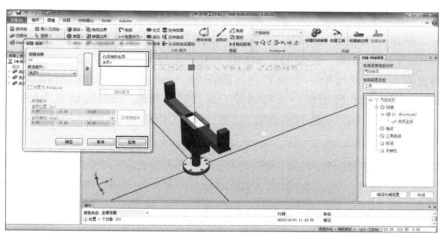

图 7-72　创建"夹爪 1"链接应用

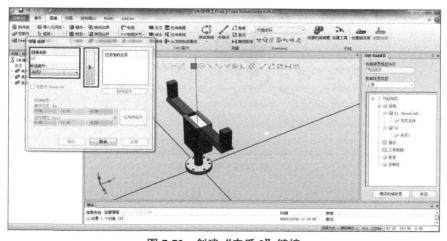

图 7-73　创建"夹爪 2"链接

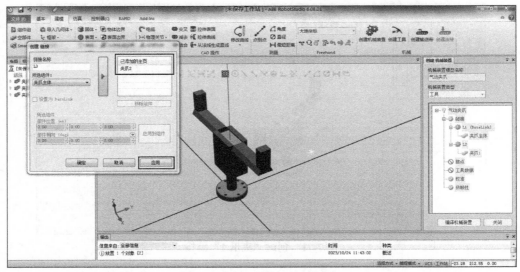

图 7-74　创建"夹爪 2"链接应用

14）在"创建机械装置"窗口中，双击"接点"→在"创建接点"弹出框中，关节名称输入"J1"→关节类型勾选"往复的"→单击"第一个位置（mm）"下面的数据框→选择捕捉工具"捕捉对象"→捕捉第一个位置点，数据为"−30.00˜、−10.00˜、140.00"→单击"第二个位置（mm）"下面的数据框→选择捕捉工具"捕捉对象"→捕捉第二个位置点，数据为"30.00˜、−10.00˜、140.00"→最小限值输入"0"→最大限值输入"60"→单击"应用"按钮，如图 7-75 和图 7-76 所示。

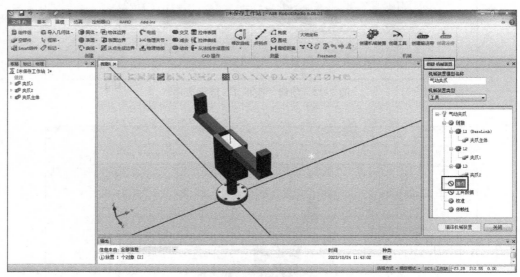

图 7-75　创建接点

15）继续在"创建接点"弹出框中，关节名称输入"J2"→关节类型勾选"往复的"→父链接选择"L1（BaseLink）"→单击"第一个位置（mm）"下面的数据框→选择捕捉工具"捕捉对象"→捕捉第一个位置点，数据为"30.00˜、10.00˜、140.00"→单击"第二个位置

（mm）"下面的数据框→选择捕捉工具"捕捉对象"→捕捉第二个位置点，数据为"-30.00˜、10.00、140.00˜"→最小限值输入"0"→最大限值输入"60"→单击"确定"按钮，如图 7-77 所示。

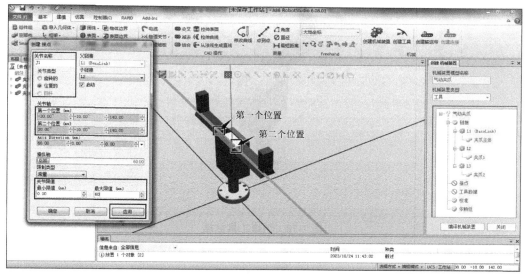

图 7-76　创建"夹爪 1"接点

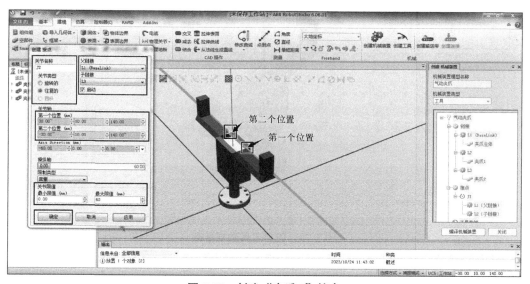

图 7-77　创建"夹爪 2"接点

16）在"创建机械装置"窗口中，双击"工具数据"→在"创建工具数据"弹出框中，工具数据名称输入"Tool_3M"→属于链接选择"L1（BaseLink）"→选择捕捉工具"捕捉对象"→单击"位置（mm）"下面的数据→捕捉主体上中心点，将获取到的 Z 轴坐标值加上 40mm，最后的数据为"0.00˜、0.00、170"→工具数据输入"2"→重心输入"0.00、0.00、30"→单击"确定"按钮，如图 7-78 和图 7-79 所示。

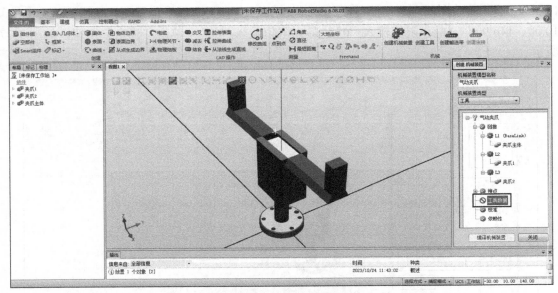

图 7-78 创建工具数据

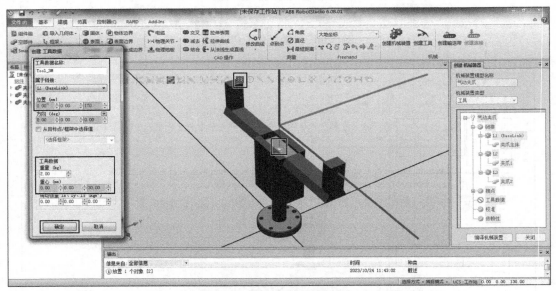

图 7-79 创建工具数据参数

17）双击"创建机械装置"窗口→调整"创建机械装置"窗口的大小→单击"编译机械装置"→单击"添加"→在"创建姿态"弹出框中，勾选"原点姿态"→关节值中的两个数据拉动到"0"→单击"应用"按钮。

18）继续在"创建姿态"弹出框中，姿态名称输入"夹紧姿态"→关节值中的两个数据拉动到"60"→单击"确定"按钮。

19）在"创建机械装置"窗口中，单击"关闭"按钮，完成创建。

20）在"布局"窗口，选中"气动夹爪"，单击鼠标右键→单击"机械装置拖动关节"→可以手动调节气动夹爪的松开和夹紧。

21）在"布局"窗口，选中"气动夹爪"，单击鼠标右键→选择"保存为库文件 ..."→选择好要保存的路径、填写好要保存的文件名、选择好保存类型 [Library 文件（*.rslib）]，最后单击"保存（S）"按钮。

7.4　带数控机床（CNC）的自动化生产线仿真综合应用

7.4.1　CNC 自动化生产线仿真的工作流程

在完成了自动化生产线各机械装置的设置和自动化生产线工业机器人用工具的创建之后，需要对自动化生产线进行搭建仿真。而在仿真之前，需要对自动化生产线的流程进行梳理，以便更快、更好地完成仿真工作。CNC 自动化生产线仿真工作流程如图 7-80 所示。

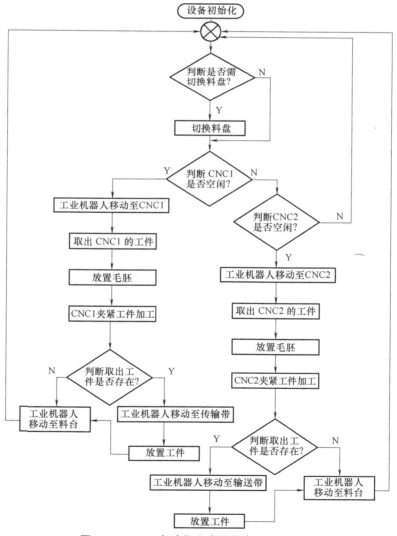

图 7-80　CNC 自动化生产线仿真工作流程图

7.4.2　CNC 自动化生产线仿真的逻辑设计

整个 CNC 自动化生产线仿真的仿真效果是由 5 个 Smart 组件及工业机器人系统构成，它们相互之间的逻辑交互如图 7-81 所示。

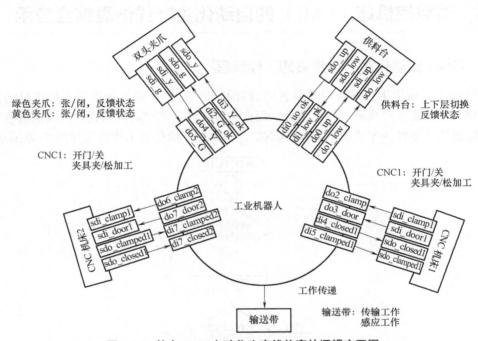

图 7-81　整个 CNC 自动化生产线仿真的逻辑交互图

7.4.3　CNC 自动化生产线仿真的布局

工业机器人应用场景工作站仿真，有时需要在项目实施前制作，有时则是在项目实施后才制作。无论是哪一种情况，在进行工作站仿真的设备布局时，都要遵循一些原则。需要遵循的原则有以下 5 项：

1）仿真布局与现场实际布局应尽可能一致。制作工业机器人应用场景工作站仿真的目的之一是为了便于离线编程。工作站仿真的布局与设备现场的实际布局的一致性越高，离线编程输出程序的所需的调试时间越短。

2）在一个工业机器人应用项目中，优先定位大型设备。很多时候是先通过仿真软件来进行设备的布局设计，然后，项目现场根据工作站仿真的布局进行设备的定位摆放。这种情况下，需要优先定位项目中的大型设备，工业机器人或其他设备需要以大型设备为参考进行布局。因为大型设备搬运需要使用大型搬运机械，出于安全性和经济性考虑，都不允许轻易对其进行二次搬运定位。

3）作为工业机器人工作点位的参照设备，模型需精确定位，不可凭目视拖拽模型定位。工业机器人应用场景工作站仿真中的一些装饰性元素，比如作业人员、椅子等，可以通过拖曳的方式进行摆放定位。而一些设备或装置是作为工业机器人工作点位的参考，比如供料台料盘、CNC 夹具等，这些设备的几何模型需要精确定位，否则会导致离线编程输出的工业机器人程序难以调试，浪费宝贵的项目推进时间。

4）需要对工业机器人的所有工作点位进行可达性检测。在仿真软件进行设备布局时，一定要考虑工业机器人工作点位的可达性，且位于设备密集、空间紧凑的工业机器人，其工作点位的可达性检查不能只考虑这些点位是否位于工业机器人的工作空间范围内，还应检查机器人能否以预期的姿态到达这些工作点位。

5）需要创建工业机器人与其移动路径附近的设备之间的碰撞监控检测。为了确保设备安全，在设备布局的最后环节，一定要创建工业机器人与其他设备的碰撞监控检测，这样设备布局的不合理之处和工业机器人移动轨迹的不合理之处，都能够在项目实施前被发现并改进。

解压缩的文件"带数控机床（CNC）的自动化生产线仿真（未完成布局）.rspag"，提供了带数控机床（CNC）的自动化生产线仿真所使用的全部几何模型，如图 7-82 所示，打开此文件，将各模型摆放成如图 7-83 所示的布局。

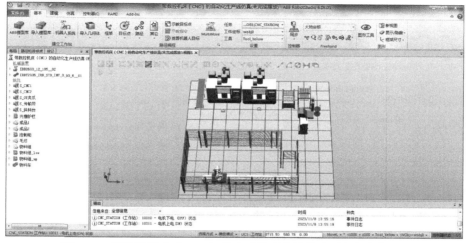

图 7-82　带数控机床（CNC）的自动化生产线仿真（未完成布局）

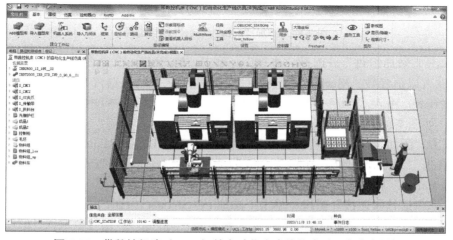

图 7-83　带数控机床（CNC）的自动化生产线仿真（已完成布局）

扫一扫看视频

7.4.4　创建 CNC 自动化生产线仿真各 Smart 组件

解压缩文件"带数控机床（CNC）的自动化生产线仿真（未完成）.rspag"的工作站，并另存工作站。

（1）创建供料台 Smart 组件

供料台 Smart 组件与机器人的逻辑交互见图 7-81。

创建供料台 Smart 组件的具体操作步骤如下：

1）在"布局"窗口，选中"S_ 供料台"，单击鼠标右键→选择"编辑组件"。

2）在"组成"窗口的子对象组件中，单击"添加组件"→选择"本体"→单击"JointMover"→在左侧"JointMover"属性栏中，输入以下参数，Mechanism 选择"双层料台（S_ 供料台）"→ Duration（s）输入"1"→单击"应用"按钮，最后单击"关闭"按钮，如图 7-84 和图 7-85 所示。

图 7-84　添加"JointMover"属性选择

3）单击"添加组件"→选择"本体"→单击"JointMover"→在左侧"JointMover"属性栏中，输入以下参数，Mechanism 选择"双层料台中（S_ 供料台）"→ Duration（s）输入"1"→ J1（mm）输入"740"→ J2（mm）输入"740"→单击"应用"按钮，最后单击"关闭"按钮，如图 7-86 所示。

4）单击"添加组件"→选择"信号和属性"→单击"LogicSRLatch"。

5）单击"添加组件"→选择"信号和属性"→单击"LogicSRLatch"。在左侧"LogicSRLatch_2"属性栏中，单击"关闭"按钮。

6）选择"信号和连接"窗口→单击"添加 I/O Signals"→在"添加 I/O Signals"弹出框中，信号类型选择"DigitalOutput"→信号名称输入"sdo_up"→信号值输入"0"→单击"确定"按钮。

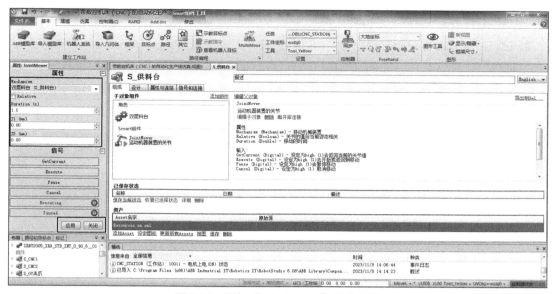

图 7-85　添加"JointMover"属性应用

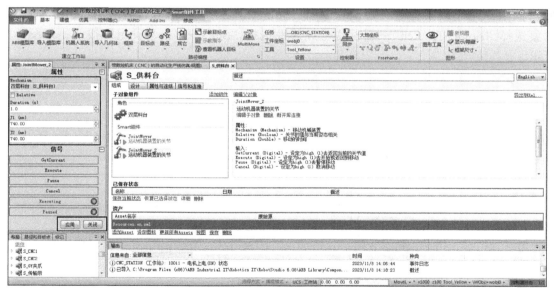

图 7-86　修改参数再次添加"JointMover"属性应用

7）单击"添加 I/O Signals"→信号类型选择"DigitalOutput"→在"添加 I/O Signals"弹出框中，信号名称输入"sdo_low"→信号值输入"0"→单击"确定"按钮。

8）单击"添加 I/O Signals"→在"添加 I/O Signals"弹出框中，信号类型选择"DigitalInput"→信号名称输入"sdi_up"→信号值输入"0"→单击"确定"按钮。

9）单击"添加 I/O Signals"→在"添加 I/O Signals"弹出框中，信号类型选择"DigitalInput"→信号名称输入"sdi_low"→信号值输入"0"→单击"确定"按钮，完成后的 I/O 信号，如图 7-87 所示。

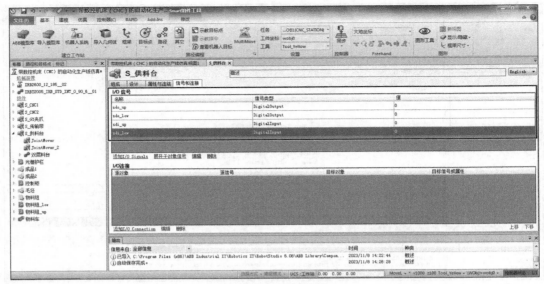

图 7-87　I/O 信号添加

10）选择"信号和连接"窗口→单击"添加 I/O Connection"→在添加 I/O Connection 弹出框中，完成以下设置，源对象选择"JointMover"→源信号选择"Executed"→目标对象选择"LogicSRLatch"→目标信号或属性选择"Set"→单击"确定"按钮，如图 7-88 所示。

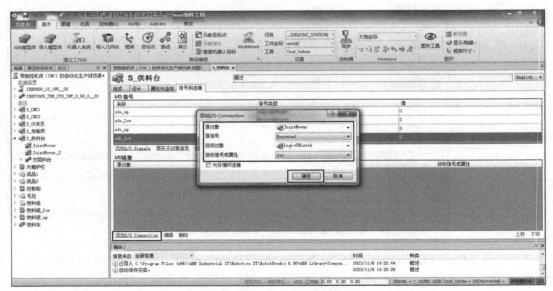

图 7-88　添加第 1 个 I/O Connection

11）选择"信号和连接"窗口→单击"添加 I/O Connection"→在添加 I/O Connection 弹出框中，完成以下设置，源对象选择"LogicSRLatch"→源信号选择"Output"→目标对象选择"S_ 供料台"→目标信号或属性选择"sdo_up"→单击"确定"按钮，如图 7-89 所示。

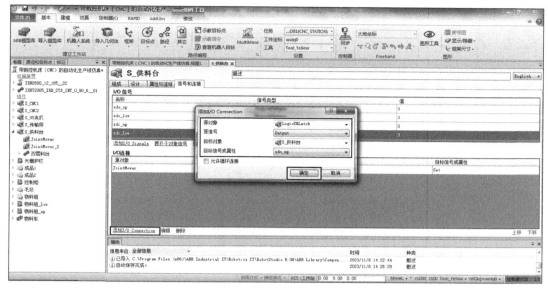

图 7-89　添加第 2 个 I/O Connection

12）选择"信号和连接"窗口→单击"添加 I/O Connection"→在添加 I/O Connection 弹出框中，完成以下设置，源对象选择"JointMover_2"→源信号选择"Executed"→目标对象选择"LogicSRLatch_2"→目标信号或属性选择"Set"→单击"确定"按钮，如图 7-90 所示。

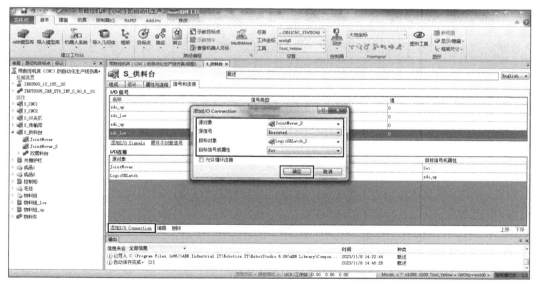

图 7-90　添加第 3 个 I/O Connection

13）选择"信号和连接"窗口→单击"添加 I/O Connection"→在添加 I/O Connection 弹出框中，完成以下设置，源对象选择"JointMover_2"→源信号选择"Executed"→目标对象选择"LogicSRLatch"→目标信号或属性选择"Reset"→单击"确定"按钮，如图 7-91 所示。

图 7-91　添加第 4 个 I/O Connection

14）选择"信号和连接"窗口→单击"添加 I/O Connection"→在添加 I/O Connection 弹出框中，完成以下设置，源对象选择"JointMover"→源信号选择"Executed"→目标对象选择"LogicSRLatch_2"→目标信号或属性选择"Reset"→单击"确定"按钮，如图 7-92 所示。

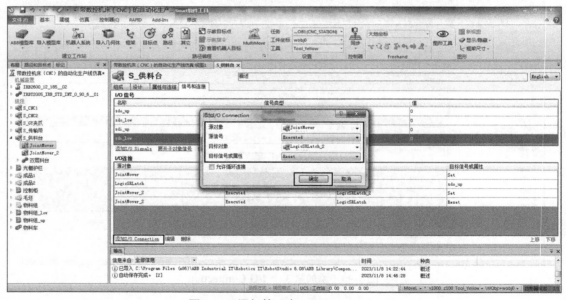

图 7-92　添加第 5 个 I/O Connection

15）选择"信号和连接"窗口→单击"添加 I/O Connection"→在添加 I/O Connection 弹出框中，完成以下设置，源对象选择"S_供料台"→源信号选择"sdi_up"→目标对象选择"JointMover"→目标信号或属性选择"Execute"→单击"确定"按钮，如图 7-93 所示。

图 7-93　添加第 6 个 I/O Connection

16）选择"信号和连接"窗口→单击"添加 I/O Connection"→在添加 I/O Connection 弹出框中，完成以下设置，源对象选择"S_ 供料台"→源信号选择"sdi_low"→目标对象选择"JointMover_2"→目标信号或属性选择"Execute"→单击"确定"按钮，如图 7-94 所示。

图 7-94　添加第 7 个 I/O Connection

17）选择"信号和连接"窗口→单击"添加 I/O Connection"→在添加 I/O Connection 弹出框中，完成以下设置，源对象选择"LogicSRLatch_2"→源信号选择"Output"→目标对象选择"S_ 供料台"→目标信号或属性选择"sdo_low"→单击"确定"按钮，如图 7-95 所示。

完成后的 I/O 连接信号，如图 7-96 所示。

图 7-95　添加第 8 个 I/O Connection

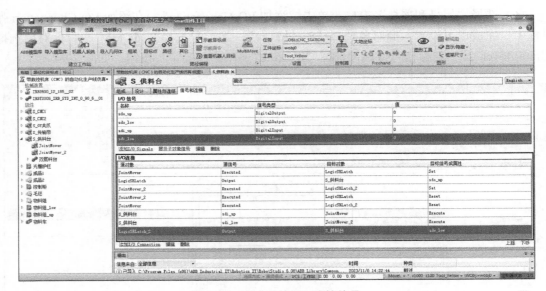

图 7-96　完成后的 I/O 连接信号

至此，供料台 Smart 组件创建完成。

（2）创建双头夹爪 Smart 组件

双头夹爪 Smart 组件与工业机器人的逻辑交互见图 7-81。

创建双头夹爪 Smart 组件的具体操作步骤如下：

1）在"布局"窗口，选中"S_GY 夹爪"，单击鼠标右键→选择"编辑组件"。

2）在"组成"窗口的子对象组件中，单击"添加组件"→选择"本体"→单击"JointMover"→在左侧"JointMover"属性栏中，输入以下参数，Mechanism 选择

扫一扫看视频

"GY 夹爪（S_GY 夹爪）"→勾选"Relative"→单击"GetCurrent"→单击"应用"→ Duration（s）输入"0"→J1（mm）输入"20"，J2（mm）输入"20"，J3（mm）输入"0"，J4（mm）输入"0"→单击"应用"按钮，然后单击"Execute"按钮，最后单击"关闭"按钮，如图 7-97~图 7-99 所示。

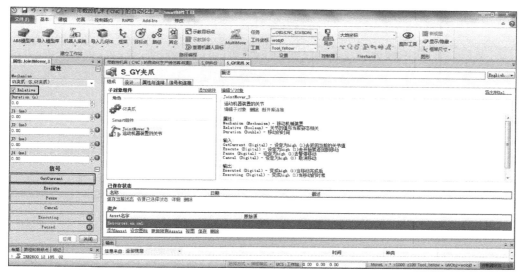

图 7-97　添加"JointMover"属性的"GetCurrent"信号

图 7-98　添加"JointMover"属性应用

3）单击"添加组件"→选择"本体"→单击"JointMover"→在左侧"JointMover"属性栏中，输入以下参数，Mechanism 选择"GY 夹爪（S_GY 夹爪）"→勾选"Relative"→单击"GetCurrent"→单击"应用"→ Duration（s）输入"0"→J1（mm）输入"-20"，J2（mm）输入"-20"，J3（mm）输入"0"，J4（mm）输入"0"→单击"应用"按钮，然后单击"Execute"按钮，最后单击"关闭"按钮，如图 7-100 所示。

工业机器人虚拟仿真与离线编程（ABB）

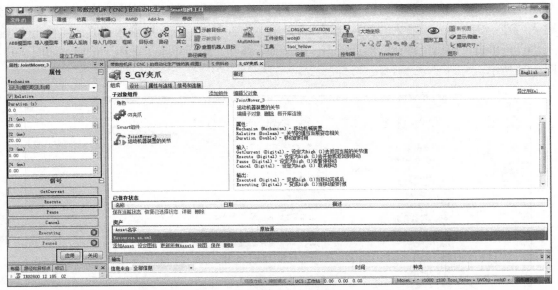

图 7-99　添加"JointMover"属性的"Execute"信号

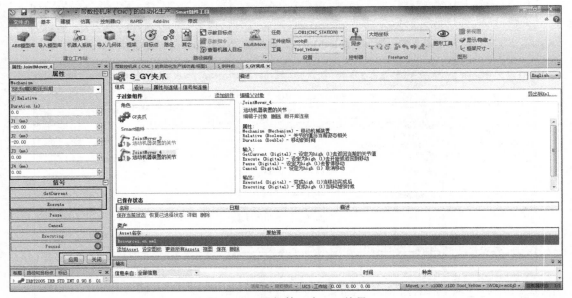

图 7-100　添加第 1 个 I/O 信号

4）单击"添加组件"→选择"本体"→单击"JointMover"→在左侧"JointMover"属性栏中，输入以下参数，Mechanism 选择"GY 夹爪（S_GY 夹爪）"→勾选"Relative"→单击"GetCurrent"→单击"应用"→Duration（s）输入"0"→J1（mm）输入"0"，J2（mm）输入"0"，J3（mm）输入"20"，J4（mm）输入"20"→单击"应用"按钮，然后单击"Execute"按钮，最后单击"关闭"按钮，如图 7-101 所示。

5）单击"添加组件"→选择"本体"→单击"JointMover"→在左侧"JointMover"属性栏中，输入以下参数，Mechanism 选择"GY 夹爪（S_GY 夹爪）"→勾选"Relative"→单

击"GetCurrent"→单击"应用"→Duration（s）输入"0"→J1（mm）输入"0"，J2（mm）输入"0"，J3（mm）输入"–20"，J4（mm）输入"–20"→单击"应用"按钮，然后单击"Execute"按钮，最后单击"关闭"按钮，如图 7-102 所示。

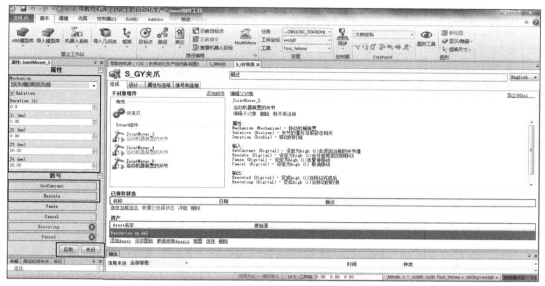

图 7-101　添加第 2 个 I/O 信号

图 7-102　添加第 3 个 I/O 信号

6）单击"添加组件"→选择"信号和属性"→单击"LogicSRLatch"。

7）单击"添加组件"→选择"信号和属性"→单击"LogicSRLatch"。

8）单击"添加组件"→选择"信号和属性"→选择"LogicGate"→在左侧"LogicGate"属性栏中，输入以下参数，Operator 选择"NOT"→单击"关闭"按钮，如图 7-103 所示。

图 7-103　添加第 4 个 I/O 信号

9）单击"添加组件"→选择"信号和属性"→选择"LogicGate"→在左侧"LogicGate"属性栏中，输入以下参数，Operator 选择"NOT"→单击"关闭"按钮。

10）单击"添加组件"→选择"传感器"→单击"LineSensor"→在"布局"窗口，选择"IRBT2005_IRB_STD_INT_0_90_6__01"，单击鼠标右键→选择"回到机械原点"→选择"IRB2600_12_185__02"，单击鼠标右键→选择"机械装置手动关节"→关节角度为［−180，0，0，0，30，180］（单击第 6 轴，输入 180，按下键盘的"Enter"键）→在"布局"窗口，找到 S_GY 夹爪下面的"LineSensor"，单击鼠标右键→选择"属性"→在左侧"LineSensor"属性栏中，输入以下参数，Start（mm）输入"864.5、−778.57、1727.5"→ End（mm）输入"864.5、−778.57、1677.5"→ Radius（mm）输入"2"→ SensedPoint（mm）输入"0、0、0"→ Active"置 1"→单击"应用"按钮，最后单击"关闭"按钮，如图 7-104~ 图 7-108 所示。

图 7-104　返回机械原点

图 7-105　机械装置手动关节

图 7-106　机械装置手动关节调整

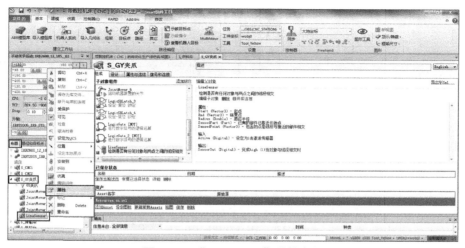

图 7-107　"LineSensor" 属性参数

工业机器人虚拟仿真与离线编程（ABB）

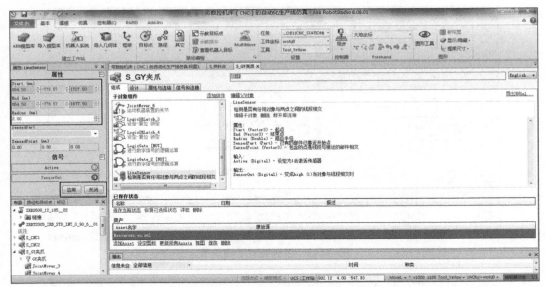

图 7-108　"LineSensor"属性参数输入

11）回到"带数控机床（CNC）的自动化生产线仿真：视图 1"→调整角度，可以观看到线传感器→在"布局"窗口，找到 S_GY 夹爪下的"LineSensor"，单击鼠标右键→单击"安装到"→选择"GY 夹爪"→选择"Tool_Green"→单击"否"，如图 7-109 和图 7-110所示。

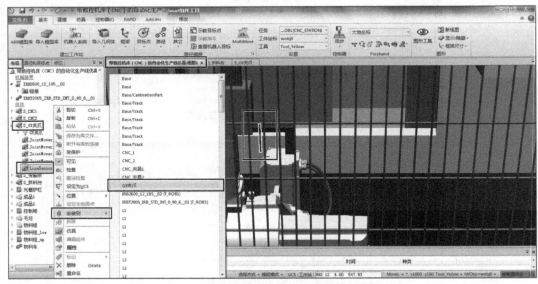

图 7-109　"LineSensor"安装到"GY 夹爪"选择

12）回到"S_GY 夹爪"窗口→单击"添加组件"→选择"传感器"→单击"LineSensor"→在"布局"窗口，选择"IRBT2005_IRB_STD_INT_0_90_6__01"，单击鼠标右键→选择"回到机械原点"→选择"IRB2600_12_185__02"，单击鼠标右键→选择"机械装置手动关节"→关节角度为［-180，0，0，0，30，0］（单击第 6 轴，输入 0，按下键

盘的 "Enter" 键）→在 "布局" 窗口，找到 S_GY 夹爪下面的 "LineSensor_2"，单击鼠标右键→选择 "属性"→在左侧 "LineSensor" 属性栏中，输入以下参数，Start（mm）输入 "864.5、−778.57、1727.5"→End（mm）输入 "864.5、−778.57、1677.5"→Radius（mm）输入 "2"→SensedPoint（mm）输入 "0、0、0"→Active "置 1"→单击 "应用" 按钮，然后单击 "关闭" 按钮。

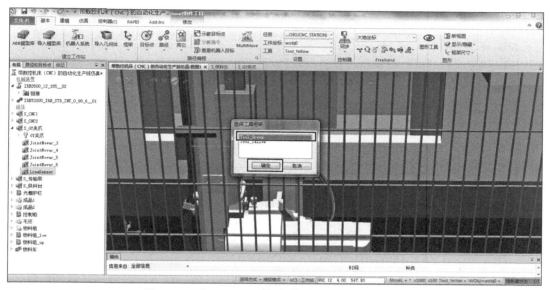

图 7-110　"LineSensor" 安装到 "GY 夹爪" 确定

13）回到 "带数控机床（CNC）的自动化生产线仿真：视图 1"→调整角度，可以观看到线传感器→在 "布局" 窗口，找到 S_GY 夹爪下的 "LineSensor_2"，单击鼠标右键→单击 "安装到"→选择 "GY 夹爪"→选择 "Tool_Yellow"→单击 "否"。

14）回到 "S_GY 夹爪" 窗口→单击 "添加组件"→选择 "动作"→单击 "Attacher"→在左侧 "Attacher" 属性栏中，输入以下参数，Parent 选择 "GY 夹爪（S_GY 夹爪）"→单击 "关闭" 按钮。

15）单击 "添加组件"→选择 "动作"→单击 "Attacher"→在左侧 "Attacher" 属性栏中，输入以下参数，Parent 选择 "GY 夹爪（S_GY 夹爪）"→单击 "关闭" 按钮。

16）单击 "添加组件"→选择 "动作"→选择 "Detacher"→在左侧 "Detacher" 属性栏中，单击 "关闭" 按钮。

17）单击 "添加组件"→选择 "其他"→单击 "SimulationEvents"→在左侧 "SimulationEvents" 属性栏中，单击 "关闭" 按钮。

18）单击 "添加组件"→选择 "信号和属性"→单击 "LogicSRLatch"→在左边的属性窗口，单击 "关闭" 按钮。

19）选择 "信号和连接" 窗口→单击 "添加 I/O Signals"→在 "添加 I/O Signals" 弹出框中，信号类型选择 "DigitalInput"→信号名称输入 "sdi_g"→信号值输入 "0"→单击 "确定" 按钮。

20）单击 "添加 I/O Signals"→在 "添加 I/O Signals" 弹出框中，信号类型选择

"DigitalInput"→信号名称输入"sdi_y"→信号值输入"0"→单击"确定"按钮。

21）单击"添加 I/O Signals"→在"添加 I/O Signals"弹出框中，信号类型选择"DigitalOutput"→信号名称输入"sdo_g"→信号值输入"0"→单击"确定"按钮。

22）单击"添加 I/O Signals"→信号类型选择"DigitalOutput"→在"添加 I/O Signals"弹出框中，信号名称输入"sdo_y"→信号值输入"0"→单击"确定"按钮，完成后的 I/O 信号，如图 7-111 所示。

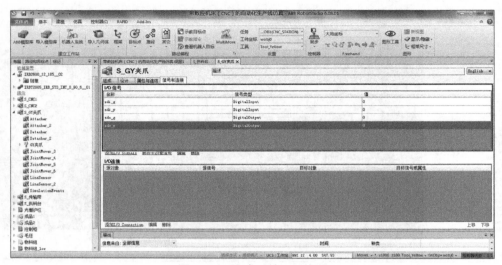

图 7-111　完成后的 I/O 信号

23）选择"信号和连接"窗口→单击"添加 I/O Connection"→在"添加 I/O Connection"弹出框中，完成以下设置，源对象选择"S_GY 夹爪"→源信号选择"sdi_g"→目标对象选择"JointMover_3"→目标信号或属性选择"Execute"→单击"确定"按钮，如图 7-112所示。

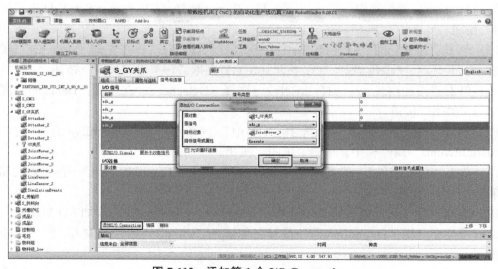

图 7-112　添加第 1 个 I/O Connection

24）选择"信号和连接"窗口→单击"添加 I/O Connection"→在"添加 I/O Connection"弹出框中，完成以下设置，源对象选择"S_GY 夹爪"→源信号选择"sdi_g"→目标对象选择"LogicGate［NOT］"→目标信号或属性选择"InputA"→单击"确定"按钮，如图 7-113 所示。

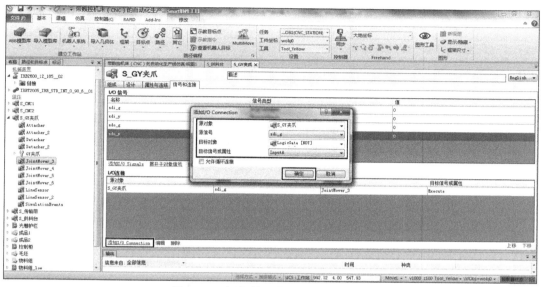

图 7-113　添加第 2 个 I/O Connection

25）选择"信号和连接"窗口→单击"添加 I/O Connection"→在"添加 I/O Connection"弹出框中，完成以下设置，源对象选择"LogicGate［NOT］"→源信号选择"Output"→目标对象选择"JointMover_4"→目标信号或属性选择"Execute"→单击"确定"按钮，如图 7-114 所示。

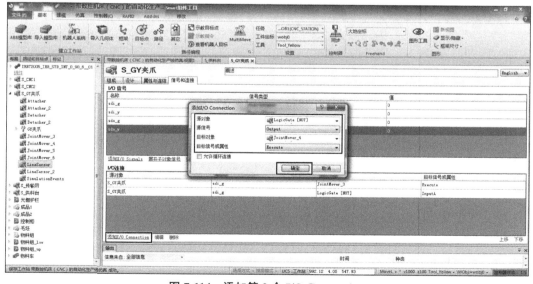

图 7-114　添加第 3 个 I/O Connection

26）选择"信号和连接"窗口→单击"添加 I/O Connection"→在"添加 I/O Connection"弹出框中，完成以下设置，源对象选择"S_GY 夹爪"→源信号选择"sdi_y"→目标对象选择"JointMover_5"→目标信号或属性选择"Execute"→单击"确定"按钮，如图 7-115 所示。

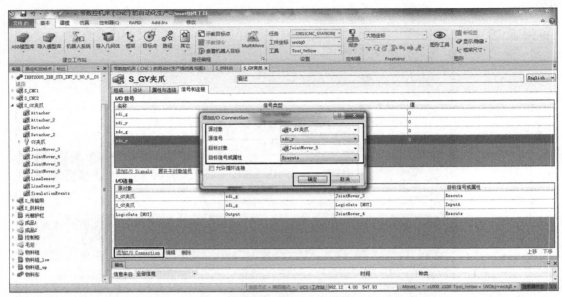

图 7-115　添加第 4 个 I/O Connection

27）选择"信号和连接"窗口→单击"添加 I/O Connection"→在"添加 I/O Connection"弹出框中，完成以下设置，源对象选择"S_GY 夹爪"→源信号选择"sdi_y"→目标对象选择"LogicGate_2［NOT］"→目标信号或属性选择"InputA"→单击"确定"按钮，如图 7-116 所示。

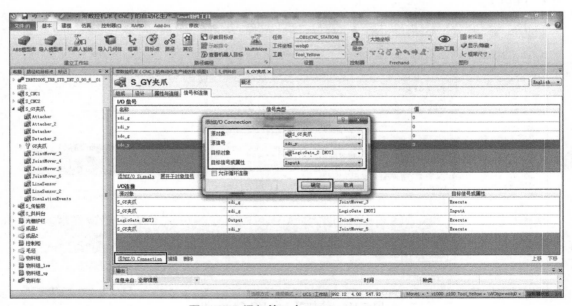

图 7-116　添加第 5 个 I/O Connection

28）选择"信号和连接"窗口→单击"添加 I/O Connection"→在"添加 I/O Connection"弹出框中，完成以下设置，源对象选择"LogicGate_2［NOT］"→源信号选择"Output"→目标对象选择"JointMover_6"→目标信号或属性选择"Execute"→单击"确定"按钮，如图 7-117 所示。

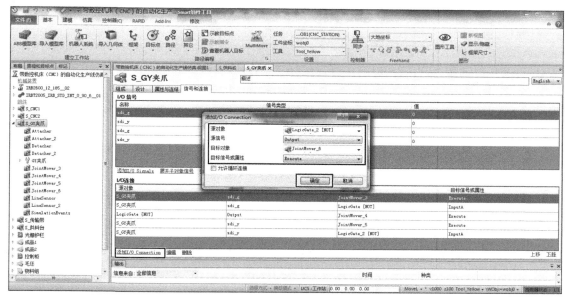

图 7-117　添加第 6 个 I/O Connection

29）选择"信号和连接"窗口→单击"添加 I/O Connection"→在"添加 I/O Connection"弹出框中，完成以下设置，源对象选择"LogicSRLatch_3"→源信号选择"Output"→目标对象选择"S_GY 夹爪"→目标信号或属性选择"sdo_g"→单击"确定"按钮，如图 7-118 所示。

图 7-118　添加第 7 个 I/O Connection

30）选择"信号和连接"窗口→单击"添加 I/O Connection"→在"添加 I/O Connection"弹出框中，完成以下设置，源对象选择"LogicSRLatch_4"→源信号选择"Output"→目标对象选择"S_GY夹爪"→目标信号或属性选择"sdo_y"→单击"确定"按钮，如图 7-119 所示。

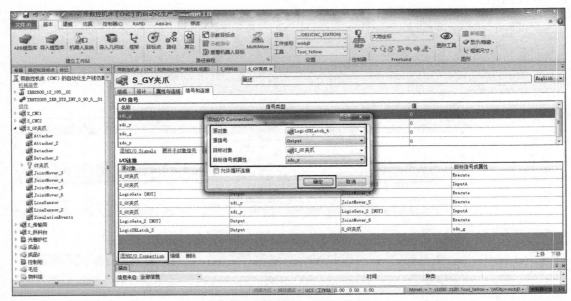

图 7-119　添加第 8 个 I/O Connection

31）选择"信号和连接"窗口→单击"添加 I/O Connection"→在"添加 I/O Connection"弹出框中，完成以下设置，源对象选择"Attacher"→源信号选择"Executed"→目标对象选择"LogicSRLatch_3"→目标信号或属性选择"Set"→单击"确定"按钮，如图 7-120 所示。

图 7-120　添加第 9 个 I/O Connection

32）选择"信号和连接"窗口→单击"添加 I/O Connection"→在"添加 I/O Connection"弹出框中，完成以下设置，源对象选择"Detacher"→源信号选择"Executed"→目标对象选择"LogicSRLatch_3"→目标信号或属性选择"Reset"→单击"确定"按钮，如图 7-121 所示。

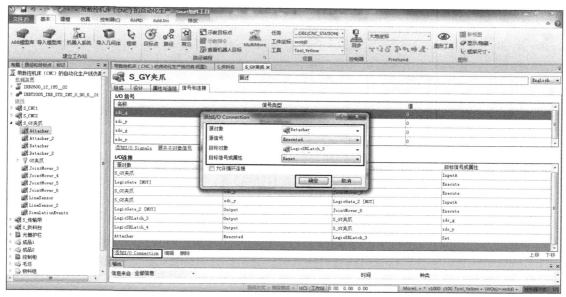

图 7-121　添加第 10 个 I/O Connection

33）选择"信号和连接"窗口→单击"添加 I/O Connection"→在"添加 I/O Connection"弹出框中，完成以下设置，源对象选择"JointMover_4"→源信号选择"Executed"→目标对象选择"Detacher"→目标信号或属性选择"Execute"→单击"确定"按钮，如图 7-122 所示。

图 7-122　添加第 11 个 I/O Connection

34）选择"信号和连接"窗口→单击"添加 I/O Connection"→在"添加 I/O Connection"弹出框中，完成以下设置，源对象选择"Attacher_2"→源信号选择"Executed"→目标对象选择"LogicSRLatch_4"→目标信号或属性选择"Set"→单击"确定"按钮，如图 7-123 所示。

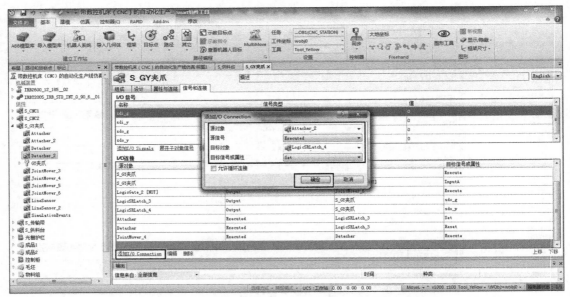

图 7-123　添加第 12 个 I/O Connection

35）选择"信号和连接"窗口→单击"添加 I/O Connection"→在"添加 I/O Connection"弹出框中，完成以下设置，源对象选择"JointMover_6"→源信号选择"Executed"→目标对象选择"Detacher_2"→目标信号或属性选择"Execute"→单击"确定"按钮，如图 7-124 所示。

图 7-124　添加第 13 个 I/O Connection

36）选择"信号和连接"窗口→单击"添加 I/O Connection"→在"添加 I/O Connection"弹出框中，完成以下设置，源对象选择"Detacher_2"→源信号选择"Executed"→目标对象选择"LogicSRLatch_4"→目标信号或属性选择"Reset"→单击"确定"按钮，如图 7-125 所示。

图 7-125　添加第 14 个 I/O Connection

37）选择"信号和连接"窗口→单击"添加 I/O Connection"→在"添加 I/O Connection"弹出框中，完成以下设置，源对象选择"S_GY 夹爪"→源信号选择"sdi_y"→目标对象选择"Attacher_2"→目标信号或属性选择"Execute"→单击"确定"按钮，如图 7-126 所示。

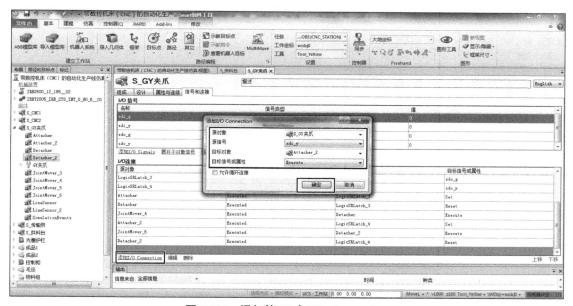

图 7-126　添加第 15 个 I/O Connection

38）选择"信号和连接"窗口→单击"添加 I/O Connection"→在"添加 I/O Connection"弹出框中，完成以下设置，源对象选择"SimulationEvents"→源信号选择"SimulationStarted"→目标对象选择"LogicSRLatch_5"→目标信号或属性选择"Set"→单击"确定"按钮，如图 7-127 所示。

图 7-127　添加第 16 个 I/O Connection

39）选择"信号和连接"窗口→单击"添加 I/O Connection"→在"添加 I/O Connection"弹出框中，完成以下设置，源对象选择"LogicSRLatch_5"→源信号选择"Output"→目标对象选择"LineSensor"→目标信号或属性选择"Active"→单击"确定"按钮，如图 7-128 所示。

图 7-128　添加第 17 个 I/O Connection

40）选择"信号和连接"窗口→单击"添加 I/O Connection"→在"添加 I/O Connection"弹出框中，完成以下设置，源对象选择"LogicSRLatch_5"→源信号选择"Output"→目标对象选择"LineSensor_2"→目标信号或属性选择"Active"→单击"确定"按钮，如图 7-129 所示。

图 7-129　添加第 18 个 I/O Connection

41）选择"信号和连接"窗口→单击"添加 I/O Connection"→在"添加 I/O Connection"弹出框中，完成以下设置，源对象选择"SimulationEvents"→源信号选择"SimulationStopped"→目标对象选择"LogicSRLatch_5"→目标信号或属性选择"Reset"→单击"确定"按钮，如图 7-130 所示。

图 7-130　添加第 19 个 I/O Connection

42）选择"信号和连接"窗口→单击"添加 I/O Connection"→在"添加 I/O Connection"弹出框中，完成以下设置，源对象选择"JointMover_3"→源信号选择"Executed"→目标对象选择"Attacher"→目标信号或属性选择"Execute"→单击"确定"按钮，如图 7-131 所示。

图 7-131　添加第 20 个 I/O Connection

完成后的 I/O 连接信号，如图 7-132 和图 7-133 所示。

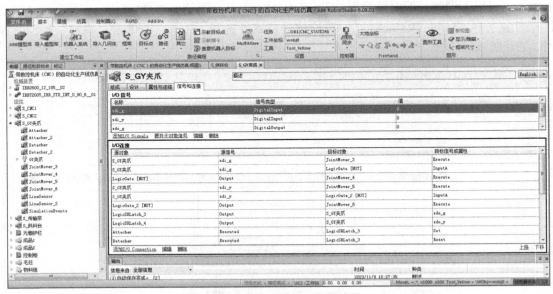

图 7-132　完成后的 I/O 连接信号 1

43）单击"属性与连结"窗口→单击"添加连结"→在"添加连结"弹出框中，完成以下设置，源对象选择"LineSensor"→源信号选择"SensedPart"→目标对象选择"Attacher"→目标信号或属性选择"Child"→单击"确定"按钮，如图 7-134 所示。

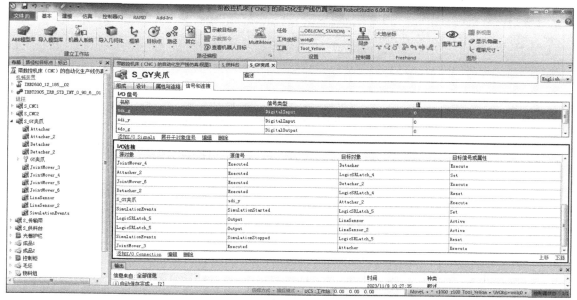

图 7-133　完成后的 I/O 连接信号 2

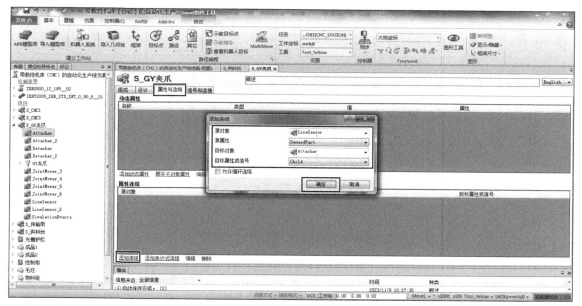

图 7-134　添加第 1 个连结

44）单击"添加连结"→在"添加连结"弹出框中，完成以下设置，源对象选择"Attacher"→源信号选择"Child"→目标对象选择"Detacher"→目标信号或属性选择"Child"→单击"确定"按钮，如图 7-135 所示。

45）单击"添加连结"→在"添加连结"弹出框中，完成以下设置，源对象选择"LineSensor_2"→源信号选择"SensedPart"→目标对象选择"Attacher_2"→目标信号或属性选择"Child"→单击"确定"按钮，如图 7-136 所示。

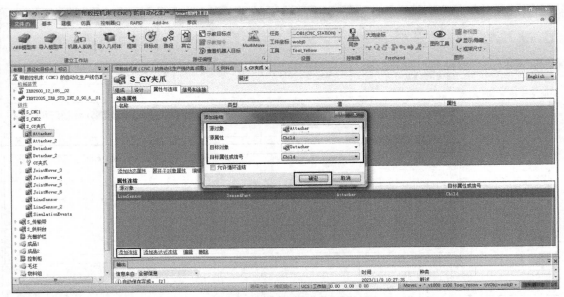

图 7-135　添加第 2 个连结

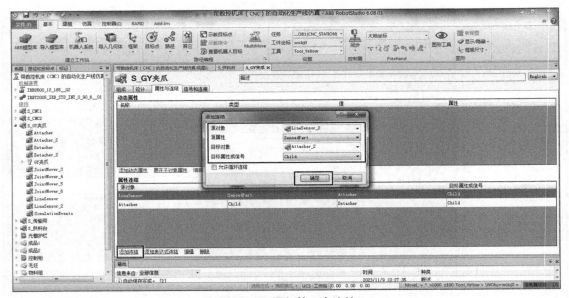

图 7-136　添加第 3 个连结

46）单击"添加连结"→在"添加连结"弹出框中，完成以下设置，源对象选择
"Attacher_2"→源信号选择"Child"→目标对象选择"Detacher_2"→目标信号或属性选择
"Child"→单击"确定"按钮，如图 7-137 所示。

完成后的"属性连结"，如图 7-138 所示。

至此，双头夹爪 Smart 组件创建完成。

（3）创建 CNC1 Smart 组件

CNC1 和 CNC2 Smart 组件与工业机器人的逻辑交互，见图 7-81。

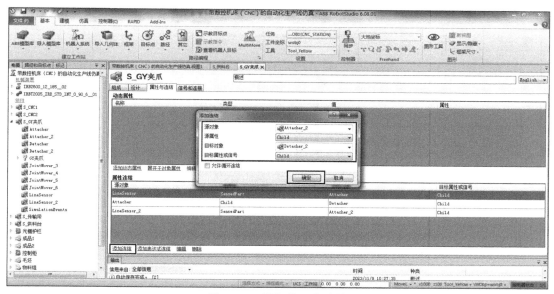

图 7-137　添加第 4 个连结

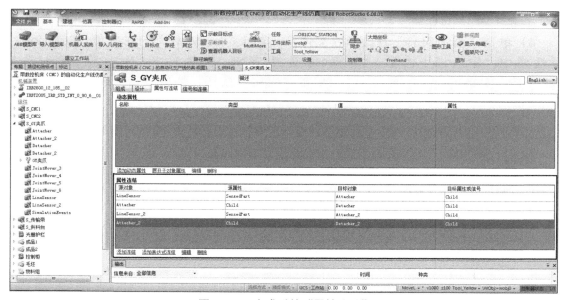

图 7-138　完成后的"属性连结"

创建 CNC1 Smart 组件的具体操作步骤如下：

1）在"布局"窗口，选中"S_CNC1"，单击鼠标右键→选择"编辑组件"。

2）在"组成"窗口的子对象组件中，单击"添加组件"→选择"本体"→单击"PoseMover"→在左侧"PoseMover"属性栏中，输入以下参数，Mechanism 选择"CNC_1（S_CNC_1）"→ Pose 选择"closed"→ Duration（s）输入"2"→单击"应用"按钮，然后单击"关闭"按钮，如图 7-139 所示。

扫一扫看视频

307

图 7-139　添加"CNC_1"的"PoseMover"属性

3）单击"添加组件"→选择"信号和属性"→单击"LogicSRLatch"→在左边的属性窗口，单击"关闭"按钮。

4）单击"添加组件"→选择"本体"→单击"PoseMover"→在左侧"PoseMover"属性栏中，输入以下参数，Mechanism 选择"CNC_夹具1（S_CNC_1）"→Pose 选择"closed"→Duration（s）输入"1"→单击"应用"按钮，然后单击"关闭"按钮，如图 7-140 所示。

图 7-140　添加"CNC_夹具1"的"PoseMover"属性

5）单击"添加组件"→选择"信号和属性"→单击"LogicSRLatch"→在左边的属性窗口，单击"关闭"按钮。

6）单击"添加组件"→选择"传感器"→选择"LineSensor"→在左侧"LineSensor"属性栏中，输入以下参数，Start（mm）输入"3584.71、1675.81、1135"→End（mm）输入"3584.71、1675.81、1255"→Radius（mm）输入"2"→SensedPoint（mm）输入"0、0、0"→Active 输入"1"→SensorOut 输入"0"→单击"应用"按钮，然后单击"关闭"按钮，如图 7-141 所示。

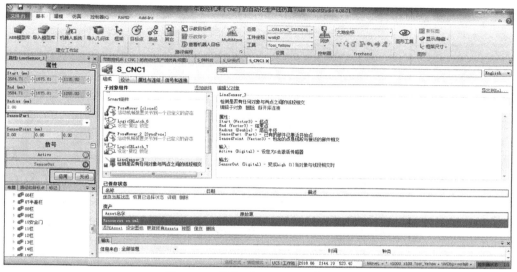

图 7-141　添加"LineSensor"属性

7）单击"添加组件"→选择"信号和属性"→单击"Timer"→在左侧"Timer"属性栏中，输入以下参数，StartTime（s）输入"30"→Interval（s）输入"30"→取消勾选"Repeat"→CurrentTime（s）"0"→Active"置1"→单击"应用"按钮，然后单击"关闭"按钮，如图 7-142 所示。

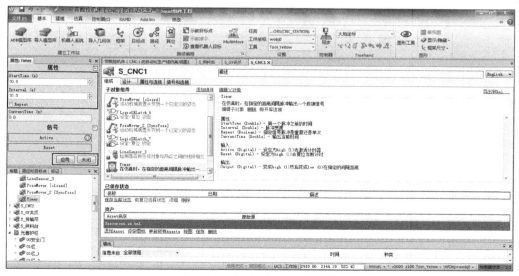

图 7-142　添加"Timer"属性

8）单击"添加组件"→选择"动作"→单击"Source"→在左侧"Source"属性栏中，输入以下参数，Source 选择"成品 2"→ Position（mm）输入"3544.71、1675.81、1135"（数据可以输入，也可以通过捕捉工具去捕捉夹爪的中心点）→ Orientation（deg）输入"90、0、90"→勾选"Transient"单击"应用"按钮，然后单击"关闭"按钮，如图 7-143 所示。

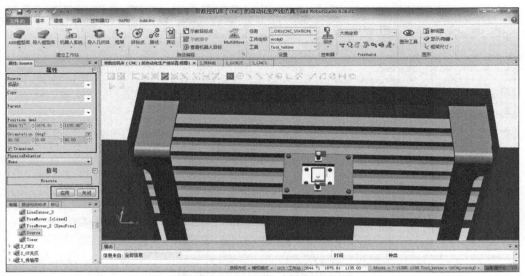

图 7-143　添加"Source"属性

9）单击"添加组件"→选择"本体"→单击"PoseMover"→在左侧"PoseMover"属性栏中，输入以下参数，Mechanism 选择"CNC_1（S_CNC_1）"→ Pose 选择"HomePose"→ Duration（s）输入"2"→单击"应用"按钮，然后单击"关闭"按钮，如图 7-144 所示。

图 7-144　再次添加"CNC_1"的"PoseMover"属性

10）单击"添加组件"→选择"本体"→单击"PoseMover"→在左侧"PoseMover"属性栏中，输入以下参数，Mechanism 选择"CNC_夹具 1（S_CNC_1）"→ Pose 选择"HomePose"→ Duration（s）输入"1"→单击"应用"按钮，然后单击"关闭"按钮，如图 7-145 所示。

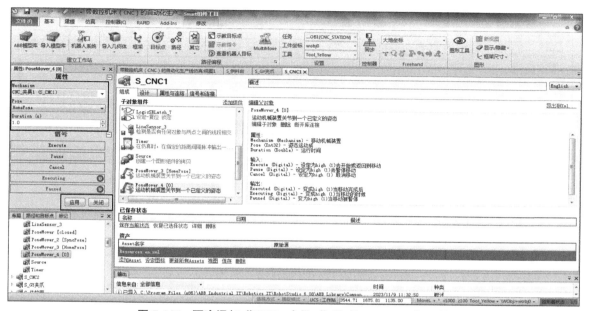

图 7-145　再次添加"CNC_夹具 1"的"PoseMover"属性

11）单击"添加组件"→选择"其他"→单击"SimulationEvents"→在左侧"SimulationEvents"属性栏中，单击"关闭"按钮。

12）单击"添加组件"→选择"动作"→单击"Hide"→在左侧"Hide"属性栏中，单击"关闭"按钮。

13）选择"信号和连接"窗口→单击"添加 I/O Signals"→在"添加 I/O Signals"弹出框中，信号类型选择"DigitalInput"→信号名称输入"sdi_door1"→信号值输入"0"→单击"确定"按钮。

14）单击"添加 I/O Signals"→在"添加 I/O Signals"弹出框中，信号类型选择"DigitalInput"→信号名称输入"sdi_clamp1"→信号值输入"0"→单击"确定"按钮。

15）单击"添加 I/O Signals"→在"添加 I/O Signals"弹出框中，信号类型选择"DigitalOutput"→信号名称输入"sdo_closed1"→信号值输入"0"→单击"确定"按钮。

16）单击"添加 I/O Signals"→在"添加 I/O Signals"弹出框中，信号类型选择"DigitalOutput"→信号名称输入"sdo_clamped1"→信号值输入"0"→单击"确定"按钮。

完成后的 I/O 信号，如图 7-146 所示。

17）选择"信号和连接"窗口→单击"添加 I/O Connection"→在"添加 I/O Connection"弹出框中，完成以下设置，源对象选择"S_CNC1"→源信号选择"sdi_door1"→目标对象选择"PoseMover［closed］"→目标信号或属性选择"Execute"→单击"确定"按钮，如图 7-147 所示。

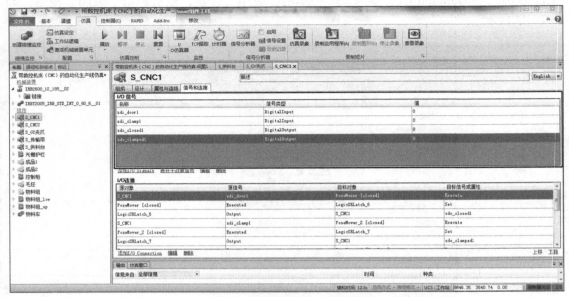

图 7-146　完成后的 I/O 信号

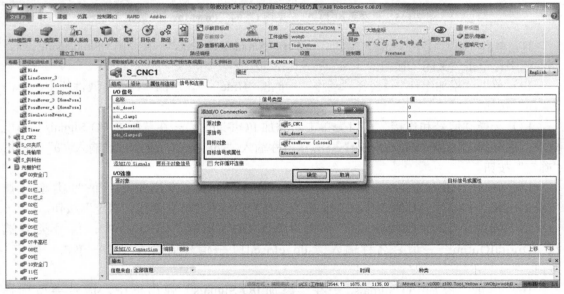

图 7-147　添加第 1 个 I/O Connection

18）选择"信号和连接"窗口→单击"添加 I/O Connection"→在"添加 I/O Connection"弹出框中，完成以下设置，源对象选择"PoseMover［closed］"→源信号选择"Executed"→目标对象选择"LogicSRLatch_6"→目标信号或属性选择"Set"→单击"确定"按钮，如图 7-148 所示。

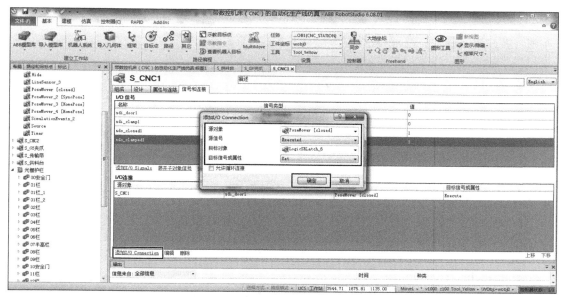

图 7-148　添加第 2 个 I/O Connection

19）选择"信号和连接"窗口→单击"添加 I/O Connection"→在"添加 I/O Connection"弹出框中，完成以下设置，源对象选择"LogicSRLatch_6"→源信号选择"Output"→目标对象选择"S_CNC1"→目标信号或属性选择"sdo_closed1"→单击"确定"按钮，如图 7-149 所示。

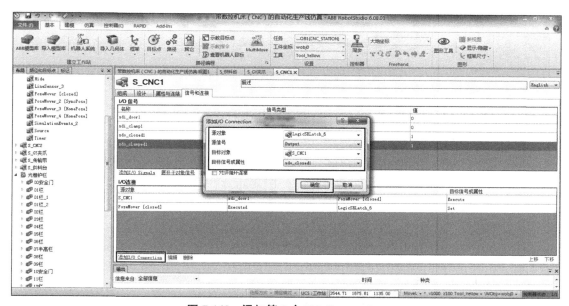

图 7-149　添加第 3 个 I/O Connection

20）选择"信号和连接"窗口→单击"添加 I/O Connection"→在"添加 I/O Connection"弹出框中，完成以下设置，源对象选择"S_CNC1"→源信号选择"sdi_clamp1"→目标对象选择"PoseMover_2［closed］"→目标信号或属性选择"Execute"→单击"确定"按钮，如图 7-150 所示。

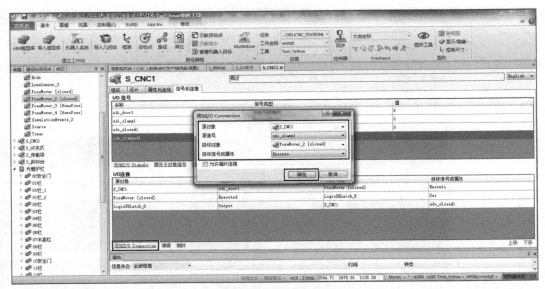

图 7-150　添加第 4 个 I/O Connection

21）选择"信号和连接"窗口→单击"添加 I/O Connection"→在"添加 I/O Connection"弹出框中，完成以下设置，源对象选择"PoseMover_2［closed］"→源信号选择"Executed"→目标对象选择"LogicSRLatch_7"→目标信号或属性选择"Set"→单击"确定"按钮，如图 7-151 所示。

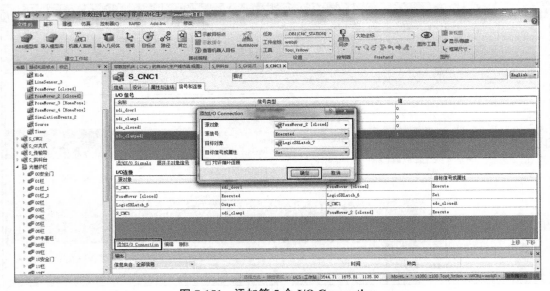

图 7-151　添加第 5 个 I/O Connection

22）选择"信号和连接"窗口→单击"添加 I/O Connection"→在"添加 I/O Connection"弹出框中，完成以下设置，源对象选择"LogicSRLatch_7"→源信号选择"Output"→目标对象选择"S_CNC1"→目标信号或属性选择"sdo_clamped1"→单击"确定"按钮，如图 7-152 所示。

图 7-152　添加第 6 个 I/O Connection

23）选择"信号和连接"窗口→单击"添加 I/O Connection"→在"添加 I/O Connection"弹出框中，完成以下设置，源对象选择"Source"→源信号选择"Executed"→目标对象选择"PoseMover_4［HomePose］"→目标信号或属性选择"Execute"→单击"确定"按钮，如图 7-153 所示。

图 7-153　添加第 7 个 I/O Connection

24）选择"信号和连接"窗口→单击"添加 I/O Connection"→在"添加 I/O Connection"弹出框中，完成以下设置，源对象选择"PoseMover_4［HomePose］"→源信号选择"Executed"→目标对象选择"PoseMover_3［HomePose］"→目标信号或属性选择"Execute"→单击"确定"按钮，如图 7-154 所示。

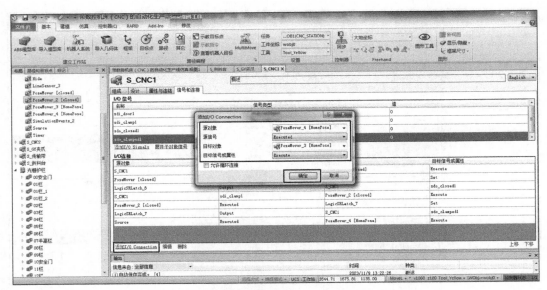

图 7-154　添加第 8 个 I/O Connection

25）选择"信号和连接"窗口→单击"添加 I/O Connection"→在"添加 I/O Connection"弹出框中，完成以下设置，源对象选择"PoseMover_4［HomePose］"→源信号选择"Executed"→目标对象选择"LogicSRLatch_7"→目标信号或属性选择"Reset"→单击"确定"按钮，如图 7-155 所示。

图 7-155　添加第 9 个 I/O Connection

26）选择"信号和连接"窗口→单击"添加 I/O Connection"→在"添加 I/O Connection"弹出框中，完成以下设置，源对象选择"PoseMover_3［HomePose］"→源信号选择"Executed"→目标对象选择"LogicSRLatch_6"→目标信号或属性选择"Reset"→单击"确定"按钮，如图 7-156 所示。

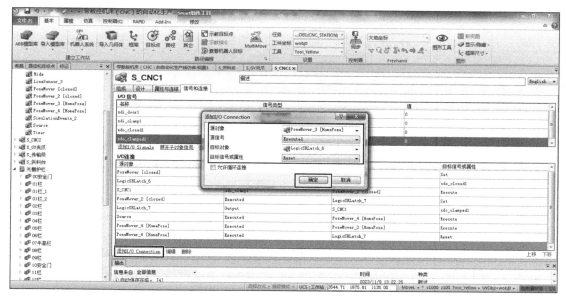

图 7-156　添加第 10 个 I/O Connection

27）选择"信号和连接"窗口→单击"添加 I/O Connection"→在"添加 I/O Connection"弹出框中，完成以下设置，源对象选择"SimulationEvents_2"→源信号选择"SimulationStarted"→目标对象选择"PoseMover_4［HomePose］"→目标信号或属性选择"Execute"→单击"确定"按钮，如图 7-157 所示。

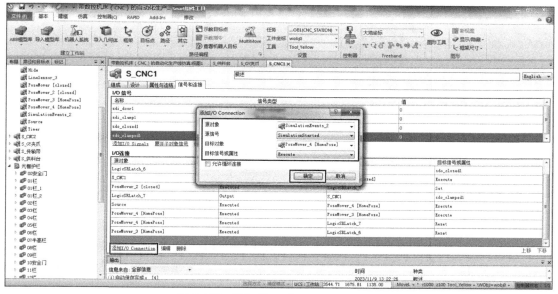

图 7-157　添加第 11 个 I/O Connection

28）选择"信号和连接"窗口→单击"添加 I/O Connection"→在"添加 I/O Connection"弹出框中，完成以下设置，源对象选择"LogicSRLatch_7"→源信号选择"Output"→目标对象选择"Timer"→目标信号或属性选择"Active"→单击"确定"按钮，如图 7-158 所示。

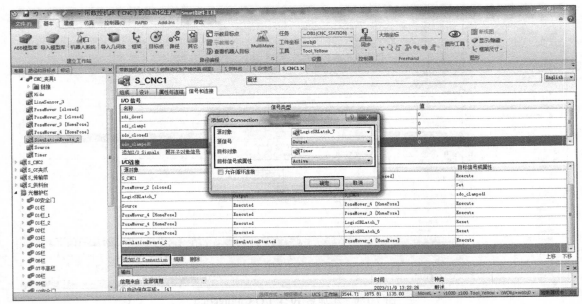

图 7-158 添加第 12 个 I/O Connection

29）选择"信号和连接"窗口→单击"添加 I/O Connection"→在"添加 I/O Connection"弹出框中，完成以下设置，源对象选择"PoseMover_2［closed］"→源信号选择"Executed"→目标对象选择"Timer"→目标信号或属性选择"Reset"→单击"确定"按钮，如图 7-159 所示。

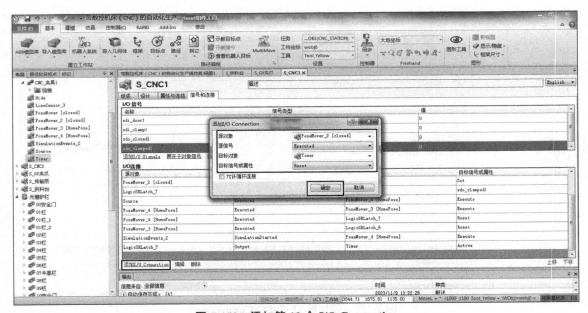

图 7-159 添加第 13 个 I/O Connection

30）选择"信号和连接"窗口→单击"添加 I/O Connection"→在"添加 I/O Connection"弹出框中，完成以下设置，源对象选择"Hide"→源信号选择"Executed"→目标对象选择"Source"→目标信号或属性选择"Execute"→单击"确定"按钮，如图 7-160 所示。

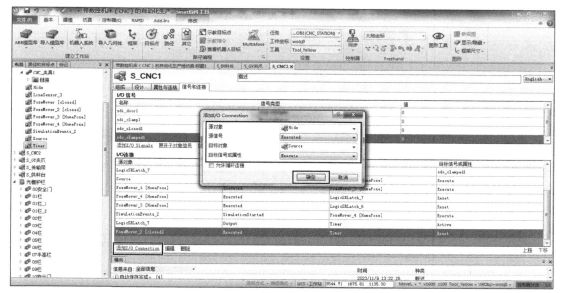

图 7-160 添加第 14 个 I/O Connection

31）选择"信号和连接"窗口→单击"添加 I/O Connection"→在"添加 I/O Connection"弹出框中，完成以下设置，源对象选择"Timer"→源信号选择"Output"→目标对象选择"Hide"→目标信号或属性选择"Execute"→单击"确定"按钮，如图 7-161 所示。

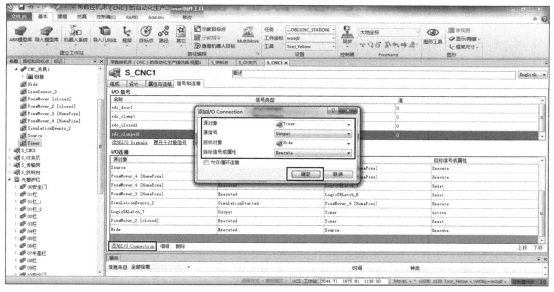

图 7-161 添加第 15 个 I/O Connection

完成后的 I/O 连接信号，如图 7-162 和图 7-163 所示。

32）单击"属性与连结"窗口→单击"添加连结"→在"添加连结"弹出框中，完成以下设置，源对象选择"LineSensor_3"→源属性选择"SensedPart"→目标对象选择"Hide"→目标属性或信号选择"Object"→单击"确定"按钮，如图 7-164 所示。

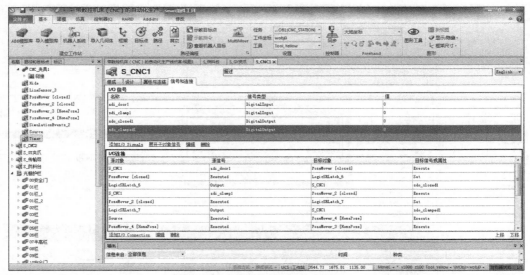

图 7-162　完成后的 I/O 连接信号 1

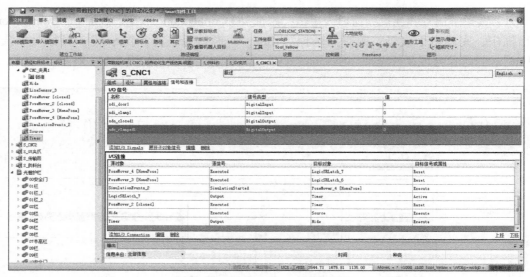

图 7-163　完成后的 I/O 连接信号 2

完成后的"属性连结"，如图 7-165 所示。

至此，CNC1 Smart 组件创建完成。

CNC2 Smart 组件参照 CNC1 Smart 组件步骤完成。

只需要修改 LineSensor 子组件的位置数据和 Source 子组件的位置数据。

33）单击"添加组件"→选择"传感器"→选择"LineSensor"→在左侧"LineSensor"属性栏中，输入以下参数，Start（mm）输入"884.71、1675.81、1135"→End（mm）输入"884.71、1675.81、1255"→Radius（mm）输入"2"→SensedPoint（mm）"0、0、0"→Active输入"1"→SensorOut输入"0"→单击"应用"按钮，然后单击"关闭"按钮，如图 7-166所示。

图 7-164　"添加连结"

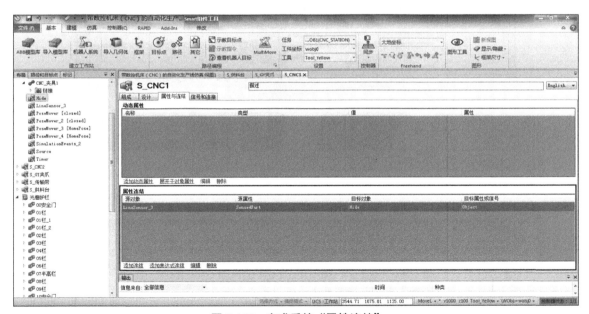

图 7-165　完成后的"属性连结"

34）单击"添加组件"→选择"动作"→单击"Source"→在左侧"Source"属性栏中，输入以下参数，Source 选择"成品 2"→ Position（mm）输入"844.71、1675.81、1135"（数据可以输入，也可以通过捕捉工具去捕捉夹爪的中心点）→ Orientation（deg）输入"90、0、90"→勾选"Transient"→单击"应用"按钮，然后单击"关闭"按钮，如图 7-167 所示。

CNC2 Smart 组件完成后的子对象组件，如图 7-168 和图 7-169 所示。

CNC2 Smart 组件完成后的"属性连结"，如图 7-170 所示。

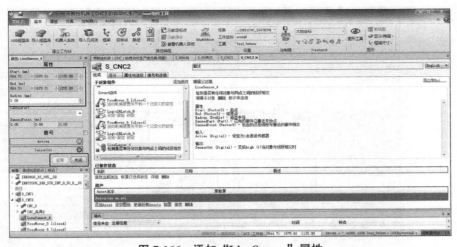

图 7-166 添加"LineSensor"属性

图 7-167 添加"Source"属性

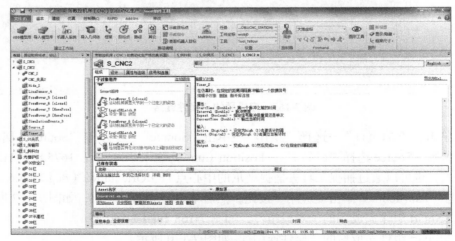

图 7-168 完成后的子对象组件 1

图 7-169　完成后的子对象组件 2

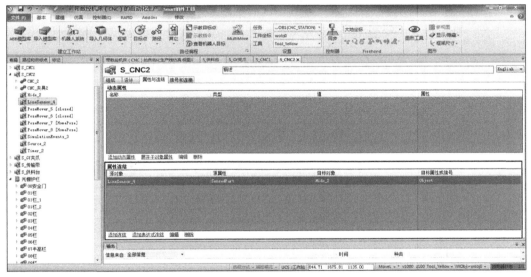

图 7-170　完成后的"属性连结"

CNC2 Smart 组件完成后的 I/O 信号，如图 7-171 所示。

CNC2 Smart 组件完成后的 I/O 连接信号，如图 7-172 和图 7-173 所示。

至此，CNC2 Smart 组件创建完成。

（4）创建传输带 Smart 组件

传输带 Smart 组件与工业机器人的逻辑交互，见图 7-81。

创建传输带 Smart 组件的具体操作步骤如下：

1）在"布局"窗口，选中"S_传输带"，单击鼠标右键→选择"编辑组件"。

扫一扫看视频

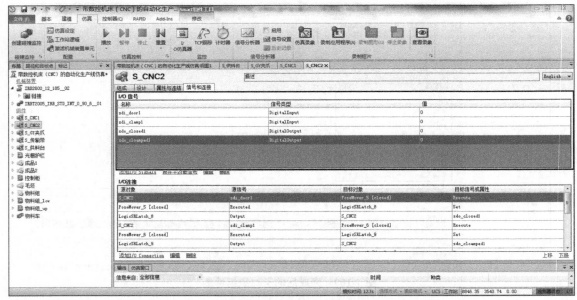

图 7-171　完成后的 I/O 信号

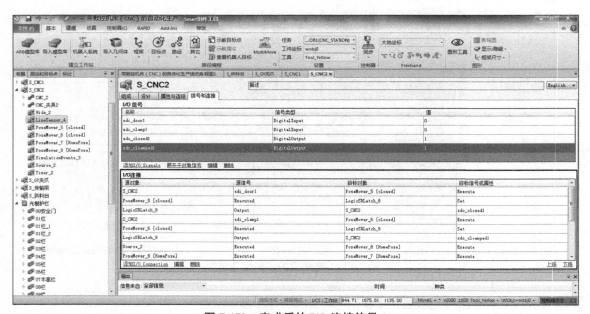

图 7-172　完成后的 I/O 连接信号 1

2）在"组成"窗口的子对象组件中，单击"添加组件"→选择"传感器"→单击"PlaneSensor"→在左侧"PlaneSensor"属性栏中，输入以下参数，Origin（mm）输入"-1300.37、285.72、700"（可以直接输入，也可以通过捕捉工具去捕捉传输带的点）→Axis1（mm）输入"500、0、0"→Axis2（mm）输入"0、300、0"→Active"置1"→SensorOut"置0"→单击"应用"按钮，然后单击"关闭"按钮，如图7-174所示。

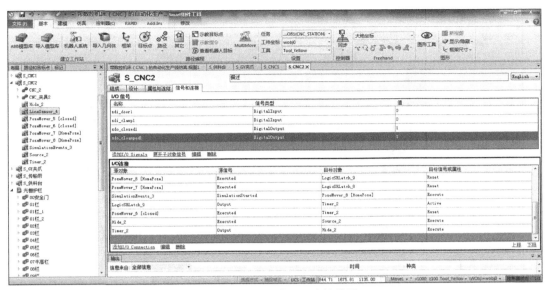

图 7-173　完成后的 I/O 连接信号 2

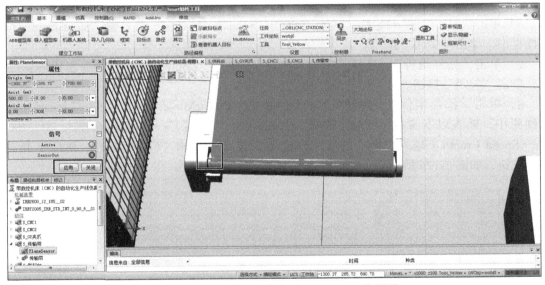

图 7-174　添加第 1 个点的"PlaneSensor"属性

3）单击"添加组件"→选择"传感器"→单击"PlaneSensor"→在左侧"PlaneSensor"属性栏中，输入以下参数，Origin（mm）输入"-1300.37、3285.72、680"（可以直接输入，也可以通过捕捉工具去捕捉传输带的点）→Axis1（mm）输入"500、0、0"→Axis2（mm）输入"0、0、100"→Active"置1"→SensorOut"置0"→单击"应用"按钮，然后单击"关闭"按钮，如图 7-175 所示。

4）单击"添加组件"→选择"动作"→单击"Sink"→在左侧属性栏中，单击"关闭"按钮。

325

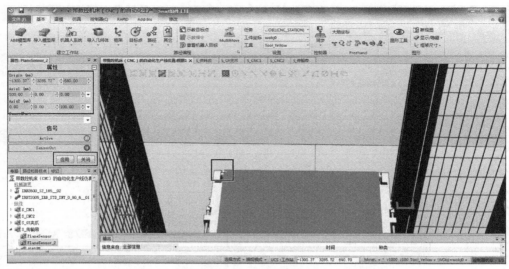

图 7-175　添加第 2 个点的"PlaneSensor"属性

5）单击"添加组件"→选择"其他"→单击"Queue"→在左侧"Queue"属性栏中，单击"关闭"按钮。

6）单击"添加组件"→选择"其他"→单击"SimulationEvents"→在左侧"SimulationEvents"属性栏中，单击"关闭"按钮。

7）单击"添加组件"→选择"信号和属性"→单击"LogicSRLatch"→在左边的属性窗口，单击"关闭"按钮。

8）单击"添加组件"→选择"本体"→单击"LinearMover"→在左侧"LinearMover"属性栏中，输入以下参数，Object 选择"Queue（S_传输带）"→ Direction 输入"0、4000、0"→ Speed（mm/s）输入"400"→信号 Execute"置 0"→单击"应用"按钮，然后单击"关闭"按钮，如图 7-176 所示。

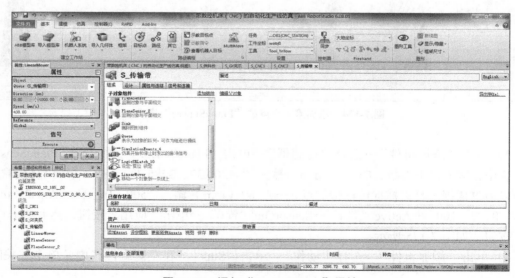

图 7-176　添加"LinearMover"属性

9）单击"添加组件"→选择"信号和属性"→单击"LogicSRLatch"→在左边的属性窗口，单击"关闭"按钮。

10）选择"信号和连接"窗口→单击"添加 I/O Connection"→在"添加 I/O Connection"弹出框中，完成以下设置，源对象选择"PlaneSensor_2"→源信号选择"SensorOut"→目标对象选择"Sink"→目标信号或属性选择"Execute"→单击"确定"按钮，如图 7-177 所示。

图 7-177　添加第 1 个 I/O Connection

11）选择"信号和连接"窗口→单击"添加 I/O Connection"→在"添加 I/O Connection"弹出框中，完成以下设置，源对象选择"PlaneSensor"→源信号选择"SensorOut"→目标对象选择"Queue"→目标信号或属性选择"Execute"→单击"确定"按钮，如图 7-178 所示。

图 7-178　添加第 2 个 I/O Connection

12）选择"信号和连接"窗口→单击"添加 I/O Connection" → 在"添加 I/O Connection"弹出框中，完成以下设置，源对象选择"SimulationEvents_4"→源信号选择"SimulationStarted"→目标对象选择"LogicSRLatch_10"→目标信号或属性选择"Set"→单击"确定"按钮，如图 7-179 所示。

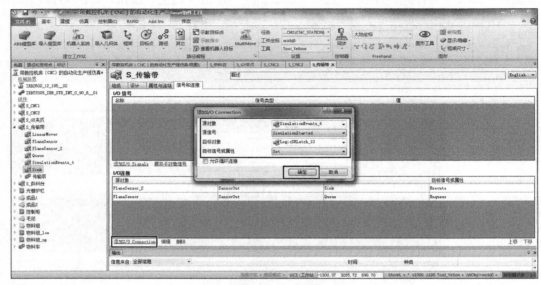

图 7-179　添加第 3 个 I/O Connection

13）选择"信号和连接"窗口→单击"添加 I/O Connection"→在"添加 I/O Connection"弹出框中，完成以下设置，源对象选择"SimulationEvents_4"→源信号选择"SimulationStopped"→目标对象选择"LogicSRLatch_10"→目标信号或属性选择"Reset"→单击"确定"按钮，如图 7-180 所示。

图 7-180　添加第 4 个 I/O Connection

14）选择"信号和连接"窗口→单击"添加 I/O Connection"→在"添加 I/O Connection"弹出框中，完成以下设置，源对象选择"LogicSRLatch_10"→源信号选择"Output"→目标对象选择"PlaneSensor"→目标信号或属性选择"Active"→单击"确定"按钮，如图 7-181 所示。

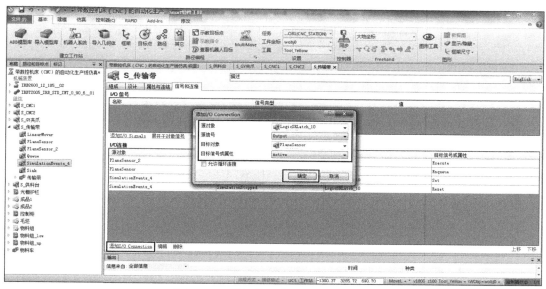

图 7-181　添加第 5 个 I/O Connection

15）选择"信号和连接"窗口→单击"添加 I/O Connection"→在"添加 I/O Connection"弹出框中，完成以下设置，源对象选择"LogicSRLatch_10"→源信号选择"Output"→目标对象选择"PlaneSensor_2"→目标信号或属性选择"Active"→单击"确定"按钮，如图 7-182 所示。

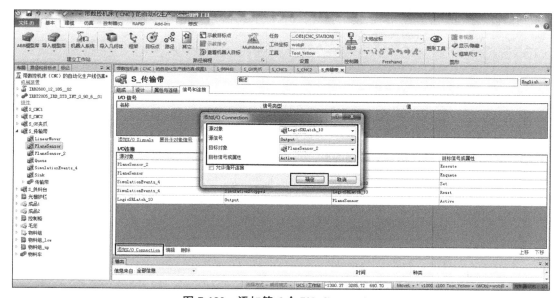

图 7-182　添加第 6 个 I/O Connection

16）选择"信号和连接"窗口→单击"添加 I/O Connection"→在"添加 I/O Connection"弹出框中，完成以下设置，源对象选择"PlaneSensor"→源信号选择"SensorOut"→目标对象选择"LogicSRLatch_11"→目标信号或属性选择"Set"→单击"确定"按钮，如图 7-183 所示。

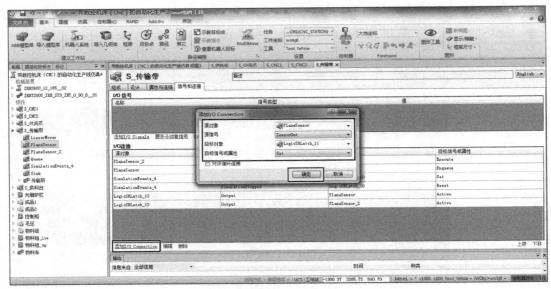

图 7-183　添加第 7 个 I/O Connection

17）选择"信号和连接"窗口→单击"添加 I/O Connection"→在"添加 I/O Connection"弹出框中，完成以下设置，源对象选择"LogicSRLatch_11"→源信号选择"Output"→目标对象选择"LinearMover"→目标信号或属性选择"Execute"→单击"确定"按钮，如图 7-184 所示。

图 7-184　添加第 8 个 I/O Connection

18）选择"信号和连接"窗口→单击"添加 I/O Connection"→在"添加 I/O Connection"弹出框中，完成以下设置，源对象选择"PlaneSensor_2"→源信号选择"SensorOut"→目标对象选择"LogicSRLatch_11"→目标信号或属性选择"Reset"→单击"确定"按钮，如图 7-185 所示。

图 7-185　添加第 9 个 I/O Connection

完成后的 I/O 连接信号，如图 7-186 所示。

图 7-186　完成后的 I/O 连接信号

19）单击"属性与连结"窗口→单击"添加连结"→在"添加连结"弹出框中，完

工业机器人虚拟仿真与离线编程（ABB）

成以下设置，源对象选择"PlaneSensor_2"→源属性选择"SensedPart"→目标对象选择"Sink"→目标属性或信号"Object"→单击"确定"按钮，如图 7-187 所示。

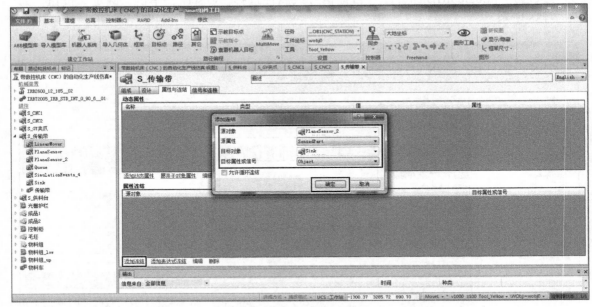

图 7-187　添加第 1 个连结

20）单击"属性与连结"窗口→单击"添加连结"→在"添加连结"弹出框中，完成以下设置，源对象选择"PlaneSensor"→源属性选择"SensedPart"→目标对象选择"Queue"→目标属性或信号"Back"→单击"确定"按钮，如图 7-188 所示。

图 7-188　添加第 2 个连结

至此，传输带 Smart 组件创建完成。

到这里 CNC 自动化生产线仿真各 Smart 组件已全部创建完成。

7.4.5　创建自动化生产线逻辑连接

扫一扫看视频

各 Smart 组件内部子组件的信号属性连接建立完成后，还需要建立各 Smart 组件与虚拟控制器之间的信号连接，根据设计逻辑，有时也需要建立 Smart 组件与 Smart 组件之间的信号连接。本案例各 Smart 组件之间无信号连接，只需要建立 Smart 组件与虚拟控制器之间的连接。

本案例需要创建自动化生产线工作站逻辑连接，如图 7-189 所示。

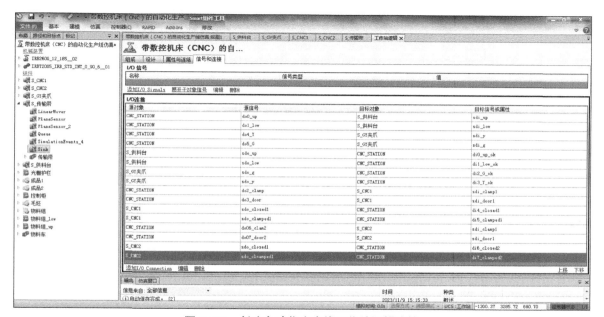

图 7-189　创建自动化生产线工作站逻辑连接

创建自动化生产线工作站逻辑连接，具体操作步骤如下：

1）在"仿真"功能选项卡中，单击"工作站逻辑"→选择"信号和连接"→单击"添加 I/O Connection"→在添加 I/O Connection 弹出框中，完成以下设置，源对象选择"CNC_STATION"→源信号选择"do0_up"→目标对象选择"S_供料台"→目标信号或属性选择"sdi_up"→单击"确定"按钮，如图 7-190 所示。

2）重复上一步的步骤，完成所有工作站逻辑连接，完成后如图 7-191 所示。

7.4.6　创建自动化生产线碰撞监控

在机器人工作范围内，容易与工业机器人发生干涉碰撞的有 CNC1、CNC2、供料台共三个设备，因此，需要创建三个碰撞监控用于检测以上设备是否会跟工业机器人发生碰撞。需要创建的碰撞监控如图 7-192 所示。

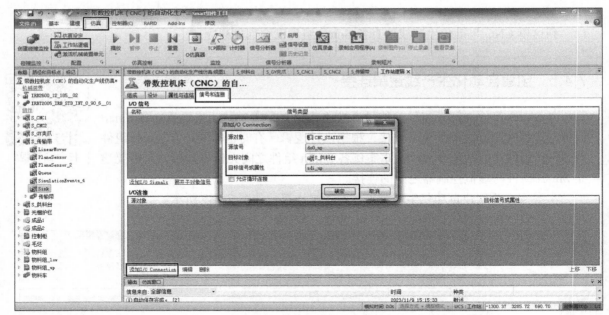

图 7-190　添加 I/O Connection

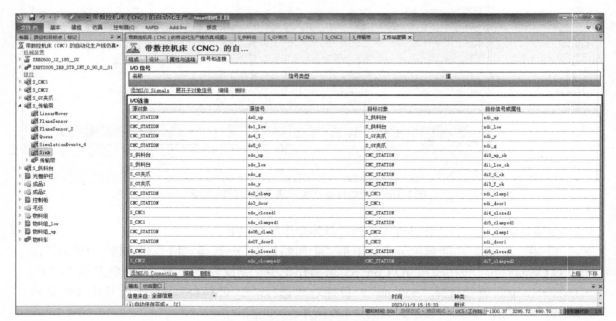

图 7-191　完成所有工作站逻辑连接

创建自动化生产线碰撞监控，具体操作步骤如下：

1）在"仿真"功能选项卡中，单击"创建碰撞监控"→在"布局"窗口，选择"碰撞检测设定_1"，单击鼠标右键→选择"重命名"→输入"ROB_CNC1"→按下键盘的"Enter"键→单击"ROB_CNC1"，可以看到 ObjectsA 和 ObjectsB，如图 7-193~ 图 7-195 所示。

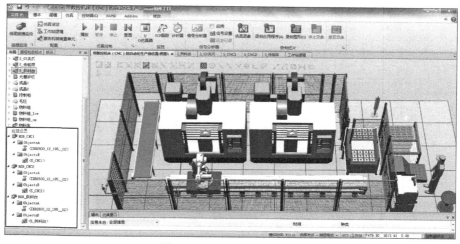

图 7-192　创建的碰撞监控

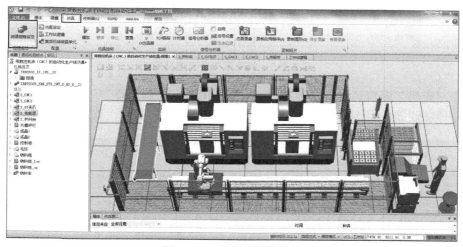

图 7-193　创建碰撞监控 A

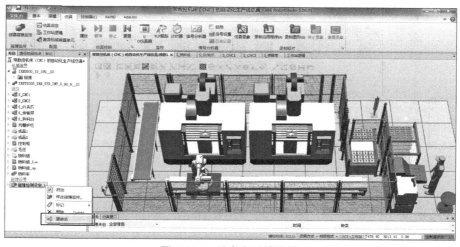

图 7-194　重命名碰撞监控

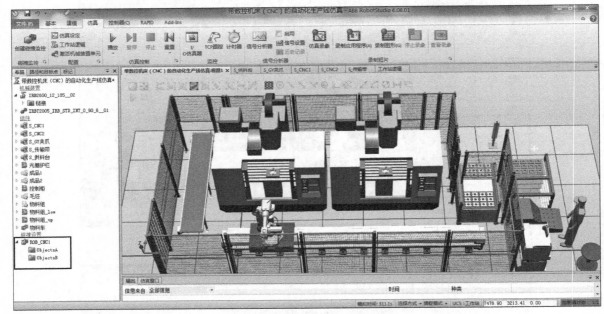

图 7-195　创建第 2 个碰撞监控

2）在"布局"窗口，单击鼠标左键，点住"IRB2600_12_185__02"，拖动到"ObjectsA"松开→单击鼠标左键，点住"S_CNC1"，拖动到"ObjectsB"松开，如图 7-196 所示。

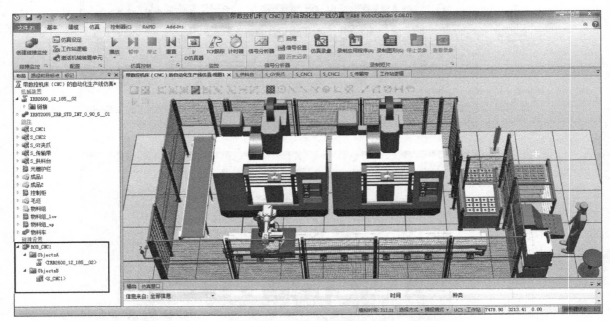

图 7-196　创建碰撞监控 B

3）重复前面两步的步骤，按照图 7-196 所示，完成所有碰撞监控设置，完成后如图 7-197 所示。

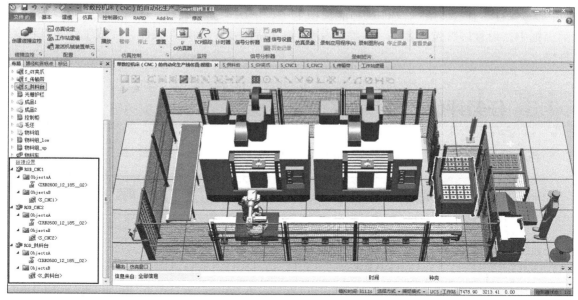

图 7-197　创建碰撞监控完成

7.4.7　Smart 组件效果调试

由于一部分 Smart 组件的动作效果，在用示教器手动操作模式下可以呈现，还有一部分 Smart 组件的动态效果只能在仿真运行中才呈现。因此，为了使所有的 Smart 组件动态效果都得以呈现，Smart 组件的调试需要与 RAPID 程序调试同时进行，此时的 RAPID 程序仅作为协同调试用途，工业机器人实际应用场景中的 RAPID 程序需要另行编写。如果用于调试 Smart 组件的 RAPID 程序存在不合理的地方，比如，触发 I/O 信号的时机不合理等，同样会导致 Smart 组件的动态效果无法呈现。

文件资料中的"带数控机床（CNC）的自动化生产线仿真（未完成）.rspag"已经含有调试过的 RAPID 程序，按照本节任务完成后，可以直接用于 Smart 组件动态效果的调试。由于调试过程中可能出现的问题很多，每个问题的直接原因也有多种可能性，因此，关于 Smart 组件调试的细节问题，不在本节用文字描述。

文件资料中的"带数控机床（CNC）的自动化生产线仿真（完成版）.rspag"供读者参考工作站的仿真效果。在调试前，先新建一个原点位置，以便在需要时将工作站恢复成调试前的初始状态，在调试过程中也可以根据需要保存仿真状态。建立仿真状态时，要注意勾选需要保存的项目，以及使用可辨识的名称为仿真状态命名。

7.4.8　仿真效果输出

以视频文件形式完成工作站打包文件输出，具体操作步骤如下：

1）在"仿真"功能选项卡中，单击"重置"→选择"保存当前状态…"→名称输入"调试前原点位置"→勾选"带数控机床（CNC）的自动化生产线仿真"→单击"确定"按钮。

2）在"仿真"功能选项卡中，先单击"仿真录像"按钮，再单击"播放"按钮，等待工作完成后，单击"停止"按钮，然后单击"查看录像"按钮。

3）保存工作站：在"文件"功能选项卡中，依次选择"共享"→"打包"→在"打包"弹出框中，设置好打包的名字、位置以及密码，最后单击"确定"按钮，完成工作站打包文件输出。

7.5 任务评价

各小组相互交叉验收，填写任务验收评分表。

项目名称	序号	实施任务	任务标准	合格／不合格	存在问题	小组评分	教师评价
职业素养	1	职业素养实施过程	1. 穿戴规范、整洁 2. 安全意识、责任意识、服从意识 3. 积极参加活动，按时完成任务 4. 团队合作、与人交流能力 5. 劳动纪律 6. 生产现场管理 5S 标准				
专业能力	2	自动化生产线各机械装置创建	1. 能完成解压缩文件并导入操作 2. 能创建 CNC 自动门机械装置 3. 能创建双层供料台机械装置 4. 能创建属性与连结、信号和连接等 5. 能够仿真运行调试				
	3	自动化生产线工业机器人用工具创建	1. 能创建气动打磨机工具 2. 能创建气动夹爪工具 3. 能创建双头气动夹爪工具 4. 能设定工具属性 5. 能设定检测传感器 6. 能设定拾取、放置动作 7. 能创建属性与信号的连接 8. 能够动态模拟运行				
	4	CNC 自动化生产线仿真的布局	1. 能合理布局生产线设备 2. 能创建生产线各 Smart 组件				
	5	Smart 组件工作站逻辑设定	1. 能查看工业机器人 I/O 信号及程序 2. 能设定工作站逻辑 3. 能创建自动化生产线碰撞监控				

（续）

项目名称	序号	实施任务	任务标准	合格/不合格	存在问题	小组评分	教师评价
专业能力	6	效果调试	1. 能同步程序 2. 能进行 Smart 组件仿真效果调试				
	7	仿真效果输出	1. 能完成视频文件形式输出 2. 能完成工作站打包文件输出				
项目实施人			小组长		教师		

参 考 文 献

［1］叶晖.工业机器人工程应用虚拟仿真教程［M］.北京：机械工业出版社，2013.

［2］朱洪雷，代慧.工业机器人离线编程（ABB）［M］.北京：高等教育出版社，2018.

［3］张明文.工业机器人离线编程［M］.武汉：华中科技大学出版社，2017.

［4］蔡自兴.机器人学基础［M］.2版.北京：机械工业出版社，2015.

［5］廉迎战，黄远飞.ABB工业机器人虚拟仿真与离线编程［M］.北京：机械工业出版社，2019.